U0655543

21世纪高等学校规划教材

HUODIANCHANG SHUNXU KONGZHI YU REGONG BAOHU

火电厂顺序控制与热工保护

主 编 白建云
副主编 杨晋萍
编 写 张海燕 印 江

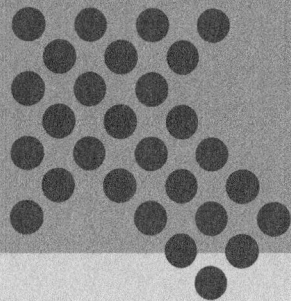

中国电力出版社
http://jc.cepp.com.cn

内 容 提 要

本书为 21 世纪高等学校规划教材。

本书全面、系统地介绍了现代大型火电机组自启停顺序控制技术与机炉热工保护技术。主要讲述了大型火电机组顺序控制系统的原理、系统设计,大机组控制策略实例,炉膛安全监控,汽轮机轴系参数监测系统和机炉其他参数的监测保护。全书共分十三章,主要包括顺序控制的基础理论及特点,顺序控制系统设计思路,以 600MW 机组为例分析单元机组整机自启停、辅机自启停顺序控制方案及控制逻辑,锅炉和汽轮机的热工保护。

本书理论联系实际,紧密跟踪最新的火电机组顺序控制与保护新技术,尽量反映国内外的先进技术及动态,力求贯彻针对性和实用性的原则。

本书可作为普通高等院校本科自动化、热能与动力工程专业教学用书,也可作为高职高专电厂生产过程自动化、热工检测与控制技术、火电厂集控运行及相关电力技术类专业教学用书,还可供从事火电机组热控、集控等工作的工程技术人员参考。

图书在版编目 (CIP) 数据

火电厂顺序控制与热工保护/白建云主编. —北京:中国电力出版社,2009.3 (2018.3 重印)

21 世纪高等学校规划教材

ISBN 978 - 7 - 5083 - 8383 - 5

Ⅰ. 火… Ⅱ. 白… Ⅲ. ①热电厂 顺序控制 高等学校-教材 ②热电厂-热工操作-保护装置-高等学校-教材 Ⅳ. TM621.4

中国版本图书馆 CIP 数据核字 (2009) 第 006461 号

中国电力出版社出版、发行

(北京市东城区北京站西街 19 号 100005 http://jc.cepp.com.cn)

北京教图印刷有限公司印刷

各地新华书店经售

*

2009 年 3 月第一版 2018 年 3 月北京第五次印刷

787 毫米×1092 毫米 16 开本 14.5 印张 352 千字

定价 35.00 元

前　言

　　火电机组不断向大容量、高参数发展，对自动化技术的要求也越来越高。顺序控制与热工保护主要是针对开关量的控制系统。开关量控制在发电厂中的应用范围非常广，几乎覆盖了整个发电厂的生产流程，对完成整套机组及辅机的自启停和自动保护，实现全面自动化起着举足轻重的作用。

　　为了满足高等院校电力生产过程自动化类专业以及电厂热能动力、集控运行等专业课程教学的需要，同时兼顾从事火电机组相关工作的工程技术人员的需求，作者在多年从事教学、生产培训和生产实践的基础上，积累了大量的技术资料和经验，编写了本书。

　　本书第一～七章为顺序控制系统（SCS）部分，讲述顺序控制的基础知识和火电厂顺序控制的基本概念，典型的顺序控制方式，开关量的检测原理。在介绍设计顺序控制系统基本方法的基础上，讲述了一种金字塔形的机组自启停顺序控制系统的层次结构。主要是以600MW机组为例，分析了火力发电机组整机自动启停、辅机和辅助系统自动启停控制程序和控制策略。第八～十三章为热工保护部分，主要讲述了炉膛安全监控系统（FSSS）、汽轮机轴系参数监测系统（TSI），以及机组的其他主要热工保护系统。

　　本书第一～四章由张海燕编写，第五～六章由白建云编写，第七～十一章由杨晋萍编写，第十二、十三章由印江编写，全书由白建云主编并对全书进行统稿。华北电力大学韩璞教授审阅了全书，并提出详细的修改意见和建议，在此表示诚挚的感谢。

　　由于编者水平所限，书中难免存在疏漏和不足之处，欢迎读者批评指正。

编　者

2009 年 1 月

目　录

第一章　顺序控制基础知识

第一节　顺序控制技术的产生和发展

一、顺序控制系统的基本构成

所谓自动控制，是指在没有人直接参与的情况下，利用特定的设备或装置，使机器、设备或生产过程的某个工作状态或参数自动地按照预定的规律运行。自动控制可以追溯到远古时代，但是形成自动控制理论以及自动控制学科还是在 1948 年 N·Wiener 教授发表了《控制论》著作以后。

顺序控制是自动控制领域中的一种控制方式。在顺序控制系统中，它的预定规律（即系统的希望值）是随着时间来改变的，例如机械加工中的数控机床、生产流程自动控制系统等均属于顺序控制系统的范畴。因此我们这样来定义顺序控制：按预先设定好的顺序或按一定逻辑设定的顺序使控制动作逐次进行的控制。

图 1-1 对顺序控制与反馈控制进行了比较。顺序控制的设定值是随时间变化的函数，即一组指令用作业命令来描述。作业命令、检测信号及命令处理的输出主要是数字量，命令处理的主要部分由数字电路构成。

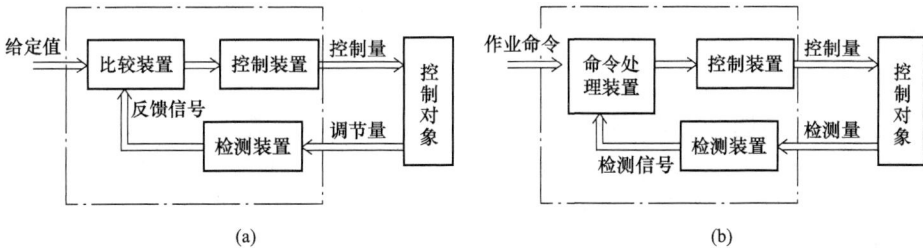

图 1-1　顺序控制与反馈控制系统的基本构成
(a) 反馈控制系统；(b) 顺序控制系统

图 1-2 是顺序控制系统的基本构成。图 1-1 命令处理装置的功能由图 1-2 中顺序控制的外围装置来实现。

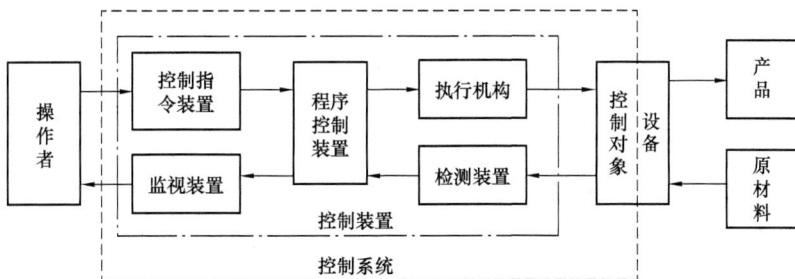

图 1-2　顺序控制系统的基本构成

控制装置的分类和主要的控制部件如下：

顺序控制装置 {
检测指令装置：按压式开关、纽扣式开关、旋转式开关等
控制操作装置：电磁开关、伺服电机、电磁阀等
检测装置：限制开关、电位器、光电开关、温度开关测速发电机、译码器、编码器等
监视装置：指示灯、蜂鸣器、指示计、CRT 显示器等
顺序控制动作装置：继电器、计数器、PC（可编程控制器）、计时器等
复合功能装置：保护继电器等
}

顺序控制很早就被人们所利用，它是生产现场应用中与反馈控制相媲美的极其重要的控制技术，但顺序控制的体系化、理论化还远远不如反馈控制。顺序控制系统又称程序控制系统（Sequence Control System，SCS），本书将不再区分"顺序控制"与"程序控制"。

随着计算机技术的飞速发展，控制技术产生了新的飞跃。传统的以继电器为主体的顺序控制技术也焕然一新。新型控制器的控制柜及其构造原理都不同于传统的控制器，所以有必要研究和学习它的有关制造、原理和使用等方面的技术。

二、顺序控制技术的历史沿革

顺序控制通常被认为是从 1804 年 Jacquard 发明了穿孔带式纺织机开始的，但在这以前的 18 世纪已经有了自动纺织机（1741 年）和传送带式自动磨粉机（1791 年）。反馈控制起源于 1784 年 Watt 的离心式调速机的发明，所以顺序控制是与反馈控制具有同样历史的控制技术。1824 年 Sturgeon 制成了电磁石，在此基础上，1836 年 Henry 发明了电磁继电器，1938 年 Shannon 又把顺序控制理论应用于通信技术，推动了通信技术的发展，1847 年 Bool 提出了作为顺序控制基础理论的布尔代数。

在上述理论和技术的基础上形成了顺序控制，到了 20 世纪 40 年代，操作者—控制柜—控制对象这种顺序控制系统的原形被确立。20 世纪 50 年代，随着远距离监视技术的引入，形成了操作者—操作台—控制柜—控制对象的状态控制与监视操作。也就是说，控制被分为两个部分，一部分具有控制操作功能，一部分具有控制动作功能。到了 20 世纪六七十年代，远距离监视开始走向集中化、大规模化。

20 世纪 60 年代初，电子技术的进步又使控制回路向电子化、无节点化迈进。晶体管构成的无节点继电器使得控制装置的小型化和可靠性得到改善，而同时又引出了防止产生误操作的新课题。

20 世纪 60 年代后半期，集成电路化的微型计算机的出现使得顺序控制器可以在线使用。1968 年 General Motors 公司发表了顺序控制器的设计书，1969 年产品诞生。20 世纪 70 年代中期，这种新型控制器配置了通用微处理器，称之为可编程控制器（PC），为了避免与后来出现的 PC 机（个人计算机）混淆，现在称之为 PLC。新型顺序控制器具有以下特征：

（1）新型控制器必须容易编程，并易于修改，即操作顺序容易变更，在现场易使用；

（2）新型控制器必须易维护，易修理，尽可能以即插即用为基本方式；

（3）基本元件在现场环境中的可靠性必须高于继电器控制；

（4）安装成本低，占地面积小；

（5）基本元件可以向中央数据管理系统传送数据；

（6）基本元件应比继电器或半导体控制器价格便宜。

新型控制器还应满足于下列各项要求：

（1）全部输入适用于 115、220V 交流电；

（2）全部输入在 115、220V 交流电压下，最小电流为 2A，电磁阀、电动机、启动器等可以直接操作；

（3）一般情况下，该系统没有大幅度的变化，基本元件可以扩展；

（4）各基本元件具有最少可以扩展到 4000 句的可编程内部存储器。

20 世纪 70 年代末，出现了 16 位微处理器、单片式微处理器和多个微处理器的机种，只要用一台可编程控制器就可以实现具有各种功能的顺序控制。现在我们这样来定义可编程控制器：为了实现逻辑运算、顺序操作、计时、计数及算术运算等控制动作，能把控制动作用命令的形式记忆在存储器中，根据存储器的内容，通过数字量或模拟量的输入输出对各种机械和过程实现控制的数字型工业电子装置。到了 20 世纪 80 年代，可编程控制器的通信功能更加完善，顺序控制（包含反馈控制、管理信息处理等）的网络逐步实现。美国电气制造商协会正式将其命名为可编程逻辑控制器（Programmable Logic Controller，PLC）或者可编程控制器（Programmable Controller，PC）。本书中再次出现时将缩写为 PLC。

三、顺序控制系统的分类

1. 按控制系统的构成分类

（1）开环系统。开环系统按照预先编制好的程序，进行规定的操作，并控制执行部件的动作（一般是开关量）。程序的进行并不需要被控对象动作后的回报信号为反馈信息，程序仍然自动进行下去（操作发生故障时例外），然而回报信号则作为运行人员的监视量，送到控制盘上。

（2）闭环系统。被控设备按照逻辑回路的输出指令进行动作，操作以后，利用信号反馈元件，将执行结果的回报信号反馈输入到逻辑控制回路。只有当这些必要的回报信号都具备之后，程序才能往下进行，即构成一个闭环动作控制系统。

2. 按程序步转移条件分类

（1）时序控制系统。在热力过程的顺序控制系统中，一般来说，按时序控制的系统是开环的，只要按时间要求使程序进行下去就可以，即程序的转换完全依时间而定。在某一程序（时间间隔）内，可以使控制指令去操作一个被控部件，也可以同时操作数个被控部件。

（2）条件控制系统。按条件控制的系统必定要做成闭环系统，对某一程序来说，事先应准备充分的条件，称为一次判据，判据满足，则允许执行操作；程序动作结果的条件称为二次判据，但它又是下一步程序能否动作的依据，这种对下一步程序来说，可认为是一次判据，也就是说，在程序步的转换中，上一步二次判据又作为下一步的一次判据，成为转步条件。当下一步事先应准备好的其他条件已经满足，在有了这个转步条件后，程序就能发生转换而不断进行下去。如这些判据中有一个条件不满足，程序就不能正常进行。由此可见，按条件进行控制的系统，一定要有程序动作结果的回报信号作为下步程序的判据，构成闭环工作状态。

（3）混合控制系统。在一个顺序控制系统中既有时序控制方式，又有条件控制方式，所组成的控制系统为混合控制系统。

3. 按步转移方式分类

（1）基本逻辑式。只要输入信息符合预定的逻辑关系，它就有相应的输出，因为一次判据中不要求包括上一步的二次判据，所以没有明显的步序关系。

（2）步序式。在每步的一次判据中包含上一步的二次判据，故有明显的步序关系。程序步转移的同时，根据需要可以将以前任意步的输出闭锁或不闭锁。利用闭锁手段可构成多种步输出形式，以适应不同被控对象的要求，不过这时接线将复杂，处理方式也不便统一。

（3）步进式。它的步序管理是靠程控装置内部的步进环节实现的。步进式环节根据输入条件或设定时间动作，依次发出步进脉冲，使程序步发生转移条件，步进环节的步进条件主要是每步的二次判据。每步能否输出操作命令，除了来自步进环节的步进条件外，还决定于该步的一次判据是否具备。程序步转换的同时将上一步输出闭锁。

除此之外，尚有按时间关系进行转步的时序式，其转移条件纯属时间控制。在这几种控制方式中，步进式应用较多见。

第二节　火电厂顺序控制技术的发展

一、顺序控制方式

1. 就地控制方式

20 世纪 50～60 年代初期，火电厂的单机容量较小，参数也较低，主要采用母管制运行方式，对机组所进行的操作基本上为一对一的操作或就地手动操作，称为"行走式控制"，即要想控制哪一个阀门必须走到这个阀门前用手去操作。

2. 集中控制方式

20 世纪 60 年代以后，机组的容量和参数不断提高，并且采用了再热机组，密切了锅炉和汽轮机的联系，从而形成单元机组的运行方式，与此相应的控制方式则发展成为集中控制。

在集中控制方式中，大量阀门和设备的操作都在单元控制室内进行，形成远方操作方式。对于大容量单元机组，这些远方操作量急剧增加，如都采用一对一的操作方式。一台300MW 机组的操作开关和按钮等会多达 200～300 个，控制台的长度达 15m 以上，这将给机组的操作和监视带来极大的困难，因此发展了下述的几种控制方式。

（1）成组控制。把几个有相同操作要求的被控对象，用一个操作开关同时操作，可适用于同时开、关某几个阀门，或开甲门时又关乙门等。

（2）选线控制。选线控制是针对设备一对一的操作方式而言的，它遵循先选线后操作的原则，对若干个设备构成一组的被控对象先用一个公共的选线开关进行单个操作对象的选择，然后再由一个公用的控制开关进行操作，以减少操作开关的数量。但是这种方式因增加了操作手续，应用受到了限制。

（3）顺序控制。为了解决大型机组众多设备的远方操作问题，我国在 20 世纪 60 年代中期将顺序控制技术引入火电厂中，逐步取得了一定的成效。

采用顺序控制时，应将复杂的热力生产过程划分为若干个局部可控系统，配以适当的顺序控制装置，通过它的逻辑控制电路发出操作命令，使局部可控系统中的有关被控对象按照启停和运行规律自动地完成操作任务。因此，顺序控制是按照一定的顺序、条件和时间的要求，对局部工艺系统中的若干相关设备执行自动操作的一门控制技术。

目前，顺序控制在火电厂中主要应用于机炉辅助系统、水处理系统、输煤系统以及更高一级的锅炉燃烧系统和汽轮机组自动启停系统等。

随着分散控制系统在电厂的广泛应用，顺序控制系统的应用也越来越广泛，它包括了更多的被控设备，在火电厂的覆盖面更广，并逐步实现了火电厂全面顺序控制。

二、火电厂顺序控制的应用情况

随着大型机组的发展，顺序控制在火电厂中获得越来越广泛的应用。从水质处理、燃料输送，到大量的各种辅助设备、机炉主设备的启停和运行等，都需要采用顺序控制技术来提高它们的自动操作水平。

顺序控制与其被控对象的联系十分紧密，对任何一个顺序控制系统来说，我们不仅需要掌握所使用的顺序控制装置及其外部设备的工作原理，还必须掌握被控对象的启停和运行操作规律及事故处理等方面的知识。例如，一台 600MW 的发电机组，它的一台汽动给水泵所用的驱动汽轮机容量可达 12MW，这是一套完整的汽轮机和给水泵的组合系统，除其本身具有许多复杂问题之外（如小汽轮机和给水泵的启停操作规律、转速控制、安全保护等），它还与锅炉的给水调节方式、主汽轮机抽汽供给的控制、电动给水泵的切换和连锁等有着多方面的联系，由此可见，实现一套给水泵组的顺序控制的工作量是相当大的。

在火电厂中，不同顺序控制系统的控制范围差别是很大的，小型的顺序控制系统只有几个被控对象，操作 4～5 步，大型顺序控制系统的被控对象则可达到一、二百个，操作几十步，甚至上百步。总的来说，目前火电厂中主要的顺序控制一般有化学水处理系统的顺序控制，输煤系统的顺序控制，锅炉燃烧系统的顺序控制，汽轮机启停（或升速）的顺序控制。除此而外，还有引风机、空气预热器、送风机、电动给水泵、汽动给水泵、射水泵、循环水泵、凝结水泵等大型机械的顺序控制。这些设备的顺序控制有些可以采用联动控制方式实现被控对象的自动操作，但是复杂的系统必须采用专门的顺序控制装置来实现自动操作。

顺序控制主要用于主、辅机的自动启停操作和局部工艺系统的运行操作。顺序控制系统能按照预先规定好的顺序、时间或条件，使生产工艺过程中的设备自动地依次进行一系列操作。顺序控制有时也称为程序控制或开关量控制，主要用于开关量自动控制。

随着机组容量增大，需要监视的测点不断增多，操作项目也越来越多，一个大型火电机组需要监视几千个测点，操作项目多达数百个。如果由运行人员进行监视和操作，不仅增加体力和脑力劳动强度，而且引起心理紧张，容易造成误操作。于是将机组的部分操作按热力系统或辅机划分成局部控制系统，按照事先规定的顺序进行自动操作，达到顺序控制的目的。

顺序控制可以是开环的，也可以是闭环的。开环控制时，顺序的转换与动作将取决于输入信号，而与动作结果无关。闭环控制时，顺序的转换与动作不仅取决于输入信号，而且受生产现场来的反馈信号的控制，即与动作的结果有关。

大型火电机组都采用单元机组运行方式，炉、机、电在生产中组成一个有机的整体，其中某些环节出现故障时，必然会不同程度地影响整个机组的正常运行。例如，当锅炉灭火、送风机或引风机全停、炉膛压力过高或过低时，必须紧急停炉。停炉后蒸汽停止供应，迫使汽轮机和发电机紧急跳闸。又如，当汽轮机超速、轴向位移过大、真空过低、润滑油压低等情况发生时，汽轮机必须紧急停机，同时连锁控制发电机跳闸。此时，必须使锅炉转入最低负荷运行，投入旁路系统或停炉。当电网故障或发电机故障时，机组也必须采取相应的保护措施，以保障有关设备不受损坏。这是由于机组的容量不断增大，系统越来越复杂的缘故。运行中，特别是机组启停及事故处理中，需要根据许多参数及运行条件综合判断，并进行复杂的操作。随着单机容量的提高，所需监视和操作的项目越来越多，例如某 300MW 机组顺序控制系统需控制以下设备：

(1) 6kV 电动机 32 套；

(2) 400kV 电动机 62 套；

(3) 挡板 36 套；

(4) 电动门 108 套；

(5) 气动门 110 套。

每一套设备中又有许多操作项目。可以设想，如此繁多的辅机、阀门和挡板，若由运行人员进行手操，是难以胜任的。因为这样做的结果是仪表和操作开关（包括按钮）数量大大增加，造成控制台尺寸庞大，使得操作和监视面很宽，运行人员难以监视和操作。另外，由于操作复杂、劳动强度大，很容易造成误操作，从而威胁机组的安全运行，尤其在机组启停或发生事故的情况下，更容易造成运行人员手忙脚乱，甚至导致事故进一步扩大。

采用顺序控制后，运行人员只需通过一个或几个操作按钮，用尽量少的步骤去完成某一个辅机系统或辅机设备，甚至整个机组的启停任务。例如某 500MW 机组原有 445 个操作项目，采用顺序控制后可减少到 40 多个，只需几个人即可完成整套机组的操作。

由此可见，采用顺序控制后，不仅可减少运行人员的操作次数，减轻运行人员的劳动强度，同时，可以减少控制盘（台）的尺寸，缩小监视面。更重要的是可以防止因对象多及运行方式多变而引起的误操作事故，有利于机组的安全运行。

三、顺序控制技术中的常用术语介绍

(1) 顺序控制。在《热工自动化设计手册》中，顺序控制的定义为：顺序控制是按一定的次序、条件和时间要求，对工艺系统中各有关对象进行自动控制的一种技术。并进一步说明，采用顺序控制就是将生产过程划分为若干个局部的可控系统，利用适当的顺序控制装置，通过指令机构发出综合指令，使某个局部系统的有关被控对象按预定的顺序和要求自动完成操作。

(2) 功能组。我们已经知道，顺序控制就是根据生产过程工艺的要求，对开关量实行有规律的操作控制，具体到发电厂的热力过程来说，就是将机组的热力系统中关系密切的某一部分操作项目联系在一起，按照机组启停和运行的操作规律，自动依次进行全部操作。这样对于组合在一起的关系密切的这一部分操作项目就称为一个功能组。换言之，若对整个热力系统而言，则是按局部功能将其分为若干功能组，每一个功能组内的许多被控制的设备，其操作应是关系密切的。

(3) 功能子组。大的功能组还可以分为若干个小的功能组，称为功能子组。

(4) 步序。工业生产过程都是根据一定的操作规律，有步骤地进行的，这种生产过程中的每一操作要求和步骤称为步序，有时也称为工步。

(5) 控制过程。按照生产过程的操作规律，将一系列程序步骤加以组合并使之不断转换，即构成一个完整的控制过程。

(6) 程序步。与执行元件工作状态相对应的控制回路的一种组合工作状态称为控制回路的一个程序步。

(7) 顺序控制装置。为执行顺序控制过程所构成的自动化装置，称为顺序控制装置。它的构成有三部分：输入部分、逻辑控制部分和输出部分。

(8) 控制范围。控制范围指的是功能组的大小。顺序控制功能组的大小差别很大，就是说，在将机组热力系统中关系密切的某些操作项目联系在一起时，这种联系应达到何种程序，这就要求在设计一个顺序控制系统时，必须首先确定它的控制范围。

（9）连锁条件。在控制对象的控制电路中可以接入连锁条件，它是被控对象进行操作的条件，当被控对象的连锁条件出现时，应立即操作控制对象。

（10）闭锁条件。在控制对象的控制回路中可以接入闭锁条件，它是不允许被控对象进行操作的条件。当闭锁条件存在，则操作不了被控对象，反过来说，只有当闭锁条件不存在之后，才具有了操作被控对象的可能。

（11）联动控制。根据控制对象之间的简单逻辑关系，利用连锁条件和闭锁条件，将被控对象的控制电路按要求相互联系在一起，形成某些特定的逻辑关系，从而实现自动操作的一种控制方式。

（12）操作条件或一次判据。为某一程序动作之前所应具备的各种先决条件，当操作条件满足时，顺序控制装置就发出控制指令，实行预定的操作。

（13）回报信号或二次判据。它指的是某程序步动作时，被控对象完成该项目操作之后，返回给顺序控制装置的回报信号，用以检查控制指令的执行情况，并且在程序步的转换中，这个二次判据也可能作为下一程序步的一次判据，用以参加判断下一程序步是否被执行。

（14）顺序控制系统。用以完成顺序控制过程的所有装置和部件总称为顺序控制系统。

一个顺序控制系统所具备的两种基本功能：一是按程序执行所规定的操作项目和操作量；二是在一个程序步完成后，进行程序步的转换。

在顺序控制系统中，其核心是顺序控制装置，它的操作显示部分是主要的人机联系手段。操作信号部件和回报信号部件用于测量开关信号，是程序装置的输入信号；信号转换部件和执行部件则用于接受程控装置输出的开关量控制信号，直接操作被控对象，按规定的要求动作。以上这些部件都称为外部设备或现场设备。

综上所述，一个顺序控制系统所能达到的水平，主要取决于下列三个方面：①主设备（被控对象）的可控性；②外部设备所具备的功能；③顺序控制装置所能达到的水平。

主设备的可控性取决于设备制造厂家的产品性能，外部设备的功能属于基础自动化方面的工作。然而，顺序控制装置所能达到的功能应在系统设计时进行周密的考虑，尽量地使系统达到较为完善的功能。

第二章　顺序控制装置的工作原理

第一节　顺序控制系统的控制器

顺序控制系统使用的控制器有以下几种：

（1）有接点继电器的控制器。使用由电磁铁有接点组成的有接点继电器，通过接点的组合（接点间的配线）形成控制逻辑，实现控制器的功能。

（2）无接点继电器的控制器。为了消除有接点继电器的故障，用半导体（主要是晶体管）来实现接点组合功能的逻辑组合部件。

（3）数字集成电路控制器（IC）。它是无接点继电器的发展型，使用数字集成电路逻辑运算功能的控制器。

（4）PLC。为解决有触点继电器的种种问题而诞生的PLC是与计算机极其相似的硬件，其控制内容由程序来实现。也可以说，PLC是为顺序控制专用的一种计算机。

（5）计算机。顺序控制所使用的计算机，有把微处理器或微处理机的集成电路及其外围集成芯片装在一块印刷电路板上的单片机（Single Board Computer，SBC）、个人计算机、通用微型计算机、控制用大型计算机等。

1. 有接点继电器的控制

在可编程控制器（PLC）普及之前，有接点继电器是顺序控制的主流硬件，因使用上有下列局限性而逐步为PLC所取代：

（1）为实现控制性能需要繁多的配线；

（2）不同的系统要设计不同的硬件；

（3）缺乏高精度的控制性能；

（4）接点机械动作必然造成相应的延迟；

（5）接点磨损和接触不良等原因，故障维修的麻烦不可避免；

（6）改造、更新麻烦。

与PLC比较虽然有很多欠缺，但有接点继电器适用于下列场合：

（1）小规模控制。继电器10个以下，动作频度低时。

（2）强电控制。440V AC，100V DC的控制。

（3）PLC、计算机的外围回路。输入输出接口，辅助回路。

（4）动作频度低的控制。一天数次切换不影响寿命的控制。

2. 数字集成电路控制器的控制

IC控制器的使用取决于用户是否具有下列技术和设备：①IC回路和印刷电路板的设计技术；②抗干扰技术；③印刷电路板的安装技术，安装设备；④确保品质及可靠性的设备和管理技术。

IC控制器需要印刷电路板，因此，在一些高级系统中难以使用。在下列情况下，IC控制器才能发挥其优势：

（1）批量生产的专用控制装置。能设计出最适应于被控对象机构的功能和性能，且电路设计适合批量生产。

（2）有接点继电器控制的无接点化。解决了接点故障的问题。

（3）利用其他种类控制器功能和成本得不到满足时。比如，在功能方面利用 PLC 可以得到满足，但却有响应速度问题，或者当需要 PLC 不具备的某些功能时。制作 IC 控制器，有时因为量少或需个别设计使成本变高。所以，常使用 SBC，即装在印刷电路板上的微处理器或单片机，通过程序进行内容的处理，这样一来，可以把硬件标准化，即使少量生产，也不至于使成本过高。

此外，伴随着 PLC 的高级智能化和高性能化，又出现了将 IC 和 SBC PLC 化的倾向，因为PLC 是用户标准的通用硬件，不需自己制作，成本低，且具有能使用 PLC 用户网络的优点。

3. 利用 PLC 的控制

也可以说，PLC 是为顺序控制专用的一种计算机，PLC 是为克服有触点继电器的缺点而诞生的控制器。它的特点如下所述。

（1）基于顺序控制。不需要配线，具有标准化和高级智能化的硬件。

（2）基于半导体化的无接点控制。

接点故障消除，可靠性高，寿命长，响应迅速。有接点继电器与 PLC，恰似算盘与计算器，无论在性能、功能、成本、尺寸、可靠性、寿命还是在设计性能等方面，PLC 都具有优越性。因此，PLC 成为顺序控制的主流硬件。

PLC 不仅仅用于顺序控制，而且也被应用于监测、模拟量控制、数据处理等控制中。PLC 的应用范围极其广泛，可归纳为两方面。

（1）有接点继电器的所有领域。有接点继电器能使用的场合，PLC 都可以使用。如果说还有点问题，那只是在使用少量继电器就可解决问题的场合用 PLC 的经济性不好，或者是400V AC、110V DC 的控制，高频率、高强度电场下的适应性问题。

（2）代替专用控制器。代替使用数字 IC 和微处理器的控制装置。已经高级智能化了的PLC 适用于各种各样的控制。

1）位置控制。数字控制装置（NC），机器人控制装置等。

2）模拟控制。速度、温度、压力等控制装置。

3）节能控制。如空调控制，炉温控制装置。

（3）计算机的下位控制。高级性能 PLC 除了顺序控制，还能做数值运算和简单的数据处理，与传感器和驱动装置连接的界面，具有极强的抗干扰能力，所以常用于计算机控制的下位控制。

4. 计算机

顺序控制所使用的计算机，有把微处理器或微处理机的集成电路及其外围集成芯片装在一块印刷电路板上的单片机，也有 FA 个人计算机、通用微型计算机，还有控制用大型计算机及网络化控制计算机等。

第二节　顺序控制的处理方法

一、基本功能的实现

1. 顺序控制的基本回路

当控制对象为静态系统时，控制输出即顺序控制装置逻辑运算的结果，仅由输入信号的逻辑运算决定。而当控制对象为动态系统时，仅由当时的输入无法决定正确的控制输出，还必须记忆过去的输入和输出，对系统的内部状态进行模拟。顺序控制算法可以用包含输入、输出、内部存储器的两值状态（1，0）和时间的逻辑运算来表达。可是，仅仅如此表达和设计顺序控制的算法未必容易。这里我们再稍微宏观地叙述一下考虑到顺序控制特征的处理方法。顺序控制所用的各回路的基本功能，就是着眼于输入、输出时，如何表达把输入信号加工处理后变换成什么样的输出信号。

表 2-1 给出了四类顺序控制回路的功能框图：①着眼于输入—输出信号的形状；②着眼于输入—输出信号的时间差；③着眼于输入—输出信号的个数；④着眼于输入—输出信号的极性。

各回路的基本功能有记忆、计时、计数等，再加之给予控制对象控制命令的回路和从控制对象检测输出的回路，就构成了顺序控制的基本回路（见表 2-1）。

表 2-1　　　　　　　　　　　顺序控制回路的功能框图

内　容		功　能　块	备　注
输入输出关系通过形状加以区别	变形增幅回路		输入信号与输出信号的形状完全相同，不论输入信号是脉冲信号还是连续信号，都可以得到形状相同的输出信号
	信号变换回路		输入信号为脉冲信号时，本变换回路可以得到连续输出，如自保持回路、记忆回路、脉冲连续回路
	再生增幅整形回路		输入信号是连续时，也只能得到脉冲输出，如脉冲回路、变化率回路
输入输出关系通过传递时间关系加以区别	延时闭合回路		输入后经过一定的延时才能得到输出，输入消失后，输出即刻消失，即所谓延时闭合回路，如延时动作即时恢复回路（t_1 为延迟时间）
	延时断开回路		有输入即刻可以得到输出，但是当输入消失后，输出经过一定的延时时间才消失，即所谓延时断开回路，如即时动作延时恢复回路（t_2 为断开延时时间）
	闭合断开延时回路		输入与输出之间的关系是经过一定的时间延迟而发生的，即所谓开—关延时回路，如延时动作延时恢复回路（t_1 为开延时时间，t_2 为关延时时间）
输入输出关系通过各自的个数（点数）加以区别	输出触点数增加回路		对于一个输入有 N 个输出（$N>1$），即所谓输出触点数增加回路
	输入触点数增加回路		选择 M 个输入元作为输出（$M>1$），在特定场合，$M=1$ 时，与上述变形增幅回路相同。对于 M 个输入有 1 个输出（$M>1$），如条件判断、判定回路，各种与门、或门电路都相当于这种回路

内　　容		功　能　块	备　　注
输入输出关系通过各自的个数（点数）加以区别	伸长压缩回路	输入　基本控制回路　输出　M个　N个	由多输入（M个）多输出（N个）关系得到的回路，通常N为同种信号，M为异种信号
信号极性反转回路，输入输出为逆关系		输入　基本控制回路　输出	输出信号与输入信号极性相反，即所谓否定（非）回路，信号反转回路，以触点回路为例，即把触点a交换为触点b，把触点b变换为触点a，理论上是把"1"变成"0"，把"0"变成"1"

2．状态的保持与解除

以自动运行方式的自保持回路为例，当按钮开关闭合，保持自动运行方式时，若信号断开则解除这种状态，或者用一个按钮的开关信号反复进行保持和解除。当控制对象为动态系统时，利用保持和解除功能记忆过去的控制输出与状态，并模拟控制对象当前的内部状态。自保持回路的构成，有时利用自锁线圈（自锁存储器），像触发电路那样由置位和复位信号进行保持和解除。

3．状态变化的检测

状态变化的检测，即不考虑状态本身，而只检测状态的变化，通常有信号上升沿检测与信号下降沿检测。状态变化的检测往往应用于下列情况：

（1）为了限制伴随现象发生的处理系统的动作次数；

（2）为了检测故障的发生时刻；

（3）为了减轻其他控制装置对大量信息监控时的传送负担。

4．信号时间的处理

表现信号传送延迟的计时装置有延时动作、瞬时复位的接通延迟计时器和瞬时动作、延时复位的断开延迟计时器。计时器的主要作用是把难以检测的现象的发生，用该现象状态的时间经过来模拟。例如，电动机从合上开关进行额定速度运转到进入下一个作业，可以通过从开始到动作结束的计时来模拟以额定速度运转的经过。从断开电动机到电动机停止的计时可以模拟电动机停止的经过。洗衣机的计时，也是把是否洗净了这个现象的发生，用一定的时间经过来模拟。

计时除了可以对控制对象的状态进行模拟外，还可以去除某时间间隔内的信号（振荡、噪声等），限制信号的作用时间，延长信号的作用时间，在一时间间隔内产生信号以及产生定周期脉冲信号等，应用十分广泛。

5．连锁的应用

所谓连锁是指机器操作许可、禁止等的约束条件。具体地说，就是当某种操作或状态完成之前，不允许有别的操作或状态进入。

连锁的主要目的是确保安全，防止机器损伤和事故扩大。因此，在实际应用时，必须充分考虑如何能防止和应对误操作、误动作所产生的危险、机器损伤、停电、断线或PLC故障。我们可以考虑如下的连锁方式。

（1）启动连锁。启动连锁要求的条件必须在启动时满足。如果不满足启动条件，通常利用运行状态的信号来启动连锁回路。例如，如果机器处于启动状态，应当在搬入口有货物、搬出口无货物等。

（2）运行连锁。运行连锁条件不仅在启动时要求满足，而且在运行时也必须满足。如果运行中条件得不到满足就必须进入停止状态。如旋转机械工作过程中，必须有润滑油泵正在运转中、电源电压处于正常、无故障发生等条件保持。

（3）计时连锁。计时连锁是指设定动作的时间间隔。但是确定这种连锁的制约条件往往相当困难，所以计时连锁一般把计时的模拟信号作为连锁来使用。比如，电动机从正转切到反转所需的时间间隔。为了防止电磁接触器接点短路，可以模拟灭弧的时间。为了防止在旋转中的感应电动机上突然施加反方向的电磁力，计时连锁可以模拟电动机进入停止状态所需要的时间。同样地，计时连锁还指顺序启动机器时的时间间隔。

（4）相互排除连锁。它是为了使若干台机器上特定的状态不要同时发生。比如，正转和反转电磁接触器不可同时导通，常用和备用电动机不可同时运转等。

（5）顺序连锁。它是指给定机器之间相关的许可或禁止条件。比如，机器的顺序启动、顺序停止，断路器切换操作之后，才可以进行的一切操作等。

例如在传送带控制系统中，几条传送带的同时启动和停止，就有启动电流叠加引起的电源容量问题和电源电压变动问题。因此，通常是从下流侧传送带到上流侧传送带顺序启动，停止是从上流侧传送带到下流侧传送带上的材料搬运完了后顺序停止。为了节省能源，一旦观测到上流侧传送带把材料传送到下流侧传送带，就立刻顺序停止。输煤系统的控制就是这样。

（6）工程连锁。工程连锁给出系统状态转移的许可和禁止条件。比如，前段的状态成立，后段的准备完毕等。

6．切换操作

自动—手动、远距离—直接、高速—低速、常用—备用等控制模式或运行方式的切换操作在频繁地进行。例如，直接切换到远距离的操作场所时，是不停机进行，还是必须停机后进行，或者不进入停止状态切换无效等，对切换时状态的继续，必须从安全的角度和可操作性等方面予以充分考虑。

二、组合逻辑

对于若干个逻辑输入信号，不考虑这些输入逻辑信号的顺序，而确定一个或多个输出的逻辑回路有多种组合，如逻辑与（AND），逻辑或（OR），逻辑非（NOT）等，这些信号的组合遵循下面一系列法则，并且应用这些法则又可导出若干个公理和定理，特别是德·莫根定理具有可以使用反转信号的优点（a 接点和 b 接点的交换），对于简化顺序控制回路起着极其重要的作用。

1．交换法则

$$A + B = B + A$$
$$A \cdot B = B \cdot A$$

2．结合法则

$$(A + B) + C = A + (B + C)$$
$$(A \cdot B) \cdot C = A \cdot (B \cdot C)$$

3. 分配法则

$$A \cdot C + B \cdot C = (A + B) \cdot C$$
$$(A + C) \cdot (B + C) = A \cdot B + C$$

4. 德·莫根定理

$$\overline{A + B + C} = \overline{A} \cdot \overline{B} \cdot \overline{C}$$
$$\overline{A \cdot B \cdot C} = \overline{A} + \overline{B} + \overline{C}$$

5. 逻辑和与积

$$A + \overline{A} = 1$$
$$A \cdot \overline{A} = 0$$

顺序控制的组合逻辑，是根据对象各构成环节的状态组合来确定控制输出，以及构成初始条件、运转条件、状态转移等的基本逻辑运算的。

第三节 控制器的处理内容和外围电路

一、控制器的处理内容

图 2-1 所示为控制器的处理内容及其外围电路。顺序控制系统由控制器和外围电路构成，控制器对各种输入信号进行处理，并把输出信号传送给控制对象。

下面对控制器的处理内容和外围电路、输入信号、输出信号和主要的回路进行介绍。

控制器的运算处理功能，可以通过使用有触点继电器或数字集成电路的硬件来实现，也可以通过在 PLC 和计算机上编制程序来实现。为了实现顺序控制，必须具有以下运算处理功能。

(1) 顺序运算。顺序运算包括信号组合逻辑运算功能，表示规定时间的计时功能，统计事件发生次数的计数功能。

(2) 数值运算。如数值的四则运算、比较运算、函数运算等。

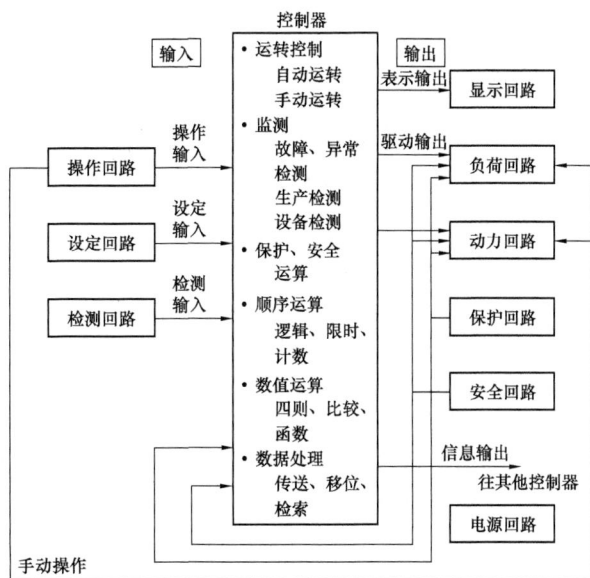

图 2-1 控制器的处理内容及外围回路

(3) 数据处理。数值或文字数据的传送、变换、移位、检索、处理等。

使用这些运算处理功能进行顺序控制时有如下处理。

1. 驱动控制

驱动控制是使控制对象运行的处理，首先按控制输入确定自动或手动操作方式，再根据预先规定好的顺序进行设定输入或检测输入，控制器运算后产生必要的输出，使控制对象动作。这样的处理产生驱动输出、驱动传动装置和控制对象的动力部分。

驱动控制是使控制对象运行的最重要的处理，同时需要考虑故障和异常输出处理、保护及安全处理。

2. 监控

监控是对控制对象的过负荷、过电流、过热、超安全界限、动作迟滞等故障和异常状态的处理。通常，故障和异常现象一发生，就停止控制对象的运行。另外，监控对控制器本身的故障和异常也可以进行自检、处理和停止运行。

在自动化系统中，为了缩短因故障和异常所引起的运行停止，必须进行缜密的检测处理，故障和异常的检测是缩短修复时间的重要环节。监控分为生产状况的生产监控，管理设备及机器监控。监控在顺序控制中起着极其重要的作用。

3. 安全保护

安全保护是为了防止受控对象即传动装置或者动力机械损伤。具体地说，如检测到电动机过电流或温度上升，则进行切断电源、停止负荷的驱动等处理。

另外，安全保护还包括超越了安全界限、控制失调、人或动物进入了禁止区域等检测。当这些现象发生时，使设备停止运转。特别是大功率机械的保护处理以及人接触较多的起重机、车辆等移动物体的安全保障尤为重要。

二、输入信号与输入回路

1. 输入信号

输入信号大体分为三种。

(1) 控制输入。指操作方式的选择、自动操作的启动和停止以及机械各部分动作的手动控制等。控制输入是直接作用于控制对象上的输入信号。

(2) 设定输入。如设定生产产品的个数，加工、组装条件的输入信号的设定等，以及开、关、编码的数值。

(3) 检测输入。检测输入包括表示控制对象状态的信号，如前进端到达，压力正常等的开关量信号，速度和位置的脉冲信号，表示速度和温度的模拟量信号。

2. 输入回路

对应上述三种类型的输入信号有三种相应的输入回路。

(1) 控制回路。控制回路是操作方式的选择，启动、停止运行指令等控制输入信号的回路，而手动控制信号往往用于驱动大负荷的动力回路，使负载直接动作。

输入装置有各种选择开关、切换开关、按钮式开关，从各开关到控制实行串行输入。

(2) 设定回路。设定回路是设定产品个数、加工尺寸、加热时间这样的加工、组装、成形、处理等模式或数值的回路。它与控制回路一起装入控制配电柜。

设定输入装置有切换开关、数字开关、按钮开关、键盘等。

(3) 检测回路（监测回路）。检测回路是用于检测控制对象状态的回路。如动作界限、到达、通过、速度、温度、位置等的检测。检测装置有以下几种。

1) 到达的检测。限位开关、微动开关、接近开关、光电开关。

2) 位置、距离、旋转角、转数的检测。脉冲发生器、回转编码器。

3) 速度的检测。转速表、传感器、脉冲发生器。

4) 温度的检测。热电偶、热敏电路、测温阻抗。

5）电量的检测。电压、电流、频率数、功率传感器。

三、输出信号与输出回路

1. 输出信号

来自控制器的输出信号有以下三种：

（1）显示输出。显示控制进行的状态，机械的动作状态，传感器、调节器等的状态指示灯类的输出。比如，生产业绩、计测器、时间等用数字显示，而操作、组装等指示，故障及异常的内容大都用文字显示。显示输出就是驱动数字显示器、液晶显示器、CRT、电子显示器等的输出。

（2）驱动输出。驱动连接在控制对象上的各种传动装置的输出，也叫功率输出。

（3）信号输出。向其他控制器传送控制条件、连锁条件、输出计测值等数据的信号。

2. 输出回路

对应上述各种输出信号的输出回路有以下几种。

（1）显示回路。把运行状态、控制状态、传感器状态、传感装置的状态等用显示器、指示灯等显示的回路。设置在输出回路的显示设备有 CRT、发光二极管、白炽灯、氖灯等。随着必须给出明确指示和显示量等要求的提出，大多以 CRT、LCD 液晶显示器，等离子显示器等作为显示回路的部件。

（2）负荷回路。用控制器的输出直接驱动几十伏安（V·A 或 W）的小型电机、电磁阀、离合器等传动装置，以及驱动有接点继电器、电磁开关等的回路。

为了保护传动装置，必须设置电路保护器件，同时必须防止由干扰引起的数字集成部件、PLC、计算机等的误动作。

（3）动力回路。驱动几百瓦以上的电机、加热器等大功率设备的回路。因为是大电流的开关，所以并非由控制器的输出直接控制，而是通过电磁接触器、电磁开关、固体状态开关等进行控制。

为了控制动力设备，必须设置能监测过电流、过负荷、温度上升等的保护回路，同时还要有伴随大电流开关的抗干扰措施。

（4）保护回路。保护传动装置和动力设备的回路，负责检查故障、过电流、温度上升等，并切断电流的供给。

控制装置中往往用电路保护器件，通过切断电磁开关来切断动力装置的电源。机器的保护通过控制来实现，但为了预防意外，也在强电回路和控制回路直接控制，并使这些回路一体化。

（5）安全回路。安全回路与保护回路不同，保护回路是保护控制装置和动力机械自身的硬件，而安全回路则是保护操作者或者机械设备的回路。具体地说，是监测是否有人进入危险区域，机械动作安全界限的超越或失调、过速等，并使控制对象停止运转。这种安全控制由控制器实行，但为了预防万一，有必要在负荷回路、动力回路或电源回路直接控制。

（6）电源回路。供给控制器及外围电路所必需的电压和电流的回路。该回路要有保护控制器及其外围电路，保护各部件的功能，同时还要有防止干扰侵入输入和输出的功能。电源是为各个部件、各个回路提供能源和交换信息所用的，因此必须是高质量的。

第四节　顺序控制装置的工作原理特点

顺序控制装置作为控制系统的核心,它向被控系统发出操作命令,并接受被控系统及过程参数的反馈信号。通常,程序控制装置主要由三大部分组成:输入部分、逻辑控制部分和输出部分。对于应用在工业现场的控制装置来说,输入、输出部分是很重要的,它具有接受或输出控制信号、隔离现场干扰、转换控制电平、进行信号功率放大等许多功能,是与现场接口的设备。逻辑控制部分由不同类型的逻辑控制电路构成。根据工作原理,逻辑控制电路主要分为两类:基本逻辑式控制电路和步序式、步进式控制电路。

一般来说,顺序控制装置具有如下几项主要功能:①存储控制程序;②在条件满足时,执行和转换程序;③提供人机联系,除按程序自动操作外,还可向运行人员提供点步、跳步及手动操作被控对象功能,同时装置应能向运行人员提供必要的显示、报警和故障信号;④具有与外部设备配合完善的接口方式和信号联系通道;⑤具有一定的程序检查功能,在有必要时可设置能够验证程序进展正确性的自检电路;⑥具有一定的保护功能,能够在执行程序时,检查执行机构的故障,在发生各种事故时,可以中断或复归程序。

一、继电器式顺序控制装置

1. 三种基本逻辑电路

由继电器构成的"与"、"或"、"非"三种基本逻辑电路如图 2-2 所示。它们的逻辑表达式分别为

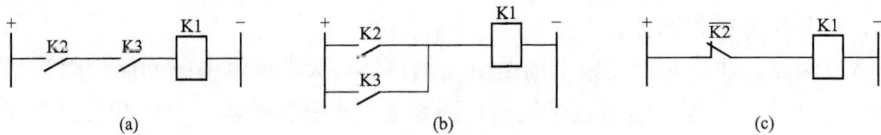

图 2-2　三种基本逻辑电路

(a)"与"逻辑;(b)"或"逻辑;(c)"非"逻辑

$$K1 = K2 \cdot K3, \quad K1 = K2 + K3, \quad K1 = \overline{K2}$$

根据这三种逻辑控制电路可以用继电器实现逻辑代数的主要运算,例如互补律、重叠律、交换律、结合律、分配律、吸收定理、反演定理等。能组成各种继电器控制电路的基本环节,例如自保持环节、优先环节、判断记忆环节、计时环节和步进环节等。

2. 基本逻辑式控制电路

采用继电器构成的基本逻辑式控制电路如图 2-3 所示,图中各输出继电器的逻辑表达式为

$$K1 = (K4 \cdot K5 + K1) \cdot \overline{S1}$$

$$K2 = (K4 \cdot K6 + K2) \cdot \overline{S2}$$

$$K3 = (K5 + K7 + K3) \cdot \overline{S3}$$

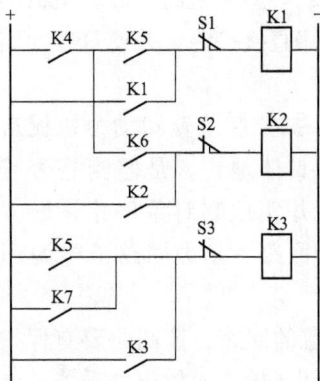

图 2-3　继电器基本逻辑式控制电路

当输入信号触点 K4、K5、K6、K7 的状态满足上面

的逻辑表达式时，输出继电器 K1、K2、K3 就会分别带电，其常开常闭触点动作，发出信号至执行部件，去操作各自的被控对象动作。

输入信号作用在控制电路上的时间长短不同，在作用时间短于被控对象所要求的动作时间的情况下，应把输出继电器本身的动合触点并联在输入信号触点上，输出继电器一旦吸合后，该动合触点也闭合。这样不论原输入信号的触点是否断开，都将继续保持继电器吸合状态，控制电路的这种作用称为自保持（自锁）。有自保持作用时，在输入信号作用时间较短的情况下，输出继电器的吸合时间延长了，以满足被控对象的操作要求。

图 2-3 中，S1～S3 为被控对象动作完成后的回报信号触点（也可能是动作完成后引起过程参数变化而发送出的开关量信号）。当 K1 控制的被控对象动作完成后，S1 触点断开，于是输出继电器 K1 释放，输出继电器 K2、K3 的动作也同样。这样的接线方式，最终可以使输出继电器的吸合时间与被控对象的操作时间相配合。

3. 步进式控制电路

步进式控制电路使用较为广泛，用继电器构成的步进式控制电路如图 2-4 所示。图 2-4 中 K6、K7、K8 是各步的操作条件，K5 是控制电路启动继电器（按钮）的触点。在发出启动命令后，该继电器的触点短时闭合。此后输出继电器 K1～K3 自动按顺序输出操作命令，步的转换取决于上一步动作完成后的回报信号 S1～S3。例如，当 K1 吸合后，依靠动断触点 K4、K3、K2 和动合触点 K1 的串联电路自保持，同时输出操作命令。第一步动作完成后 S1 闭合，输出继电器 K2 吸合，第二步开始动作。同时，动断触点 K2 断开，切断 K1 的自保持串联回路，使继电器 K1 释放，第一步停止输出操作命令。K4 为复归继电器，用于使控制电路复归，该电路中使 K3 复归。

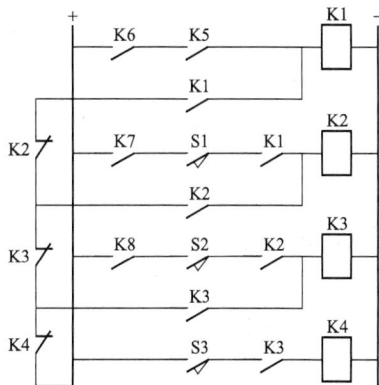

图 2-4 中各输出继电器的逻辑表达式为

$$K1 = (K6 \cdot K5) + K1 \cdot \overline{K2} \cdot \overline{K3} \cdot \overline{K4}$$
$$K2 = (K7 \cdot S1 \cdot K1) + K2 \cdot \overline{K3} \cdot \overline{K4}$$
$$K3 = (K8 \cdot S2 \cdot K2) + K3 \cdot \overline{K4}$$
$$K4 = S3 \cdot K3$$

图 2-4 用继电器构成的步进式控制电路

除上述介绍的继电器逻辑控制的主电路以外，在继电器式顺序控制装置中还设有公用控制电路。这部分电路的主要作用是提供人机联系手段，发出程序启动、程序停止、程序复归、以及工况显示等信号，检查程序的执行情况，处理某些故障，发出程序中断信号等。在逻辑控制电路中这部分电路虽不属于主控制程序部分，但它是为完善控制功能所必不可少的管理部分。

二、固态逻辑式顺序控制装置

使用固态逻辑元件，即使用半导体数字分立元件和集成元件可以构成具有一定控制功能的逻辑控制电路，以完成所要求的顺序控制任务。固态逻辑式顺序控制装置由主程序逻辑控制电路组合，并附加必要的辅助功能电路构成。辅助功能一般包括程序的启停、中断和复归，信号状态显示以及系统故障报警等，这与继电器式顺序控制装置的公用控制电路的功能是雷同的，只是使用不同的逻辑元件来实现。

固态逻辑式顺序控制装置因其由半导体电子元件构成，因此也被称为电子顺序控制器。控制器一般采用固定接线方式。控制装置的类型较多，但就其基本工作方式而言，主要可分为基本逻辑式和步进式两类。

固态逻辑电路属于弱电控制电路，因此对于顺序控制装置的输入输出电路要求能隔离工业现场的各种干扰，保证控制装置的正常工作。

固态逻辑式顺序控制装置的逻辑控制电路，其种类和组合变化是很多的，在此不可能逐一加以分析介绍。但是对于电路的分析，归纳起来，通常有如下一些基本分析方法可供采用：直接观察法、列真值表法、逐级推导电平法、列逻辑表达式法和波形图分析法，可根据逻辑控制电路的繁简程序具体选用。此类控制装置目前已很少使用。

三、矩阵式顺序控制装置

为了增加顺序控制装置的通用性和灵活性，人们研制出了一种在一定范围内可以改变控制程序的开关量控制装置。这就是以固态逻辑元件为基础，采用二极管矩阵作为程序设定部件，通过改变二极管在矩阵板上的插焊位置就能比较方便地满足不同工艺流程要求的矩阵式顺序控制装置，通常称为矩阵式顺序控制器。

矩阵式顺序控制器有以下几种基本类型：基本逻辑式、条件步进式、时间步进式、多功能组合式和集中控制式。因用途有限在这里不作更多的介绍，只介绍矩阵式顺序控制装置的基本工作原理。

矩阵电路的主体是矩阵板，一般由双面印刷板制作，印刷板正面分布着多条垂直母线，背面分布着多条水平母线，因此垂直母线和水平母线是互不相连的。在这两种母线的交叉处打孔，把二极管的正、负极分别插入孔中加焊，即焊在垂直母线和水平母线上，从而将交叉点由二极管单向连接起来。众多的二极管分布在矩阵板上，构成二极管矩阵电路。

矩阵式顺序控制装置的程序编制，就是按照逻辑控制的要求，在矩阵板的相应位置插焊必要的二极管，完成某项控制功能的接线，因此这种装置具有一定的编程灵活性。

四、可编程控制装置

可编程控制器（PLC 或 PC）是一种专门为在工业环境下应用而设计的数字运算操作的电子系统。其特点是：采用一种可编程序的存储器，在其内部存储执行逻辑运算、顺序控制、定时、计数和算术运算等操作的指令，通过数字式或模拟式输入输出来控制各种类型的机械设备或生产过程，能直接在工业环境中使用。

可编程控制器 PLC 能够取代以继电器为基础的控制系统主要有以下原因：

（1）大机组控制要求的时间响应快，控制精度高，可靠性好，控制程序可随工艺改变，易与计算机接口等。在这些方面继电器远比不上 PLC。

（2）PLC 能在线修改，能借助软件实现重复控制，而常规硬接线逻辑电路的控制，要使用大量的硬件控制电路，这在更改方案时，工作量相当大，有时甚至相当于重新设计一台新装置。

（3）PLC 由于简化了硬件线路，提高了可靠性。

（4）PLC 在编程时，使用的是传统的继电器符号语言，不必使用专门的计算机语言，故工程应用较为方便。

五、分散控制系统

1. 特点

目前，大型火电机组采用分散控制系统越来越多。分散控制系统的现场控制单元具有了逻辑运算功能，顺序控制系统则作为分散控制系统的一个子系统。按照机组、辅机设备及系统的特点，将顺序控制任务分成若干个（如 40 个）功能组。例如，锅炉机组的送风机、引风机等控制；汽轮机的盘车装置、凝汽器真空泵控制；发电机组的冷却水控制等，按照工艺系统的特点进行划分。

采用分散控制系统的顺序控制是以分散控制系统为基础的。因为这种系统既能进行模拟控制，又能进行逻辑控制。它将传统的控制系统视为一个工作站（节点），而且通信网络将诸多工作站连接在一起。它还有很强的可扩充性，如西屋公司的 WDPF 分散控制系统，通信网络数据高速公路上最多可容纳 254 个工作站（节点）。顺序控制系统作为分散控制系统中通信网络上的一个或几个站，成为整个控制系统中的一部分。此外，可编程控制器也可以通过接口装置与分散系统连接。

在操作员站，通过操作员键盘和 CRT，可以实现对辅机的单独控制和成组控制，通过生产过程流程画面和 SCS 操作画面可以显示辅机运行情况和 SCS 执行情况，以及实现切换控制和手动操作。

SCS 系统可以从 I/O 接口接收现场来的各种信号，也可以从网络接收信号，以及操作员站来的指令信号，这些输入信号经 SCS 进行逻辑运算后，又发出操作指令去启动或停止它所控制的各个设备。顺序控制系统与其他子系统共同参与对机组的管理和控制，由此形成机组完整的控制、连锁、保护和显示等多功能的自动化系统。

在运行人员操作站、工程师编程站的 CRT 屏幕上，可显示和监控各个设备的状态，如：风机的启动和停止，阀门的开启和关闭，以及设备是否处于故障状态等。从上述 CRT 屏幕的操作键盘上，可直接通过键盘发出指令，控制各个设备的动作。被控设备动作的过程及执行情况完全在 CRT 屏幕上及时显示。运行情况异常或设备发生故障，SCS 系统的保护功能将起作用，使各个设备按预定的逻辑动作。当某设备启动条件不满足时，SCS 系统将闭锁设备，避免运行人员的误操作。

2. 控制方式

顺序控制的功能组级是将同一系统的有关设备按控制逻辑集合在一起，形成一个独立的整体。例如风烟系统有风烟挡板、油泵组等。在功能组内，设备与设备之间存在连锁关系。顺序控制系统有两种操作控制方式，即顺控方式和单控方式。

（1）顺控方式。当某个功能组级的顺控系统置于"自动"位置时，该系统即按设计好的顺序自动地控制各项设备的运行。在运行过程中各步序的回报信号和各步序的运行时间信号都能在 CRT 画面上受到监视，当收到正确的回报信号以后，程序就进入下一步。如果在预定的时间内没有收到正确的回报信号，则认为该步有故障，并发出报警信号，要求操作员进行干预，直到故障排除以后程序仍按原步序进行。

操作员通过键盘进行顺控系统的自动、手动切换和顺控系统启、停的操作。对于重要功能组级也可通过 BTG（炉、机、电）盘上的控制按钮完成自动、手动切换和顺控系统启、停操作。

（2）单控方式。单控方式时，操作员在 CRT 画面的操作指导下进行操作，完成每一个驱动级设备的单独操作。这些画面包括子功能组的流程图画面、文字形式的画面等。

流程图画面表示了工艺流程、工艺参数和被控设备的符号、编号，操作员可以通过 CRT 画面的触摸功能激活需要操作的被控对象，然后通过键盘上的操作键对该设备进行启、停、或开、关的操作。画面中各设备符号的颜色随着设备状态的不同而变化，一般当电动机处于启动状态或电动门、电磁阀处于打开状态时，设备符号呈红色；当电动机处于停止状态或电动门、电磁阀处于关闭状态时，设备符号呈绿色；当电动机、电动门、电磁阀在动作过程中故障（例如超时）时，设备符号呈橘色并闪光。

3. 画面操作

SCS 操作画面是操作人员通过计算机干预生产过程的人机界面，也是指导、提示操作人员进行顺序控制和单操被控对象的主要依据。

对各被控对象的单操是在流程图上实现的。在流程图上触发要操作的设备，设备旁出现天蓝色三角形，指示当前操作对象，同时出现与该设备对应的操作子屏。子屏上有各可编程键的功能定义，运行人员可按照提示进行操作。

功能子组步序操作画面采用工艺流程和操作指导相结合的表示方式，设计了各功能子组的启动和停止操作画面，以便操作员用此画面进行功能子组自动顺序操作的同时，在工艺流程图上可直观地看到被控对象的状态变化。

第三章　开关量的测量

第一节　开关量测量的基本原理

1. 概述

顺序控制与热工保护均属于开关量控制范畴，因而有些书籍称为热工开关量控制系统。在控制系统的工作过程中，信息的传递和变换都是以开关量信号进行的。如通过压力、温度等测量开关、位置开关、按钮开关等，将控制信号输入到控制装置，经逻辑处理后通过输出继电器再去控制有关执行机构。因此，开关量控制系统的基础部件就是提供开关量信息的二位式控制器，经逻辑处理后送到执行开关量信息的执行机构，以实现开关量控制。下面将分别叙述。

一个完整的顺序控制系统是将直接测量得到的开关量信号或将由模拟量信号转换来的开关量信号输入到施控系统，施控系统按照生产过程操作规律所规定的逻辑关系，对这些信号进行综合与判断，然后输出开关量信号去指挥被控系统工作，完成生产过程所要求的操作控制。

模拟量由常规变送器测量，再经过诸如差值转换器、限幅报警器、累积报警器或二次仪表的触点转换成开关量。在顺序控制装置的输入部分设置转换电路（称为鉴幅单元）也可获得开关量信号。

这里只简要介绍直接把热工参量或机械量转化为开关量信号输出的测量设备，即开关量变送器。它是为顺序控制装置提供操作条件和回报信号的部件。开关量变送器的结构简单、造价低廉、体积较小、中间转换环节少、可靠性高，因此被广泛地应用在开关量控制系统中。

开关量变送器的基本工作原理是，将被测参数的限定值转换为触点信号，并按顺序控制系统的要求给出规定电平（也可由顺序控制装置的输入部分转换为规定电平），其电源通常由顺序控制装置供给。

热工开关量变送器也称逻辑开关或二位式控制器，它的任务是将被测物理量转换成开关形式的电信号。开关形式的信号是仅有两种对立状态的逻辑变量。例如，一对触点的闭合状态或断开状态，用于控制二位式（开关量）控制回路或连锁保护回路。

2. 动作值与复原值

当被测参数上升（或下降）到达某一规定值时，开关量变送器输出触点的状态发生改变，这个规定值称为它的动作值（也称阈值）。输出触点的状态改变后，在被测参数重又下降（或上升）到达原动作值或比原动作值稍小（或稍大）的另一个数值时触点恢复原来的状态，这个值称为复原值。

对于开关量变送器，其输入量是连续变化的物理量，输出量只有两种突变状态，即开或关，类似于电路中的施密特触发器。开关量测量仪表就是通过调整动作值与复原值完成状态监测任务的。

3. 切换差

为了使开关触点不发生误动作，开关触点的切换是突跳的，即在微动开关中有起突跳作用的簧片。因此，在开关量变送器中总会存在切换差。所谓切换差，是指被测介质的压力、差压、液位、流量或温度等物理量上升时开关动作值与下降时的开关复原值之差。图 3-1 (a) 中，ΔP 为切换差，P_1 为下切换值（复原值），$P_1+\Delta P$ 为上切换值（动作值）。

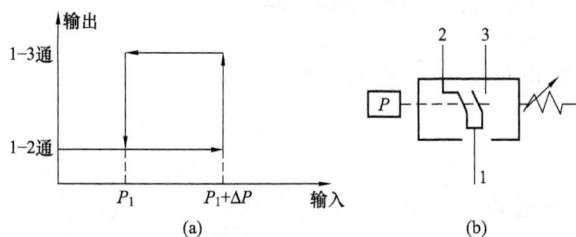

图 3-1　开关量变送器的输入—输出特性

这里说的切换差，不同于模拟测量中的误差概念，测量误差应越小越好，但切换差并不是越小越好，而应根据使用要求来确定。例如，要求使用在干扰信号大的场合，一般应选用切换差大的产品；而用于干扰信号小的地方，一般选用切换差小的产品。图 3-1 (b) 为开关示意图。

4. 设定值调节范围

切换差分为可调与不可调两种，前者切换差可以从某一值连续调到另一值；后者切换差是固定的，用户不能随意变动。

图 3-2 为设定值调节范围示意图。不论切换差可调还是不可调，设定值在规定的调节范围（ΔP）内均是连续可调的。图 3-2 (a) 是切换差不可调时的情况，图中各符号含义如下：

P_1——设定值调节范围下限（或称低端）；

P_2——设定值调节范围上限（或称高端）；

ΔP_1——设定值调节范围下限时的切换差；

ΔP_2——设定值调节范围上限时的切换差。

图 3-2 (b) 表示的是切换差可调的测量开关，图中的 P_1、P_2 含义同图 3-2 (a)，其余的符号含义如下：

ΔP_1——设定值调节范围下限时可调切换差的最小值；

ΔP_2——设定值调节范围上限时可调切换差的最小值；

ΔP——设定值调节范围上限及下限时切换差可调的最大值。

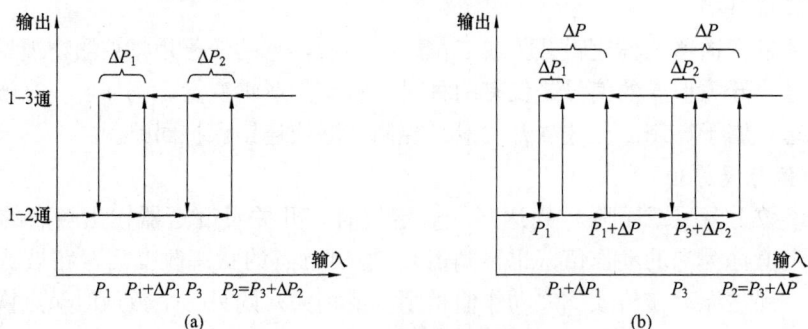

图 3-2　设定值调节范围示意图
(a) 切换差不可调；(b) 切换差可调

图 3-2 中，设定值调节范围下限 P_1 用于下限报警，上限 P_2 用于上限报警。

开关量变送器主要用于检测介质的压力、压差、流量、液位和温差等物理量，输出是开关量触点信号或电平。由于开关变送器触点的闭合或断开是在瞬间完成的，具有继电器特性，因此也可称为继电器，如可称为压力继电器、温度继电器等。开关量变送器的主要品种有：压力开关、差压开关、流量开关、液位开关、温度开关和位置开关等。

第二节 开关量测量方法

一、压力开关

1. 工作原理

压力开关用来将被测压力转换成为开关信号，图 3-3 为压力开关的结构示意。传感器部分的主要功能是将介质压力或差压变换成为作用力 F_1，作用于杠杆的右下端，设定值调节弹簧的压缩力为 F_2，作用于杠杆的右上端。当 F_1 产生的作用力矩小于 F_2 产生的力矩时，微动开关的 1-2 接通 [见图 3-1（b）]，当 F_1 产生的作用力矩等于或大于 F_2 产生的力矩时，微动开关的触点突跳，由原来的 1-2 触点切换到 1-3 触点接通，于是压力开关发出动作信号。

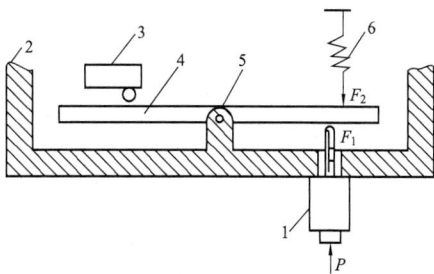

图 3-3 压力开关结构示意

1—传感器；2—外壳；3—微动开关；
4—杠杆；5—支点；6—调节弹簧

2. 压力开关特点

该压力开关的特点如下所述。

（1）传感器产生的作用力与设定值调节弹簧的作用力作用于杠杆的同一端，且距离很近。在工作时杠杆所承受传感器及压缩弹簧的作用力可以较小，而对杠杆产生的力矩并不大。这样可使杠杆与轴承的应力减小，抗干扰能力增加。

（2）轴位于杠杆的中心位置，自由端左右对称，这样可减少外界振动的影响，抗震性能提高。

（3）传感器内部有过载保护装置。

（4）微动开关接通或断开均为突跳式，因而触点不易烧损，触点容量大、寿命长。

目前，工业用的压力开关还有其他形式，工作原理大致相同。

二、差压开关

差压开关也称差压控制器或差压继电器，传感器采用膜片或波纹管，使用时将高、低压介质分别引入膜片或波纹管的高、低压侧，其差压 ΔP 作用在敏感元件上，使其发生位移，然后根据力平衡原理推动微动开关，工作原理与压力开关相同。它们的区别仅是：压力开关传感器的测量元件是单室的，而差压开关的测量元件是双室的。差压开关与压力开关一样，选用不同型号的开关，可满足中性、腐蚀性的气体或液体介质的测量需要。

三、流量开关

流量开关也称流量控制器或流量继电器。流量开关的种类很多，按其工作原理，可分成差压式、电磁式、活塞式、浮子式、翼板式和叶片式等。

火电厂中，大部分水和蒸汽的流量都是采用差压方法测量的，利用孔板或喷嘴等标准节流装置，将流量信号转换成差压信号，并输入到差压开关，根据节流装置的流量—差压特性整定差压开关的流量动作值，即可得到流量的开关量信号。

例如，管道中滤网前后的差压大小反映滤网的堵塞程度，将滤网前、后的差压信号输入到差压开关。当差压增大时，发出滤网堵塞信号。

又例如，火电厂的断煤信号通常是由装在给煤机上的断煤开关提供的。断煤开关由一个可以绕轴摆动的挡板、连在轴端的压板以及微动开关组成。当存在煤流时，挡板被煤推起，带动轴和压板转动，这时微动开关不被压而断开；而当煤断流时，挡板在重力作用下返回，带动压板按压微动开关，输出断煤信号。

对于管道内水或油的断流信号，可根据被测管道直径的大小，采用不同的方法来实现。如采用浮子式或挡板式流量开关，流体通过流量开关时，推动浮子或挡板，其位移通过杠杆驱动外部的磁钢，使外部的弹簧管动作，或微动开关动作，从而发出流量开关信号，以判断管道中的液流是否存在。

四、液位开关

液位开关也称液位控制器或液位继电器。液位开关的种类很多，如浮子式、电接触式、超声波式和电容式等。

浮子式液位控制器适用于各种容器内液体的液位控制，当液位达到上、下切换值时，发出开关量信号。下面以浮子式液位控制器为例加以说明。图 3-4 为浮子式液位控制器结构示意图。

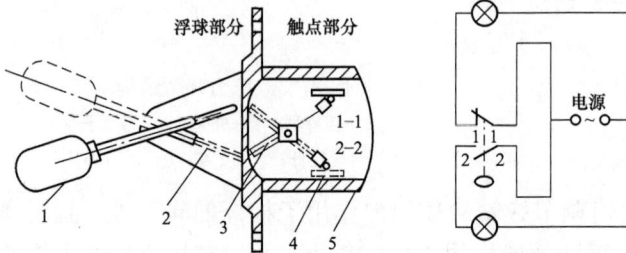

图 3-4　浮子式液位控制器结构示意图
1—浮球；2、3—相同磁极磁钢；4—动触点；5—外壳

它由互为隔离的浮球和触点两大部分组成。当被测液位升高或降低时，浮球随之升降，使其端部的磁钢上下摆动，通过磁力作用，推斥安装在外壳内相同磁极的磁钢上下摆动，其另一端的动触点在静触点 1-1 及 2-2 间接通或断开。

高温高压容器内的液位，通常采用平衡容器输出的差压信号，配合差压开关而输出液位开关量信号。

五、温度开关

温度测量范围不同，选用温度开关的结构形式也不同。如测温范围为 $0\sim100℃$ 时，一般选用固体膨胀式温度开关；测温范围为 $100\sim250℃$ 时，通常选用气体膨胀式温度开关；而对于测温范围在 $250℃$ 以上时，一般都采用热电阻甚至热电偶温度计，通过桥路转换或温度变送器转换成模拟量电信号，再通过转换电路变换成开关量信号。

固体膨胀式温度开关的工作原理是：利用不同固体受热后长度变化的差别而产生位移，从而使触点动作，输出温度开关信号。例如，有一种温度开关是用双金属片制成的，将两种具有不同线膨胀系数的薄金属辗压而成。图 3-5 为双金属温度计的结构。

例如，将黄铜片压在钢钢片上，构成双金属片，当温度升高时，由于黄铜的伸长比钢钢大，双金属片的自由端将向下移动而使触点接通，发出温度高的开关信号。

气体膨胀式温度开关是基于查理气体定律，即气体定容时，其绝对压力随气体热力学温度的增加而增加。由于温包、毛细管等的膨胀系数比气体小得多，故可忽

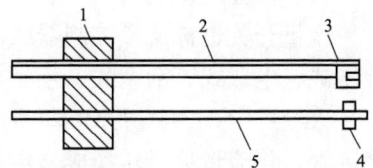

图 3-5　双金属温度计的结构
1—绝缘子；2—双金属片；3—触点；
4—调节螺钉；5—基片

略它们受热后容积的变化，即可认为该密闭系统是定容的。

气体膨胀式温度开关由温包和压力开关两部分组成。温包内通常充以氮气，因氮气的化学稳定性高、黏性小、比热容低且容易获得，温包通过密封的毛细管将压力传到压力开关的测量元件中。当被测温度改变时，温包内充气的压力跟着相应地改变。压力开关按照温包内充气压力的变化而送出开关量信号。

六、行程开关

行程开关也称限位开关。装在预定的位置上，当运动部件移动到此位置时，装在运动部件上的挡铁碰撞行程开关，使常闭触点断开，电路被切断，设备停止运行。

行程开关是一种主令电器，用来将机械信号转换为电信号，以控制运动部件的行程。常用的行程开关有滚动式和直动式两种。图3-6为滚动式行程开关结构图。当运动部件上的挡铁压到行程开关的滚轮上时，传动杠杆连同转轴、凸轮一起转动，并推动撞块，当撞压到一定位置时，调节螺钉使微动开关的触点动作，运动部件停止运行或反转；当滚轮离开挡板后，弹簧力使行程开关各部分复位。

在某些电气控制系统中，还经常采用一种微动开关式行程开关，其结构如图3-7所示。这种行程开关，由于簧片具有杠杆放大作用，推杆只需有较小的压力，便可使触点快速动作，故又称微动开关。开关的快速动作是靠弯形片状弹簧中储存的能量得到的。开关的复位由恢复弹簧来完成。

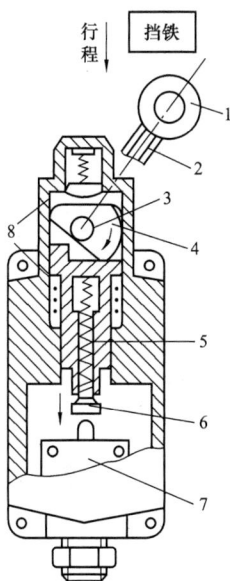

图3-6　滚动式行程开关
1—滚轮；2—杠杆；3—转轴；4—凸轮；5—撞块；
6—调节螺钉；7—微动开关；8—复位弹簧

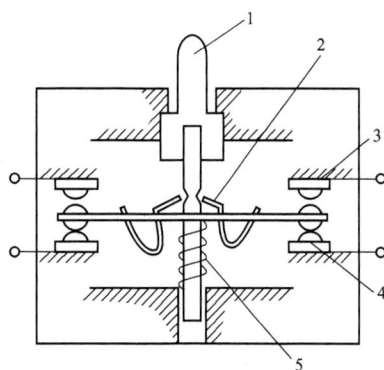

图3-7　LXW2-11型微动开关
1—推杆；2—弯形片状弹簧；3—常开触点；
4—常闭触点；5—恢复弹簧

第四章　顺序控制系统的设计

第一节　顺序控制系统的设计步骤

顺序控制的特点可归纳为以下两点：①状态迁移是并行同步进行的；②基本功能有逻辑运算、存储、计时、计数等。

所谓并行同步就是多个序列相互独立或相互关联地进行状态迁移。为此，即使外部件有很大的变化，序列控制的执行时间（即由外部变化到顺序控制器输出控制结果的响应时间）不变。并且，同一个控制内容不论在前还是在后，没有位置上的差异。基本功能是指顺序控制所必需的功能。顺序控制语言，是指利用控制装置实现系统的状态迁移（通过对系统的输入进行逻辑运算、存储、计时、计数等而产生的输出）时，给予控制装置的指令，同时也是设计者根据设计要求设计的语言，也可以说是人与控制装置的界面。为此，从人的立场看来，希望能有把设计书原封不动地表现出来的语言；从顺序控制装置的立场看来，希望能有控制装置容易解决、容易执行的简单语言。

顺序控制用语言，有一直被使用的继电器电路图。近几年来，可编程控制器的广泛应用对语言产生了巨大的影响，顺序控制基本环节的梯形图（IEC 规范称梯形图为 Ladder，简称 LD）被广泛应用。

在继电器电路中，可实现多种继电器的组合和自由连接。顺序控制技术人员，首先要考虑经济性，如何充分有效地利用有限的继电器触点，用最少的继电器来完成期望的控制任务。继电器电路是利用电气驱动来实现机械移动，最终完成电气信号切换的电气机械器件。因此，设计时必须综合考虑驱动电压、电流、动作时间、切换时间的过渡特性、接点故障时的对策等。不言而喻，继电器电路的设计十分困难，顺序控制无论作为一门学问，还是一种设计方法，还没有系统化，因此顺序控制被称为"现场实践的学问"。

PLC 把继电器电路的多样性进行统一，并加以限制，给出了动作顺序、动作时间的规律性。这样一来，既容易设计，又容易变更，再加之 PLC 的经济性和小型化，使其获得了广阔的市场。因此，现在所说的顺序控制，是指基于 PLC 的控制。

PLC 是由小型计算机的中央处理器、过程输入输出装置、控制程序构成的计算机系统。PLC 控制器可以应用于顺序控制、运动控制、过程控制、数据处理和多级控制等，它已经超越了顺序控制的范围。

本节主要讲述根据 IEC 规格化的流程图语言（Sequential Function Chart，SFC）。SFC 是以在法国国内以及全欧洲取得显著业绩的 GRAFCET（Graphic de Commande Etape-Trans Ision 即步骤推移控制图）为母体，经过若干改良，规范化了的控制图。GRAFCET 是一种功能图，具有 Petri-net 的功能。Petri-net 主要用于理论上的研究、分析、仿真等，而 GRAFCET 是以产业的自动化为目的，1977 年由法国的 AFCET（关于经济、技术控制论团体的逻辑系统研究部门）发表。

本节以 GRAFCET 为基础，详细叙述 SFC 的思考方法与规则。

一、SFC 的思考方法

自动化系统由控制对象和控制装置构成。控制对象是以自动化为目的的机械装置，它包括：①从控制装置接受指令的前置驱动器，如电动机驱动装置等。②执行控制装置命令的驱动器，如电磁阀。③报告控制对象状态的传感器。

控制装置是根据操作人员的指令以及来自传感器和前置驱动器的信号给控制对象发出指示，实施自动化功能的部分。也就是说，控制装置接受操作人员或其他装置（如计算机）的命令，再向操作人员传达警报或显示灯等信号，使控制对象进行材料加工，或把物件运送到另外的地方去（见图 4-1）。

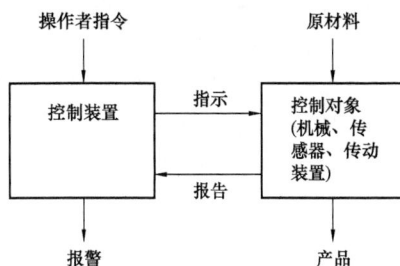

图 4-1　典型自动化系统框图

设计自动化系统时，设计者必须把控制对象、操作人员和控制装置之间的关系写成正确明了的设计书。为此，通常应把设计书分成连续的自上而下的两个部分。最初阶段，记述控制装置对于控制对象的动作，是功能部分的设计。第二阶段，对于功能设计，针对实际机器的种类、特性等再做更具体、更明确的详细设计。这其中不仅考虑控制对象，也必须同时考虑与操作人员的界面。

像这样把问题分成功能上的问题和详细设计的问题，就可以把设计者从考虑烦琐的细节中解脱出来，实现自上而下的设计。

1. 功能设计

功能设计是以设计者理解控制装置的任务为目的，明确控制装置对其输出信号的反应，功能设计与使用电、使用空气或使用何种技术无关，不必考虑部件和传感器的使用技术，但必须明确地规定控制对象自动化所包含的各种功能、信号和控制动作。所使用的传感器、驱动器的种类和特性，在功能设计中看不到。机械动作的限位可以由机械式极限开关，无接触接近开关，又如，位置由距离传感器发出信号，再通过计算由程序实现获得动作限位。此时，必须知道传感器是在什么样的情况下发出信号的。

2. 详细设计

详细设计是在功能设计的基础上，根据所使用的部件和传感器的种类和特性进行的更具体完善的设计。指定好实际动作的电动机、电磁阀等，说明哪一个传感器应如何动作。

对于设计，必须考虑以下几点：

（1）不发生危险的故障；

（2）部件的可靠性；

（3）保养的容易性；

（4）设备变更的可能性；

（5）人机界面。

3. 新的表示方法的必要性

设计书如使用日常用语，极易造成设计者与读者之间的误解，因为一句话不正确，定义不明确，或者包含几个意思是常有的事。顺序控制系统可以根据一些条件对我们日常使用的语言进行选择。也就是说，应该有清楚、易理解、易使用、规范化了的设计表现方法。这是

GRAFCET 的思考方法，它是不论在功能设计和详细设计的情况下都能使用的、描述自动化系统控制器设计的方法。所谓设计，这里也可以说是顺序控制的实行顺序与处理内容，而 GRAFCET 本身也是 SFC 的思考方法。

二、SFC 图的设计

IEC 准则中规定 SFC 不是梯形图和语句表那样的语言，而是顺序控制的实行顺序和处理内容的自然语言的表示方式。可以使用图形式的语言，也可使用文本形式的语言。SFC 是通过顺序、迁移以及描述连接各部分来表示的。

下面以图 4-2 所示的储藏仓中两种原料混合的自动化系统为例讲述。

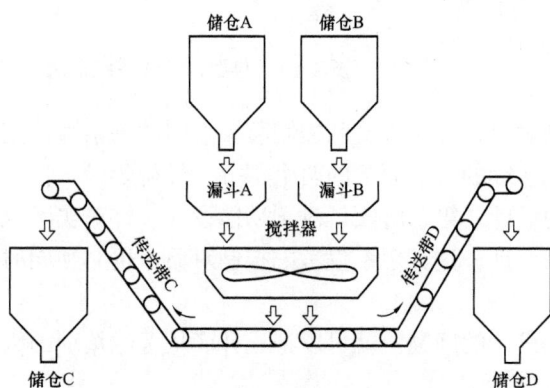

图 4-2 储藏的配置

1. 控制对象

如图 4-2 所示，控制对象由五部分构成。

（1）原料 A 储藏在储藏仓 A 中，原料 B 储藏在储藏仓 B 中；

（2）原料临时储存和计量的漏斗为 A 和 B；

（3）混合原料的搅拌器；

（4）把混合原料排出，运送的传送带为 C 和 D；

（5）储藏混合原料的储藏仓是 C 和 D。

2. 系统的一般功能

储藏仓中两种原料混合的作业流程如下：

（1）开始。把原料 A 和 B 分别储藏在仓 A 和 B 中，等待作业开始。开始指令发出后，转到下一步骤。

（2）配合。按预先设定的重量把原料 A 和 B 分别送到漏斗 A 和 B，漏斗可以检测重量，检测结束，转移到下一步骤。

（3）填充。把两漏斗中的原料放到搅拌槽中。填充结束，转移到下一步骤。

（4）混合。在搅拌槽中进行一定时间的混合。

（5）排出。把搅拌好的原料用传送带 C 或 D 送到仓 C 或仓 D 中。输送结束，回到开始步骤。

以上的流程用 SFC 的表现形式如图 4-3 所示。

图 4-3 中的长方形表示当给定的条件满足时必须执行的顺序单元，顺序单元之间的纵线称为连接，连接上的横线叫迁移，迁移旁边的文字是迁移条件。在无特别指定的条件下，迁移的方向为从上到下。开始步骤用双线方框表示，是 SFC 最初的步骤。顺序的执行是由开始步骤，沿着连接，当迁移条件成立时，移到下一步骤。系统的自动化顺序可以表示成步骤与迁移的交互连接。

3. 功能设计的表示

图 4-3 是表示系统顺序结构的 SFC，只有五个步骤，表达形式简单。从功能设计的角度考虑，可以写成更细的 SFC，如

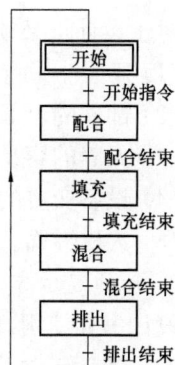

图 4-3 宏观级 SFC

图 4-4 所示。其对应的作业流程如下所述。

（1）开始。这是初始步骤，与图 4-3 相同。

（2）配料。两个仓 A 和 B 同时并行，开始配料。配料结束后，等待向下一步骤迁移。因此，处理向两个并行处理步骤分流，在并行处理的合流点，需要汇合等待。比如，配料 A 要等另一方配料完了汇合后，才迁移到下一步骤。

（3）填充。与图 4-3 相同。在下一步骤上，填充结束的迁移条件成立，就迁移到下一步骤。因为是功能设计，并不考虑具体由哪种信号进行迁移。

（4）混合。混合需要一定的时间，所以从混合向下进行的迁移条件是混合时间的经过。下一步骤为混合结束，排出时向哪一个储藏仓排出的分支点。

（5）排出。排出是往 C 仓还是 D 仓，也就是说是两个步骤。以 C 仓为例来说明，C 仓被选择时，步骤由混合完向传送带 C 迁移，传送带不经过一定时间，不能达到设定速度。定速达到后，进入下一步骤，搅拌器的泵 C 排出，混合后的原料由传送带 C 送至仓 C，传送带 C 停止，与 D 侧的步骤合流后，返回开始步骤。

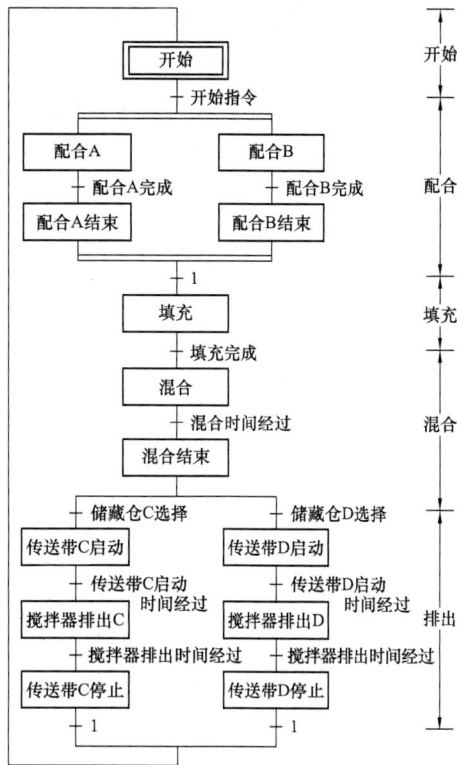

图 4-4　功能设计的 SFC

由图 4-4 可知，并行处理步骤由分支点和合流点双重横线表示，不论哪个分支点被选中，进入该分支后，再遇到分支点或合流点时，只用单横线表示。

4. 详细设计的表示

SFC 在功能设计时不考虑使用什么样的传感器，驱动什么器件等，而 SFC 详细设计必须考虑到所有的传感器、驱动器、前置驱动器，以及与操作者接口的按钮开关、操作开关、显示器，在哪一个步骤做什么，迁移条件由什么检测等。图 4-5 是在图 4-2 的基础上详细

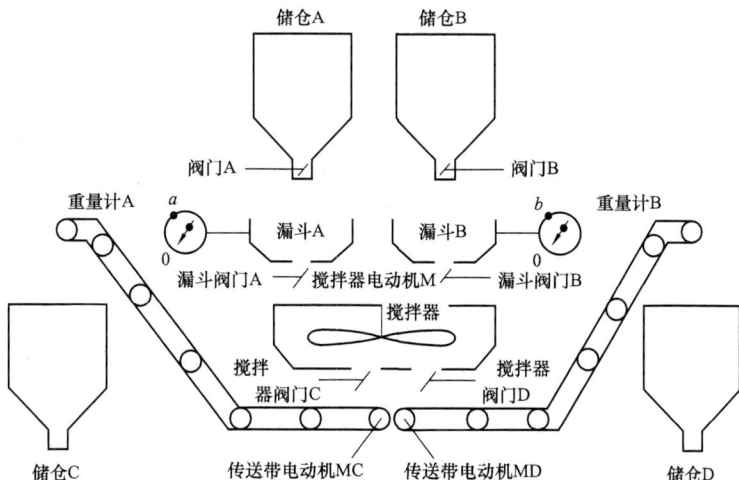

图 4-5　储仓详细配置图

标识了被控对象。根据此被控对象详细配置图设计详细的 SFC 图如图 4－6 所示。

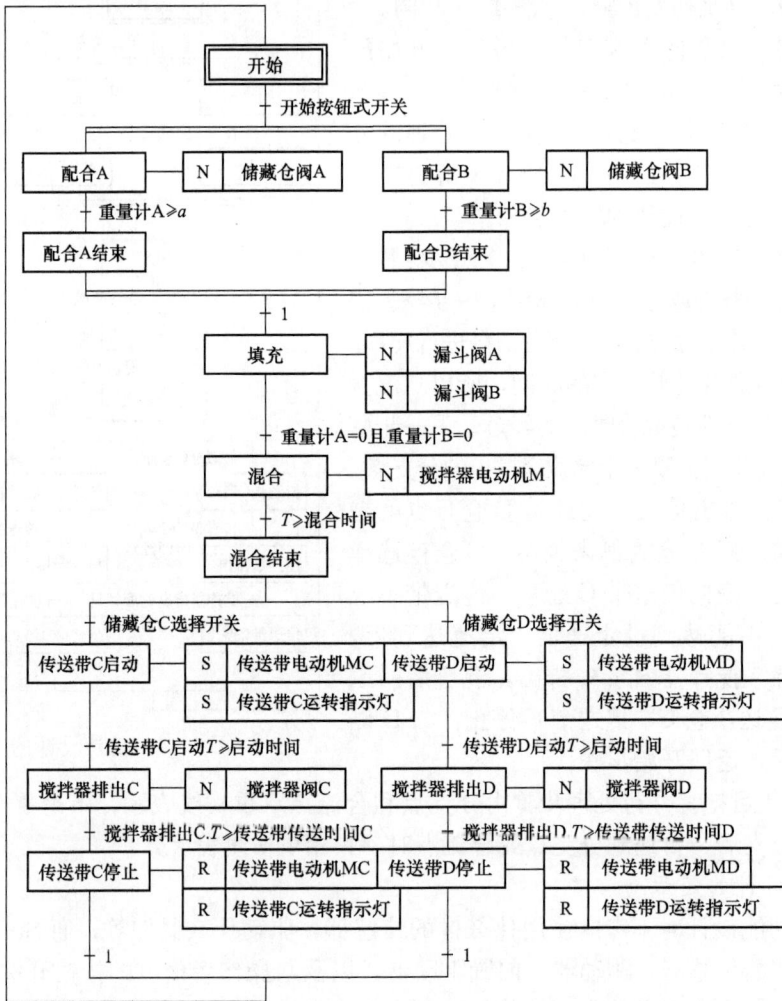

图 4－6　详细设计的 SFC 图

在步骤的右侧画上一个方框（见图 4－6），用横线与步骤相连，方框中写上动作，称这样的方框为动作块。

（1）储藏仓的泵 A（B）。设 A（B）的配料步骤为 ON，此时，仓中的原料落在漏斗中。

（2）漏斗泵 A（B）。ON 时原料落进搅拌器中，进行填充步骤。

（3）搅拌器电动机 M。原料填充到搅拌器，进行混合步骤。

（4）传送带电动机 MC（MD）。原料从搅拌器排出前，传送带步骤开始动作，原料从搅拌器排出后进入 C（D）仓，此时在传送带停止步骤上停止。

（5）搅拌泵 C（D）。是把原料从搅拌器中排出的电磁阀。在搅拌器排出 C（D）步骤上动作。

（6）传送带 C（D）运行指示灯。表示传送带正在运行，在同一步骤上，与传送带电动机的通断状态一致。

动作块左端的 S、R 分别表示置位与复位，N 表示不具有 S、R 的功能。

图 4－6 中用到的传感器主要是重量计（A/B 两个）。重量计设置在漏斗中，测量原料重

量。通过判断配料过程是否结束，从而根据配料目标值 a（b）得知重量。操作者通过按钮式开关发出指令，操作开关有启动按钮开关、C（D）仓选择开关。

第二节　顺序控制系统的设计原则

1. 设计顺序控制系统时应考虑的问题

（1）顺序控制项目的确定要根据生产的实际需要，并从工艺设备和自动化设备实际具备的条件等方面考虑。需要经常进行有规律的操作或操作过程较复杂的控制项目和工艺系统，比如锅炉定期排污、化学水处理、设备的启停等，宜采用顺序控制。

（2）采用顺序控制时，每个被控对象宜在就地或辅助盘上设单独的控制手段。顺序控制的启、停、中断等指令机构，可根据该局部系统的重要性，布置在主要控制台或辅助盘上；而对常规控制开关或按钮，属于重要的和处理事故所需的，应布置在控制台上；其余可根据盘、台布置条件，布置在辅助盘或就地盘上。

（3）控制盘上应设有顺序控制系统的工作状态显示及故障报警信号。复杂的顺序控制系统还应设步序显示。

（4）顺序控制过程中出现保护连锁指令时，应将顺序中断，并使工艺系统退到安全状态。

（5）采用顺序控制的工艺系统和操作步骤宜尽量简化，被控对象应具有良好的可控性。

2. 顺序控制与其他自动化装置的关系

（1）与检测系统的关系。输入到顺序控制装置的有关参量大多是开关量（触点的通断），发出这些信息的检测装置可以是顺控系统专用的，也可以是属于检测系统的。一般情况下，只要检测系统能向顺控系统提供它所需要的信息，可不设顺控专用的检测装置。

（2）与模拟量调节系统的关系有以下两种情况：①顺控过程中调节从属于顺控系统，根据顺控操作指令投入、切除调节系统或改变其定值，待顺控过程完成后，调节系统恢复其独立性。如制粉系统顺序启动时，利用其温度调节器实现暖管操作和维持磨煤机出口温度为规定值；②顺控系统从属于调节系统，用以扩大调节系统的调节范围，完善调节功能。如根据锅炉的热负荷，由调节系统发出指令，通过顺控装置自动切、投相应的燃烧器。

（3）与保护连锁的关系。顺序控制应服从于保护连锁，顺控过程中保护连锁动作时，顺控系统应根据保护连锁的要求中断工作（停止在相应的某一步）或退回到安全状态（复零或退到某一步）。

（4）与计算机控制系统的关系。目前大型电厂采用的分散控制系统，顺序控制有两种方式：一种是由计算机分散控制系统的某几个工作站直接实现顺序控制，另一种是采用独立的顺序控制系统。根据计算机的功能和控制需要，顺控系统可以接受计算机发出的指令（如投入、中断、切除）。有时顺控系统所需的某些信息，也可由计算机提供。

第三节　火电厂顺序控制项目的确定

顺序控制项目依机组运行方式而定。下面从辅机及其有关的阀门、挡板和局部工艺流程几个方面加以介绍。

一、辅机控制项目的确定

1. 锅炉部分

锅炉的点火过程、熄火过程、引风机、送风机、一次风机、给煤机、磨煤机、空气预热器、烟气再循环风机、冷烟风机、炉水循环泵、引风机润滑油泵、引风机电机润滑油泵、引风机冷却风机、引风机密封风机、送风机润滑油泵、送风机电机润滑油泵、磨煤机润滑油泵、磨煤机密封风机、空气预热器润滑油泵和空气预热器盘车电机等。

2. 汽轮机部分

汽轮机的启动过程、停机过程、凝结水泵、凝结水升压泵、低压加热器给水泵、交流润滑油泵、直流润滑油泵、射水泵、循环水泵、氢冷密封油泵、氢冷升压水泵、水冷发电机冷却水泵、胶球清洗泵、盘车电机、顶轴油泵、闭式循环水工业水泵、疏水箱疏水泵、凝泵坑排水泵和油封冷却器排汽风机等。

3. 除氧、给水部分

给水泵、前置泵、中继水泵、密封水泵、给水泵的润滑油泵、除氧器循环水泵、给水泵汽轮机盘车电机和给水泵汽轮机凝结水泵。

二、阀门及挡板控制项目

1. 锅炉部分

烟气再循环风机进、出口挡板及进口冷风门，空气预热器进、出口烟气门及出口风门，热风再循环风门，二次风总风门及分风门，引风机进、出口风门，送风机出口风门及出口联络风门，一次风机出口风门，一次风总风门、分风门，排风机进、出口风门，磨煤机进口冷风门、进口总风门、出口风门及再循环风门，煤粉仓进口煤粉切换挡板，冷炉烟风机、出口烟气门。

2. 汽轮机部分

汽轮机进汽电动门，汽轮机旁路汽侧、水侧电动门，加热器进汽电动门、抽汽止回阀，高压加热器进水、出水旁路电动门，高压加热器液动旁路门，高压加热器事故放水电动门，高压加热器至除氧器疏水电动门，高压加热器至低压加热器疏水电动门，末级低压加热器出口电动门、放水电动门，汽轮机后汽缸喷水门，凝汽器真空破坏门，进口及出口循环水电动门，凝结水再循环电动门，凝结水泵再循环电动门、出口电动门，射水泵出、入口电动门，凝升泵出口电动门，循环水泵进、出口电动门，主蒸汽管道疏水电动门，再热蒸汽管道疏水电动门，抽汽管道疏水门和汽轮机本体疏水电动门等。

3. 除氧、给水部分

给水泵汽轮机低压、高压、备用蒸汽电动门，给水泵出口电动门，除氧器检修放水门、事故放水门，给水泵汽轮机排汽电动门和除氧器进汽电动门等。

三、局部工艺流程顺控项目

锅炉定期排污系统、锅炉电动吹灰系统、化学水除盐系统、凝汽器胶球清洗或反冲洗系统、凝结水除盐系统、汽轮发电机组的自启停、锅炉点火升负荷、燃烧器切换、输煤系统、除灰系统、空冷系统和整台机组的自启停等。

顺序控制系统的设计大致包括以下几个步骤：编制顺控流程框图、选择顺控装置及确定接口方式和拟制接线图。顺控流程图是选择顺控装置类型和拟制具体接线的主要依据。顺控流程框图的编制应根据被控系统的控制要求和被控系统的可控性，参考已有的运行规程和操作经验，加以总结提高，使编制的流程框图既符合运行要求又能简化操作步骤，使被控系统在安全、经济的前提下，迅速完成顺控过程预定的操作。

顺控装置的形式主要根据顺序的形式（逻辑式、条件步进或时间步进式）和顺序的类型（串行、并行、有无分支）以及顺序的步数和被控对象的数量等因素确定。简单的顺控系统可采用继电器组成的顺控装置，复杂的顺序控制系统，宜采用可编程控制装置，或由 DCS 系统实现。根据顺控装置和被控对象接线的特点，输入、输出的接口方式，顺控装置的输入开关量信号用常开触点还是常闭触点，顺控装置输出给被控对象的开关量指令是长脉冲还是短脉冲或者是脉动的，来分析和确定这些要求是由顺控装置解决还是在被控对象接线中解决。

第四节　DCS 控制机柜（工作站）任务分配原则

1. 基本原则

在设计 DCS 控制系统时，考虑到系统的安全和可靠，一般重要的被控对象及功能组成分散在不同的机柜中，原则上，互为 100％备用的被控对象以及两个各为机组 50％MCR 的被控对象尽可能划分在不同的机柜中。并且要尽量减少出于安全性考虑而人为进行机柜分配所增加的各机柜之间的信息交换，充分考虑机柜的 I/O 通道的容量，尽量使各机柜负荷均匀。

2. DCS 控制机柜的任务分配原则

（1）在机组工艺系统机、炉、电分开的基础上，以工艺系统为主，结合控制功能的原则分站。

（2）考虑各现场控制站负荷相对均匀的原则。

（3）考虑机组设备互备、承担总负荷百分比等情况，考虑危险分散的原则。

（4）机组互备的重要设备控制分在不同的控制站，MCS 调节中多个执行设备维持同一参数时应放在同一个控制站里。

（5）SOE 点与控制逻辑点应分开，机组重要设备状态点需 SOE 记录时应单独提供测点。

3. 控制站内测点分配原则

（1）一般情况下，DCS 控制站内模块设备地址由"1"开始分配，先分配采集 4～20mA 信号的模块，依次顺序为热电阻模块、热电偶模块、模拟量输出模块、脉冲量输入模块、开关量输入模块、开关量输出模块等。

（2）站内的测点分配同样遵循控制设备危险分散原则，每种类型的测点均有一定的备用量并合理分布。

（3）站内同一设备的测点，如电机的若干个温度点等尽量集中布置，便于现场集中敷设线缆；又如有冗余作用的测点，则要分在不同的模件上。

表 4-1 所示的设计实例为某电厂 300MW 机组 DCS 控制机柜的主要系统分配。

表 4-1   **某电厂 300MW 机组 DCS 控制机柜的主要系统分配**

DCS 机柜号	SCS 系统在 DPU 机柜中的分配
1	1 号给水泵控制系统，汽轮机抽汽系统，辅助蒸汽系统，真空系统
2	2 号给水泵控制系统，1、2、3 号高压加热器，7、8、9 号低压加热器，1、2 号凝结水泵
3	3 号给水泵控制系统
4	轴封风机、氢冷升压泵、排烟风机、顶轴油泵、定子冷却水泵、氢油密封系统等的控制
5	高压旁路控制系统，低压旁路控制系统
6	空冷系统
7	ECS
8	空气预热器、引风机、送风机、一次风机的 A 系统
9	空气预热器、引风机、送风机、一次风机的 B 系统
10	锅炉定期排污，锅炉连续排污，对空排汽，锅炉疏水系统
11	火检冷却风机，MFT、FSSS 系统
12	给煤机 A、C、E 系统，磨煤机 A、C、E 系统，FSSS 系统
13	给煤机 B、D，磨煤机 B、D 控制系统，油枪点火程控系统，FSSS 系统
14	1、2 号高压消防水泵，1、2 号低压消防水泵，启动/备用变压器，工作变压器；1 号辅机循环水泵，2 号辅机循环水泵，辅机循环水泵，电源及供电系统

第五节　金字塔形的顺序控制结构

大型火电机组的顺序控制系统越来越复杂，整个机组的控制逐步形成分级分层控制结构。顺序控制系统大致可分成三到四级控制：机组级控制、功能组级控制、功能子组级控制和设备级控制。图 4-7 为顺控系统分层控制示意图。

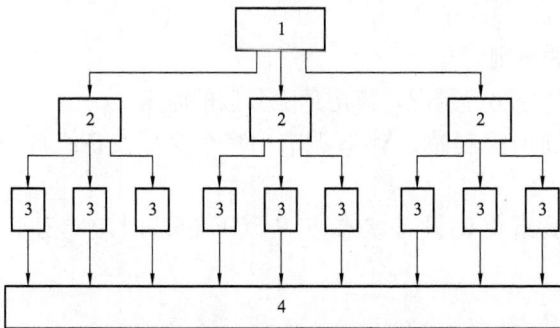

图 4-7　顺序控制系统层次结构示意图
1—机组级；2—功能组级；3—设备级；4—生产过程

1. 机组级控制

机组级控制为最高一级的控制。它在最少人工干预下完成整套机组的启动和停止。当顺序控制系统接到启动指令后，将机组从起始状态逐步启动到某一负荷。它只需设置少量断点，由运行人员确认并按下按钮后，程序就继续进行。当功能执行完毕后，发出"完成"信号反馈给主控系统，表示这一控制功能已结束。机组级控制并不等于机组启停全部自动控制，它需要必要的人工干预。机组级控制也叫功能组自动方式控制，而功能组手动方式也叫功能组级控制。

2. 功能组级控制

功能组级控制是将相关连的一些设备相对集中地进行启动或停止的顺序控制。它以某一台重要的辅机为中心进行顺控。如某台引风机的功能组级顺控，该功能组就包括了引风机及其相对应的冷却风机、风机油站和电动机油站、烟风道挡板等设备，并按预先设计好的程序，在启动或停止时，自动地完成整个启动或停止过程。又如电动泵的功能组级顺控，就包括电动泵、辅助润滑油泵、电动泵出口门、电动泵进口门和电动泵再循环截止门等的控制。

一个完整的功能组，可包含三种操作：第一种操作是功能组启停和自动/手动切换，在用功能组级控制时，应将开关先切换到"手动"位置，然后再进行启停操作。第二种操作是"中止"（Halt）和"开放"（Release）操作。当将控制顺序置于"开放"状态时，可对功能组随意进行启、停操作。当功能组在执行启、停指令时，若将控制方式置于"中止"状态，则控制程序停止执行。第三种操作是有两台以上的冗余设备时，选择某一台设备作为启动操作的"首台设备"，并有自动/手动切换开关。一般说来，当选择好"首台设备"之后，应将开关切换到"自动"位置。这样，当第一台设备启动完成之后，便会自动选择第二台设备作为"首台设备"，为备用设备启动做好准备。

3. 设备级控制

设备级控制是顺控系统的基础级。它不用功能组，而对属于同一功能组的若干设备分别进行操作。它可以在操作员工作站的计算机键盘上进行操作，通过 CRT 屏幕监视现场设备，也可以在 BTG 盘上进行遥控硬操作。

第六节 单元机组自动启停控制方案设计

1. 电厂自动控制功能区的划分

对于电厂生产过程的测量与控制（I&C），西门子的设计是基于一种特定的方式，它将整个生产过程从功能的角度划分为六个区域，叫做功能区（见图 4-8）。这六个功能区全面

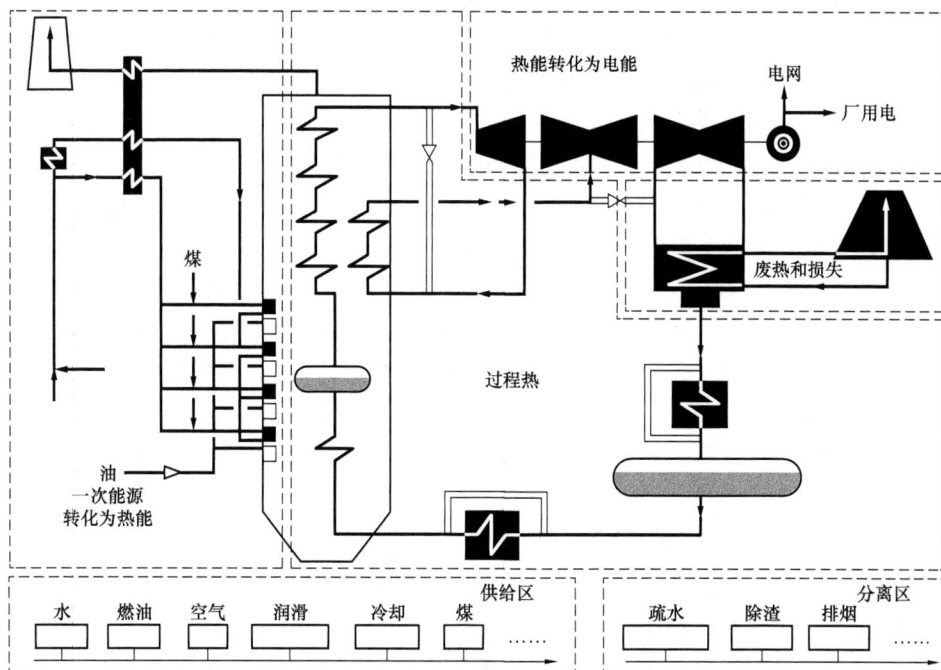

图 4-8 自动控制功能区的划分

概括了电厂的生产过程，且按功能划分使过程操作及控制具有了更大的安全性。它们分别是供给区 FA1、分离区 FA2、废热和疏水区 FA3、水汽循环过程 FA4、燃烧过程 FA5 及汽轮发电机组 FA6。

供给区 FA1 包括：辅助电源供电，10.5kV、690V、400V 及 220V 电源的分配，事故电源供电，辅助蒸汽分配，服务用空气系统，控制用空气系统，集中烟气供应，火灾保护系统，采样和配比系统等。还包括两台机组的公共系统如：总的辅助电源、10.5kV 电源、690V 电源、400V 电源、事故电源、事故发电机等电源系统，固体燃料的卸、存、碎和筛分系统，液体燃料的供应，水处理（除盐）及其分配，服务水供给，化学供给及加药系统，启动锅炉，压缩空气供给等。

分离区 FA2 包括除灰和排渣系统、炉灰处理系统、干灰输送系统、输送空气系统、电除尘器等，还有两台机组的公共系统如电厂疏水、废水及雨水排放，电厂排水，干灰存储系统，湿灰存储等。

废热和疏水区 FA3 包括疏水系统、锅炉排污系统、清洁疏水系统、凝结系统、空气分离、密封蒸汽、冷却水、服务水及闭式冷却水系统。

水汽循环过程 FA4 包括凝结水系统，给水系统，加热、蒸发及过热/再热系统，蒸汽系统等。

燃烧过程 FA5 包括风烟系统，如空气预热器、引风机、送风机、暖风器、烟气抽气等，还有燃料及燃烧器系统，吹灰系统等。

汽轮发电机组功能区 FA6 包括汽轮机组、汽轮机的供油系统，控制及保护用流体，汽轮机疏水系统，发电机辅助设备如发电机冷却、密封油、励磁机等，以及电能的输送系统。

2. 机组自启停顺序控制系统的结构

电厂机组自启停顺序控制系统的组织结构采用金字塔形的分层结构，如图 4-9 所示。总体上是四层结构，即机组控制级、功能组控制级、功能子组控制级和单个设备控制级。其中，机组控制级执行最高级的控制任务，包括：启动方式的预先选择和协调，可有极热态、热态、温态、冷态四种启动方式；运行方式的预先选择和协调，可选协调方式、汽轮机跟随方式、锅炉跟随方式、手动方式；运行整个电厂的"启动"和"停机"程序；基于 CRT 的操作；运行方式的切换；进行机组运行过程控制，如机组协调功能、机组定值控制、热应力校正、压力设定值、频率前馈及快速减负荷等。

功能组级控制又可细分为功能组（区）控制（GC）、功能子组控制（SGC）和子回路控制（SLC）三个层次。它与机组控制级相连，接受上级控制系统或同级控制系统的命令自动启动，或以手动方式启动。其中功能组（GC）接受来自机组控制级的激励信号，决定什么时间哪个功能子组需投运或进入备用状态，运行本功能区内的设备"启动"和"停机"程序。功能子组（SGC）接受来自功能组的激励信号，决定什么时间哪个子回路需投运或进入备用状态，运行本功能子组内所控设备的"启动"和"停机"程序。功能子回路（SLC）接受功能子组来的命令，将子回路控制设定为要求的运行方式，运行设备的"启动"和"停机"程序。功能组控制的操作方式可以选择自动，也可以选择手动。

单个设备控制级接受功能组或功能子组控制级来的命令，与生产过程直接联系。它的任务是：接受生产过程的各种模拟量信号和开关量信号，并进行信号处理和分配；进行报警等限值的监视、计算功能；单个设备的控制功能，包括开环控制和闭环控制；过程和设备的保

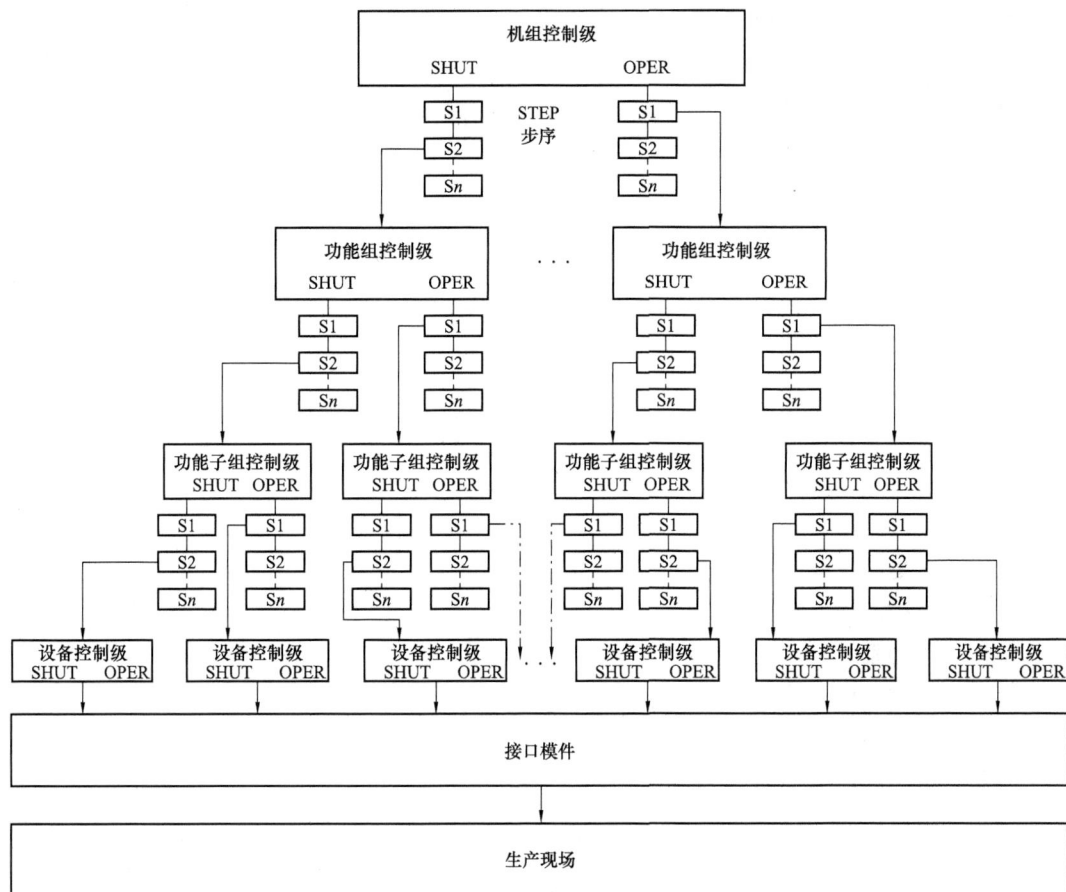

图 4 - 9 自动化系统的层次结构

护以及连锁；所有执行机构以及控制操作信号的产生和转换等。

　　采用这样分层的控制方式，每一层的任务是确定的，层与层之间的接口界限明确，同时三层之间的联系密切可靠。每台机组设计了几十个开环控制系统，其中 GC 为功能组控制系统（Group Control）；SGC 为子功能组控制系统（Subgroup Control）；SLC 为子回路控制系统（Subloop Control）。一台机组主要的功能组及功能子组如下：

GC	给水/蒸汽	GC	给水泵
SGC	电动给水泵	SGC	汽动给水泵 A
SGC	汽动给水泵 B		
SLC	给水截止阀		
SLC	HP 加热器		
SLC	锅炉疏水		
SLC	中压减温喷水系统		
SLC	高压减温喷水系统		
SLC	辅助润滑压泵		
SLC	1 号油箱加热		
SLC	2 号油箱加热		

SLC　　主蒸汽管道疏水

SLC　　小汽轮机 1 号油泵

SLC　　小汽轮机 2 号油泵

SGC　　锅炉上水

SLC　　辅助蒸汽供给

SLC　　暖风器凝结水

SGC　　LP 加热器 A1/A2

SGC　　LP 加热器 A3/A4

SLC　　给水箱加热和压力控制

SGC　　闭式冷却水

SGC　　冷却水补充阀

SLC　　清洁疏水

SLC　　排污系统

SGC　　主凝结水泵

SGC　　凝结水精处理泵

GC　　风烟系统

GC　　风烟系统 A 侧

SLC　　暖风器 A

SLC　　空气预热器 A

SLC　　引风机 A

SLC　　送风机 A

GC　　风烟系统 B 侧

SLC　　暖风器 B

SLC　　空气预热器 B

SLC　　引风机 B

SLC　　送风机 B

SGC　　炉膛吹扫系统

SLC　　除尘器

SLC　　燃料供给

SGC　　一次风机 1

SGC　　一次风机 2

SLC　　火检冷却风

SGC　　A 组油燃烧器

SGC　　A 组 A　1 油燃烧器

SGC　　A 组 A　2 油燃烧器

SGC　　A 组 A　3 油燃烧器

SGC　　A 组 A　4 油燃烧器

SGC　　A 组 A　5 油燃烧器

SGC　　A 组 A　6 油燃烧器

SGC　　B 组油燃烧器
SGC　　B 组 B　1 油燃烧器
SGC　　B 组 B　2 油燃烧器
SGC　　B 组 B　3 油燃烧器
SGC　　B 组 B　4 油燃烧器
SGC　　B 组 B　5 油燃烧器
SGC　　B 组 B　6 油燃烧器
SGC　　C 组油燃烧器
SGC　　C 组 C　1 油燃烧器
SGC　　C 组 C　2 油燃烧器
SGC　　C 组 C　3 油燃烧器
SGC　　C 组 C　4 油燃烧器
SGC　　C 组 C　5 油燃烧器
SGC　　C 组 C　6 油燃烧器
SGC　　D 组油燃烧器
SGC　　D 组 D　1 油燃烧器
SGC　　D 组 D　2 油燃烧器
SGC　　D 组 D　3 油燃烧器
SGC　　D 组 D　4 油燃烧器
SGC　　D 组 D　5 油燃烧器
SGC　　D 组 D　6 油燃烧器
SGC　　E 组油燃烧器
SGC　　E 组 E　1 油燃烧器
SGC　　E 组 E　2 油燃烧器
SGC　　E 组 E　3 油燃烧器
SGC　　E 组 E　4 油燃烧器
SGC　　E 组 E　5 油燃烧器
SGC　　E 组 E　6 油燃烧器
SGC　　F 组油燃烧器
SGC　　F 组 F　1 油燃烧器
SGC　　F 组 F　2 油燃烧器
SGC　　F 组 F　3 油燃烧器
SGC　　F 组 F　4 油燃烧器
SGC　　F 组 F　5 油燃烧器
SGC　　F 组 F　6 油燃烧器
SGC　　磨煤机 A
SGC　　磨煤机 A 润滑油
SGC　　磨煤机 B
SGC　　磨煤机 B 润滑油

SGC　磨煤机 C

SGC　磨煤机 C 润滑油

SGC　磨煤机 D

SGC　磨煤机 D 润滑油

SGC　磨煤机 E

SGC　磨煤机 E 润滑油

SGC　磨煤机 F

SGC　磨煤机 F 润滑油

GC　汽轮机供油系统

SLC　事故油泵

SLC　顶轴油泵

SLC　汽轮机疏水

GC　抽真空系统

SGC　汽轮机启停控制

SGC　密封蒸汽

3. 顺序控制系统基本要求

顺序控制系统 SCS 用于启动/停止相关的设备（包括风机、油泵、挡板等）。所设计的功能组及功能子组级程控目的是为了在机组启、停时减少操作人员的常规操作，必须能满足如下的基本要求。

（1）在可能的情况下，各子组项的启、停应能独立进行。

（2）对于每一个子组项及相关设备，它们的状态、启动许可条件、操作顺序和运行方式，应在 CRT 上显示出系统画面。

（3）在手动顺序控制方式下，应为操作员提供操作指导，这些操作指导应以图形方式显示在 CRT 上，即按照顺序进行，可显示下一步应被执行的程序步骤，并根据设备状态变化的反馈信号，在 CRT 上改变相应设备的颜色。

（4）运行人员通过手动指令，可修改顺序或对执行的顺序跳步，但这种运行方式必须满足安全要求。

（5）控制顺序中的每一步均应通过从设备来的反馈信号（回报信号）得以确认，每一步都应监视预定的执行时间。

（6）在自动顺序执行期间，出现任何故障或运行人员中断信号，应使正在运行的程序中断并回到安全状态，使程序中断的故障或运行人员指令应在 CRT 上显示，并由打印机打印出来。

当故障排除后，顺序控制在确认无误后再进行启动。

（7）运行人员应在 CRT/键盘上操作每一个被控对象。手动操作应有许可条件，以防运行人员误动作。

（8）设备的连锁、保护指令应具有最高优先级；手动指令则比自动指令优先。被控设备的"启动"、"停止"或"开"、"关"指令应互相闭锁，且应使被控设备向安全方向动作。

（9）保护和闭锁功能应是经常有效的，应设计成无法由控制室人工切除。

（10）SCS 应通过连锁、联跳和保护跳闸功能来保证被控对象的安全。

（11）用于保护的接点（过程驱动开关或其他开关）应是"动合型"的，以免信号源失电或回路断电时，发生误动作（采用"断电跳闸"的重要保护除外）。

（12）系统应监视泵和风机电动机的事故跳闸状态。

（13）对成对被控设备（如送风机的润滑油泵，凝结水泵等）控制系统的组态应考虑采用不同分散处理单元或控制组件（如二进制卡件），以防系统故障时两个被控设备同时失去控制。

（14）系统中的执行级应使用可独立于逻辑控制处理单元的二进制控制模件。

第七节　顺序控制中常用的技术

在顺序控制策略的设计中，经常需要利用一些技巧解决控制中的问题，下面分别进行介绍。

1. 跳步

跳步就是跳过某一（些）步不执行，或者是忽略某步的回报信号而前进到下一步，前提是在设备安全的基础上。

实行跳步有以下几种情况：

（1）不同工况时有些步不能操作，需要根据当时的工况进行选择操作，这时就需要用到跳步；

（2）上一步操作已经确信完成，但是提供回报信号的检测设备异常，证明操作完成的回报信号无法反馈回来。

2. 自保持

操作命令发出后，为了保证操作动作的完成，继电器利用其内部触点，PLC 和 DCS 利用其内部输出线圈的接点将输出的操作命令保持一定的时间，确保执行动作的完成。

3. 中断

在机组及辅机启停程序运行过程中，当遇到①条件不满足；②有保护连锁来的程序停止命令；③有运行人员来的程序停止命令时，将中断程序的执行。

4. 退回

机组及辅机启停程序运行过程中，顺序控制应服从于保护连锁，如果由于异常或保护连锁动作中断程序的执行，顺控系统应根据保护连锁的要求中断工作或退回到安全状态。

5. 互锁

顺序控制在某些方面应用了相互排除连锁（即互锁），它的作用是为了使某些特定的状态不要同时发生。如正转和反转电磁接触器不可同时导通，常用和备用电动机不可同时运转，开阀和关阀命令不许同时发出等。

6. 连锁

连锁简单地说是指机器操作许可、禁止等的约束条件。具体地说，当某种操作或状态完成之前，不允许有别的操作或状态进入。而当某种操作或状态完成之后，立即进行别的操作或进入别的状态。多数机组的启动、停止顺序控制利用了大量的顺序连锁、启动连锁和安全连锁。

7. 操作指导

由于目前发电机组大都用 DCS 进行全面控制，在操作员画面上设计了大量的运行人员操作指导信息，也有专门的操作指导画面，这样便于运行人员在紧急情况下按指导信息进行操作。

8. 条件提示

机组及辅机启停程序的执行过程实际上也是程序步前进的过程,程序的开始和步的前进都需要先判断条件是否满足,若条件满足则步前进（或称步转移）,若条件不满足则程序步停止,条件提示给运行人员提供了完整的信息,使运行人员随时掌握情况,知道是哪些条件不满足,及时进行缺陷的处理。

9. 优先级排队

单体设备的启停操作分为三种方式,即运行人员手动启停、顺序控制自动启停、连锁保护启停。这三种方式都必须在启停条件存在的情况下才能进行。有时三种操作方式会同时发出不同的甚至是矛盾的操作命令,在 DCS 程序设计时,进行了操作命令的优先级排队。三种操作方式中,连锁保护启停的优先级别最高,其次为自动启停,手动启停级别最低,即连锁保护启停指令存在时,自动启停和手动启停指令无效,手动启停只能在连锁保护启停和自动启停指令都不存在的情况下才能实施。

10. 手/自动切换

机组及辅机设备的启停控制可以是手动方式,也可以是自动方式,运行人员可以根据运行中的实际情况进行切换。需要说明的是,程控启停不需要单体设备的操作块处于自动方式,目的是避免在紧急状态时单体设备的操作块还要切回手动才能操作。

第五章　锅炉机组顺序控制系统

第一节　热力设备概况

本书第五～七章的顺序控制实例以某 600MW 机组为例。锅炉是亚临界压力一次中间再热控制循环汽包炉，采用单炉膛 Π 形露天布置，全钢架悬吊结构，固态排渣。四角布置切圆燃烧摆动燃烧器，型号为 SG - 2093/17.5 - M910，锅炉设计带基本负荷运行，并具有调峰能力，能满足两班制运行的要求，锅炉调峰范围 30%～100%BMCR（锅炉最大连续出力 Boiler Maximum Continue Rating，BMCR）。锅炉在不投油助燃时，最低稳燃负荷为 30%BMCR。在此负荷下锅炉可以长期稳定安全运行。过热蒸汽流量为 2093t/h BMCR，过热蒸汽出口压力为 17.5MPa，过热蒸汽出口温度为 541℃，汽包压力为 18.87MPa。

炉前布置三台低压头炉水循环泵，炉后布置两台三分仓容克式空气预热器。锅炉采用正压直吹式制粉系统，一台锅炉配备六台 HP - 1003 型中速磨煤机，布置在炉前，五台磨煤机运行可带锅炉满负荷，一台备用。燃烧器四角布置，切向燃烧，每台磨煤机由四根煤粉管连接至炉膛同一层煤粉喷嘴。过热器的汽温调节主要采用喷水减温调节，再热器的汽温调节主要采用燃烧器摆动调节，在再热器进口管道上装有事故喷水装置。锅炉设有容量为 5%BMCR 的启动旁路系统，另机组还有一套 30%BMCR 的两级旁路系统。

每台机组配置三台 50% 容量的给水泵，设两台 100% 容量立式定速凝结水泵，三台低压加热器，一台轴封冷却器，一台 300m³ 的凝结水储水箱，两台凝结水补充水泵和一台凝结水输送水泵，凝结水精处理采用中压系统；高压加热器疏水采用逐级串联疏水方式，最后一级高压加热器疏水至除氧器。每台高压加热器设有单独至高压加热器事故疏水扩容器的事故疏水管路，单独接至置于排汽装置的疏水扩容器内；低压加热器疏水采用逐级串联疏水方式，最后一级疏水接至置于排汽装置的疏水扩容器。每台低压加热器均设有单独的事故放水管道，分别接至置于排汽装置的疏水扩容器。在事故疏水管道上均设有事故疏水调节阀，七段非调整抽汽。一、二、三段抽汽分别向三台高压加热器供汽，四段抽汽除供除氧器外，还向高压辅助蒸汽联箱供汽。二段抽汽还作为辅助蒸汽系统的备用汽源。五～七段抽汽分别向三台低压加热器供汽，五段抽汽除供五号低压加热器外，还向暖风器和低压辅助蒸汽联箱供汽。为防止汽轮机进水，系统设计有完善的疏水系统。

汽轮机主要参数如下：高压主汽阀前主蒸汽额定压力 16.7MPa，高压主汽阀前主蒸汽额定温度 538℃，中压主汽门前再热蒸汽额定温度 538℃，低压缸额定排汽压力 35kPa，额定转速 3000r/min，旋转方向为顺时针方向。

发电机型号为 QFSN - 600 - 2，排列方式为室内纵向顺列布置，标高为 13.7m。发电机的冷却方式为水-氢-氢。发电机的励磁型式为发电机出口接带励磁变的全静态励磁系统。额定容量 S_N 设计值、保证值 667MV·A，额定功率 P_e 设计值、保证值 600MW，最大连续输出功率 P_{max} 为 633.7MW。

控制系统采用计算机分散控制系统（DCS）。系统能完成数据采集（DAS）、模拟量控制（MCS）、顺序控制（SCS）、锅炉炉膛安全监控（FSSS）、旁路控制（BPS）、空冷控制（ACS）、电气控制系统（ECS）等功能，以满足各种运行工况的要求，确保机组安全、高效运行。

DCS控制层通过高性能的工业控制网络及分散处理单元、过程I/O、人机接口和过程控制软件等来完成锅炉、汽轮机、发电机及其辅机热力生产过程的控制。现场I/O站采用双冗余主控单元，控制级及管理级采用双冗余的100Mbps以太网，服务器采用双冗余高可靠性的服务器，操作员站采用1:N的冗余配置；系统具有诊断至模件级的自诊断功能，在系统内任一组件发生故障时均不影响整个系统的工作。系统的监视、报警和自诊断功能高度集中在CRT和大屏幕上，控制系统在功能上进行分散。

第二节　DCS顺序控制功能模块及符号说明

1. 开关量处理功能模块

图5-1所示为几种开关量处理功能模块，各种模块的动作说明如图所示。该图描述了越限报警器、偏差报警器、输入选择器、输出选择器、输出变化速率限制器的动作规律，以及延时闭合、延时断开、RS触发器等功能模块的动作逻辑。这些模块都是DCS内部的软件功能模块，通过组态（编程）将实现各种控制策略。

2. 程控启停操作功能模块

程控启停操作功能模块的代表符号如图5-2示。当AO端有自动启动命令输入或者有手动按钮来的启动命令时，这时若没有程序启动已经完成的反馈输入，且OP端来的程序启动允许条件输入为"1"，则从输出OP端发出程序启动命令输出，该命令发出后，将按步骤运行预先编制好的设备（或系统）启动程序。

当AC端有自动停止命令输入或者有手动按钮来的停止命令时，这时若没有程序停止已经完成的反馈输入，且OP端来的程序停止允许条件输入为"1"，则从输出CL端发出程序停止命令输出，该命令发出后，将按步骤运行预先编制好的设备（或系统）停止程序。

SP——自动停输入，用于在异常情况下阻止程序的运行。当SP端有自动停输入、或者手动按钮要求停止程序、或有程控步启停失败输入时，将中断程序的运行，并输出程控启停失败信号。

3. 程控步操作功能模块

程控步操作功能模块的代表符号如图5-3所示。图中表示出了各个输入与输出之间的逻辑关系。程控步操作块用于管理程序步的前进，每一个程序步都有这样一个模块。在表示控制策略的程序控制逻辑图中，都表示成了图5-3所示的模块形式。

图中模块共分成了四个小的方框，每个方框代表一种功能。各方框的含义从左到右分别是：

TM——本步监视时间，用于本步发出的操作命令的执行情况，当操作过程超过预计的监视时间而没有操作完成的回报信号时，将产生程控步失败输出。

IN——接受程控步启动输入信号，程控步启动输入信号为"1"时，如果没有程控步启动完成信号和跳步信号，则发出本步操作命令（即程控步启动输出）。

OUT——本步操作命令（即程控步启动输出）。

ST——本步的步序号，即第几步。

◇—T— 输入选择器。当程控跳步输入为"1"时，输出将由 2 端发出（即程控跳步输出），产生跳步。

或门　输入全为"0"状态时，输出为"0"，任意一个或以上输入为"1"时，输出为"1"状态。

与门　输入全为"1"状态时，输出为"1"，任意一个或以上输入为"0"时，输出为"0"状态。

非门　当输入为"0"状态时，输出为"1"，当输入为"1"时，输出为"0"状态。

延时闭合　当输入从"0"状态变成"1"时，输出经过设定的?s才从"0"状态变为"1"，当输入从"1"变为"0"时，输出立刻变为"0"状态，见下例。

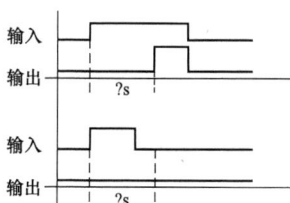

等于 m　全部输入中，任意 m 个输入为"1"状态时，输出为"1"，多于 m 个或少于 m 个输入为"1"时，输出为"0"状态。

脉冲　当输入从"0"状态变成"1"时，输出由"0"变"1"，经过设定的?s后不论输入是何状态，或者在设定的?s内输入变化几次，都将从"1"变为"0"。见下例。

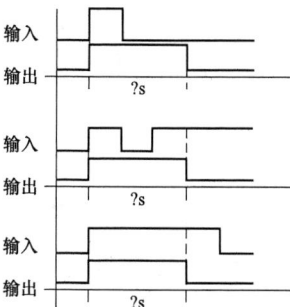

y 取 x　y 个输入全为"0"状态时，输出为"0"，任意 x 个或 x 个以上数量输入为"1"时，输出为"1"状态。

RS 触发器　当激励端输入（S）为"1"状态时，输出（Q）为"1"，此时如激励端输入"1"消失，输出"1"状态仍然保持，直到复位端输入（R）为"1"状态时，输出（Q）才为"0"。输出（$\overline{Q}$）的状态与输出（Q）正好相反。复位端输入优先于激励端输入，即当输入（S）和（R）同时为"1"时，输出为"0"状态。

延时释放　当输入从"1"状态变成"0"时，输出经过设定的?s才从"1"状态变为"0"，当输入从"0"变为"1"时，输出立刻变为"1"状态。见下例。

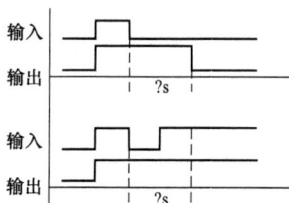

越限报警器　当输入超过上限时，输出（H）输出"1"信号，当输入超过下限时，输出（L）输出"1"信号。

偏差报警器　当两个输入的偏差超过上限时，输出（H）输出"1"信号，当两个输入的偏差超过下限时，输出（L）输出"1"信号。

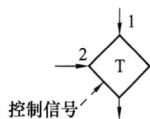

输入选择器　当控制信号为"0"时，输出等于输入 1，当控制信号为"1"时，输出等于输入 2。

输出选择器　当控制信号为"0"时，输入信号从输出 1 输出，当控制信号为"1"时，输入信号从输出 2 输出。

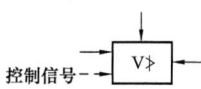

输出变化速率限制器　速率限制控制端输入为"1"时，输出变化受速率限制。当使用外部速率限制时，左侧为输出增加速率输入，右侧为输出减少速率输入。

图 5-1　开关量处理功能模块

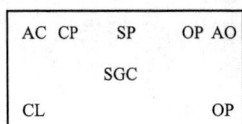

程控启停操作功能模块图形符号
各个输入输出之间的逻辑关系见文字说明

图 5-2　程控启停操作功能模块代表符号

图 5-2 中：

SGC——功能子组控制（Sub Group Control）

输入信号有 5 个（图的上方），分别为

AC——自动停止命令输入。此命令可能来自上一级功能组，也可能来自操作员。

AO——自动启动命令输入。此命令可能来自上一级功能组，也可能来自操作员。

CP——程序停止允许条件输入，该信号一般来自单体设备的设备驱动级控制逻辑回路，在对现场来的相关信号综合判断后产生该信号。

OP——程序启动允许条件输入。该信号一般来自单体设备的设备驱动级控制逻辑回路，在对现场来的相关信号综合判断后产生该信号。

SP——自动停输入。

输出信号有 2 个（图的下方），分别为

CL——程序停止命令输出。该命令发出后，将按步骤运行预先编制好的设备（或系统）停止程序。

OP——程序启动命令输出。该命令发出后，将按步骤运行预先编制好的设备（或系统）启动程序。

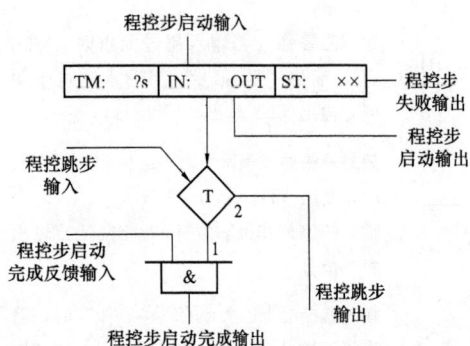

图 5-3　程控步操作功能模块的代表符号

图 5-3 中：

TM——本步监视时间，用于监视本步发出的操作命令的执行情况，当操作过程超过预计的监视时间而没有操作完成的回报信号时，将产生程控步失败输出。

IN——接受程控步启动输入信号，程控步启动输入信号为"1"时，如果没有程控步启动完成信号和跳步信号，则发出本步操作命令（即程控步启动输出）。

OUT——本步发出的操作命令（即程控步启动输出）。

ST——本步的步序号。

T——输入选择器。当程控跳步输入为"1"时，将由输出端 2 产生输出（即程控跳步输出），当程控跳步输入为"0"时，将由输出端 1 产生输出。

当程控跳步输入为"0"时，输出将由 1 端发出。

当发出本步操作命令（即程控步启动输出）后，若在预计的监视时间内产生操作完成的回报信号（即程控步启动完成信号），则程控步启动输出将被复位，程控步失败输出信号被封锁。当跳步条件成立时，将不会发出程控步启动输出，而是转移去执行程控跳步输出，产生跳步。

4. 电动机、电动门操作块

电动机、电动门操作块如图5-4所示，在控制逻辑图中都表示成图5-4上面部分所示的形式。电动机、电动门操作块的作用是接收启/停（开/关）电动机、电动门的各种命令，经过条件判断后发出启/停（开/关）操作命令。

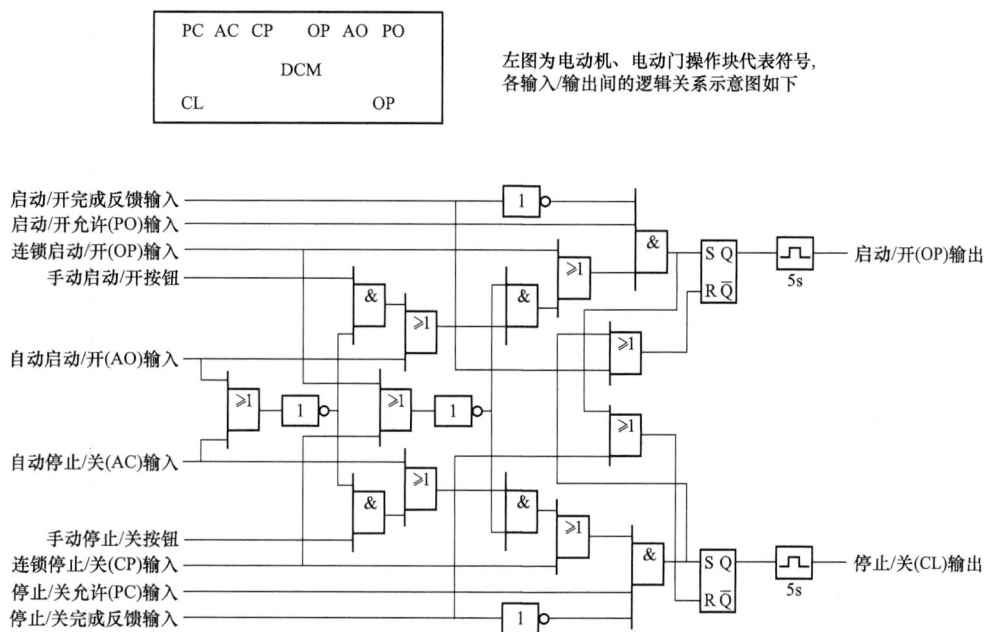

图5-4　电动机、电动门操作块

当有手动启动/开按钮来的命令，或者有自动启动/开（AO端有输入）命令，或者有连锁来的（OP端有输入）启动/开命令时，如果启动/开允许（PO端有输入）条件满足，并且启动/开完成的反馈输入为"0"，则置位RS触发器，由输出端OP发出宽度为5s的启动/开输出命令。

连锁来的（OP端）启动/开命令存在时，将闭锁手动启动/开按钮来的命令和自动启动/开（AO端）命令，这是因为连锁来的（OP端）启动/开命令优先级别最高；自动启动/开（AO端）命令存在时，将闭锁手动启动/开按钮来的命令；只有当自动启动/开（AO端）命令和连锁来的（OP端）启动/开命令都不存在时，手动启动/开按钮来的命令才有效。

同样，当有手动停止/关按钮来的命令，或者有自动停止/关（AC端有输入）命令，或者有连锁来的（CP端有输入）停止/关命令时，如果停止/关允许（PLC端有输入）条件满足，并且停止/关完成的反馈输入为"0"，则置位RS触发器，由输出端CL发出宽度为5s的停止/关输出命令。

连锁来的（CP端）停止/关命令存在时，将闭锁手动停止/关按钮来的命令和自动停止/关（AC端）命令，这是因为连锁来的（CP端）停止/关命令优先级别最高；自动停止/关（AC端）命令存在时，将闭锁手动停止/关按钮来的命令；只有当自动停止/关（AC端）命令和连锁来的（CP端）停止/关命令都不存在时，手动停止/关按钮来的命令才有效。

启动/开命令发出的同时，将闭锁停止/关命令的输出；同样，停止/关命令的发出的同时将闭锁启动/开命令的输出。这样就实现了两种互为矛盾的信号的互锁。

第三节　单元机组自动启停机组级控制程序

一、机组启动前应具备的条件

发电机组在启动前应该具备各种条件，有锅炉侧的如燃料、给水等条件；也有汽轮机侧的如油系统、水系统等条件。其中大量条件需经过运行人员检查确认，只有一部分条件经自动检测后引入控制程序中。引入控制程序中的条件有以下几项（见图 5 - 5 上部单元机组自动启动顺序控制的允许启动条件输入 EN）：

（1）任一台（至少有一台）闭式冷却水泵投入运行；

（2）任一台（至少有一台）提供补充水的备用凝结水泵投入运行；

（3）任一台（至少有一台）凝结水精处理泵投入运行；

（4）凝汽器液位大于某最小值；

（5）中央控制用压缩空气压力大于最小值；

（6）任一凝汽器入口冷却水压力大于某最小值。

当以上条件全部满足时，如果运行人员发出启动命令，机组将运行启动程序，直至并网带初始负荷。图 5 - 5 中，方框内的 12 位代码为通用的 KKS 代码（KKS 是德语 Krartwerk-Kennzeichen System 的缩写，含义为电厂标识系统，详细请参考 KKS 编码手册或相关资料），方框内第二行为英文简短功能说明。

二、单元机组启动程序

机组启动控制程序（Unit Control）的启动命令是由运行人员发出的。机组启动控制程序相当于机组启动的主程序，由它来顺序启动各个功能组（GC）和功能子组（SGC）的运行，见图 5 - 5 和图 5 - 6。在机组启动过程中，机组级启动程序和功能组及子组启动程序同时进行，协调动作，顺序启动各主辅设备。

第一步，首先发出命令至汽轮机功能组，使汽轮机功能组运行启动程序，开始进行汽轮机启动前的试验和准备。等到汽轮机转速大于 15r/min，且汽轮机供油系统投入运行后，第二步给凝结水功能组发出命令，使凝结水功能组运行启动程序。当至少有一台主凝结水泵启动投入运行后，证明本步操作完成。

图 5 - 5 中，第四步的操作条件中，至少有一台真空泵运行，及低压旁路压力控制投自动条件成立，表明汽轮机功能组正在按照预定的程序正常执行。当同时满足①给水箱温度大于最小值；②给水箱水位大于最小值；③给水箱加热与压力控制子回路投入；④辅助蒸汽控制阀投自动等四个条件时，在第五步发出命令启动汽水系统功能组，使汽水系统按照预定的顺序及条件投入运行。

第六步，当高压旁路压力控制投自动，过热/再热温度调节器投入，且电动给水泵及两台电动给水泵至少有一台投入运行时，启动风烟系统（包括一次风、二次风、送引风机及吹扫程控）。

当燃油压力大于某一规定值、汽包水位经三选二确认在 -203～+128mm，且炉膛吹扫结束后，将燃料主控制器投入自动，同时将机组负荷控制复位。等到火焰信号检测有火，断

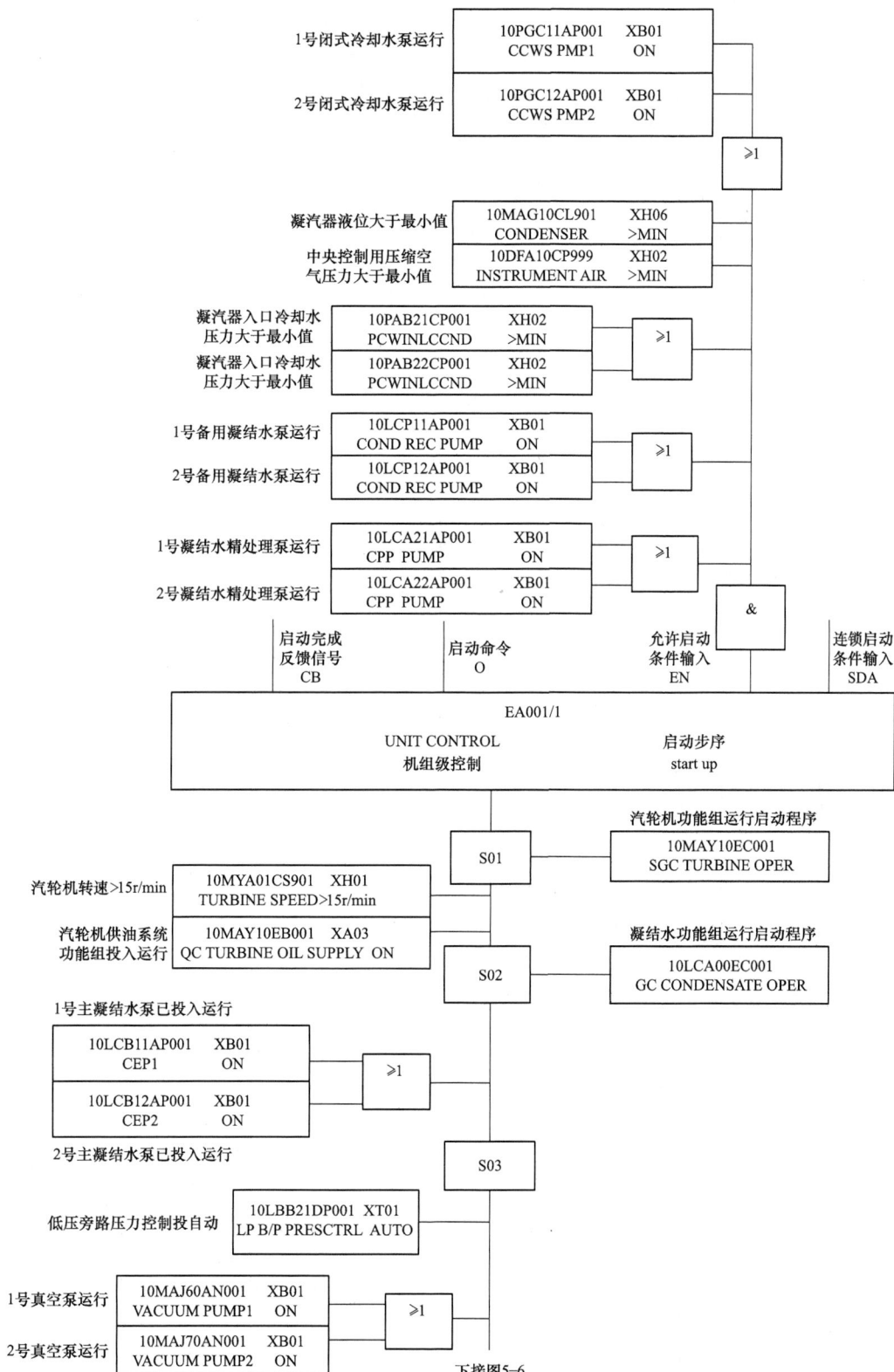

图 5-5　单元机组启动机组级顺序控制逻辑图 (1)

上接图5-5

S04

| 给水箱温度大于最小值 | 10LAA10CT001 | XH02 |
| | TFEEDWATER TANK | >MIN |

| 给水箱水位大于最小值 | 10LAA10FL001 | XH06 |
| | LEVEL CORRFWT | >900 |

| 给水箱加热与压力控制子回路投自动 | 10LAA10EE001 | XA01 |
| | SLCFWT W/U&P-C | ON |

| 辅助蒸汽控制阀自动控制 | 10LBG30AA101 | XA01 |
| | CV FWT HS FOR S/UP | AUTO |

S05 — 10LAY00EB001 GC FEEDWATER/STEAM OPER

给水/蒸汽系统功能组运行启动程序

| 高压旁路压力控制投自动 | 10LBF10AA102 | XC11 |
| | HP B/P PRESSCTRL | AUTO |

| 过热/再热蒸汽温度调节回路投入 | 10LAE20EE001 | XA01 |
| | SLC SH/RH ATTEMP | ON |

| 电动给水泵投入运行 | 10LAJ10EC001 | XA06 |
| | SGC MOTOR DRIVEN BFP CB START |

| 1号汽动给水泵投入运行 | 10LAC11EC001 | XV06 |
| | SGC BFPT1 | IN OP |

| 2号汽动给水泵投入运行 | 10LAC12EC001 | XV06 |
| | SGC BFPT2 | IN OP |

≥1

S06 — 10HLY00EB001 GC AIR/FLUEGAS OPER

风烟系统功能组运行启动程序

| A侧引风机运行 | 11HNC10AN001 | XB01 |
| | ID FAN MAIN MOTOR | ON |

| A侧送风机运行 | 11HLB10AN001 | XB01 |
| | FD FAN MAIN MOTOR | ON |

| A侧空气预热器功能子回路运行 | 11HLD10EE001 | XA01 |
| | SLC AIRHEATER | ON |

&

| B侧引风机运行 | 12HNC10AN001 | XB01 |
| | ID FAN MAIN MOTOR | ON |

| B侧送风机运行 | 12HLB10AN001 | XB01 |
| | FD FAN MAIN MOTOR | ON |

| B侧空气预热器功能子回路运行 | 12HLD10EE001 | XA01 |
| | SLC AIRHEATER | ON |

&

≥1

S07

| 燃油压力大于规定的最小值 | 10HJF90CP999 | XH03 |
| | OIL PRESSURE | >MIN |

| 汽包水位经三选二确认>-203 | 10HAD10FL901 | XH02 |
| | 2OUT 3DRUM LEVEL | >-203 |

| 汽包水位经三选二确认<128 | 10HAD10FL901 | XH51 |
| | 2OUT 3DRUM LEVEL | <128 |

| 炉膛吹扫结束 | 10KKS00BY001 | XV01 |
| | PURGE COMPLET |

S08 — 10HYA00DU001 FUEL MSTR CTRL AUTO 燃料主控制器投自动

S09 — YP10 FIRE LEVEL SELECTION 选择火焰水平

| 炉膛火焰检测有火 | 10KKS00BY002 | XV02 |
| | ANY FIRE | ON |

10CJA01DU001 ULOAD CTRL RESET 机组负荷控制复位

S10

| 断路器合闸 | GRID CB | CLSD |

| 机组带初始负荷 | 10MKA02CE901 | XH08 |
| | LOAD ACTUAL VALUE >25MW |

S11 — 程序结束

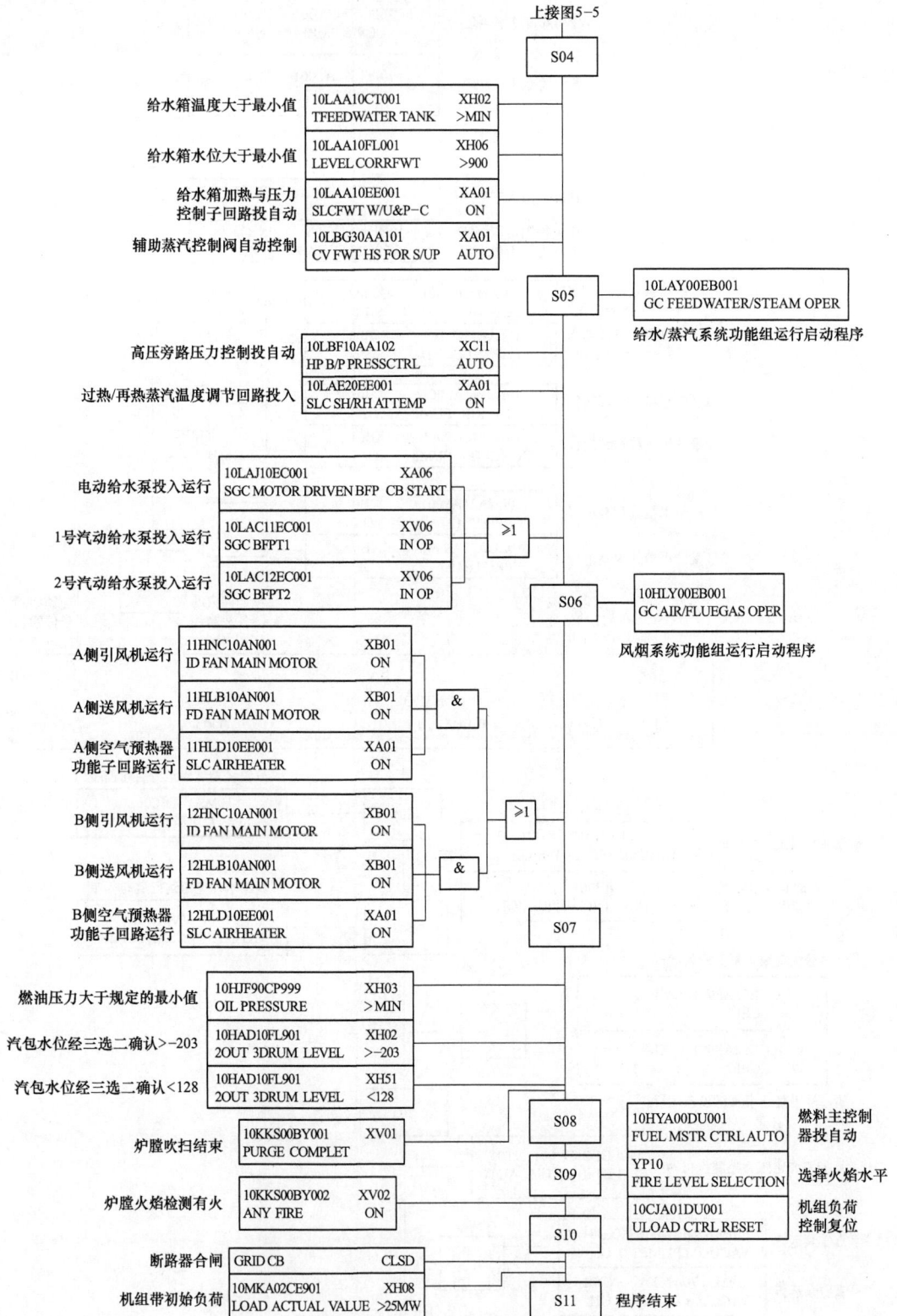

图 5-6 单元机组启动机组级顺序控制逻辑图（2）

路器合闸，且机组实际负荷大于 25MW（基本负荷）后，机组启动程序结束。

一般情况下，在前一步发出动作命令后，需等到动作完成且相应的回报信号产生，才能继续程序的进行。若在预计的监视时间内没有返回操作执行完成的回报信号，则说明动作超时，被控制对象有异常，应该报警，同时中断程序的进行。

回报信号的选取多种多样，可以采集所有的动作完成的反馈信号，也可以选取代表性的信号。例如第一步的回报信号是汽轮机处在盘车状态（15r/min）和汽轮机供油系统正常运行，以此代表汽轮机功能组启动程序已经运行到哪一步，使得各功能组、功能子组与机组级控制系统之间协调动作；第五步启动汽水系统的命令发出后，在预计时间内操作完成后，必须有相应的回报信号，本步选取了三个回报信号作为反馈，代表汽水系统功能组在正常运行、汽水系统已经投入运行。如第五步完成的回报信号为高压旁路站的压力控制投入自动，过热汽温和再热汽温的控制投入自动，至少有一台给水泵运行。

汽包水位是一个非常重要的信号，所以由三个检测仪表测量后又经过三取二的逻辑判别，确保汽包水位在 −203～128mm 之间。当断路器合闸且机组带初始负荷后，表明单元机组启动程序结束。所以可将代表启动过程结束的信号反馈到步序管理功能模块的输入端CB - OPER 端（见图 5 - 5 启动完成反馈信号 CB）。

三、单元机组停机程序

1. 停机前的条件

在运行停机程序前，应先确定降负荷的速率小于 3％，同时机组应运行在 50％负荷（300MW）以下。这样可保证机组在停机过程中的热应力限制条件。

2. 停机程序（见图 5 - 7、图 5 - 8）

停机程序共有二十六步（STEP01～STEP26）。运行停机程序第一步前必须具备的条件有：

(1) 燃料主控制器投入自动；

(2) 高压旁路投入自动；

(3) 高压旁路喷水阀投入自动；

(4) 低压旁路投入自动；

(5) 低压旁路喷水阀投入自动；

(6) 过热/再热温度控制器投入；

(7) 引风机入口两个挡板投入自动；

(8) 送风机入口两个挡板投入自动；

(9) 一次风机入口导叶投入自动。

机组停机的基本原则是，首先旁路站压力控制投自动及燃烧控制系统投自动，然后逐步停磨煤机同时降负荷，若停机前运行的磨煤机较少，或已无磨煤机运行，则第一～九步中的某些步会跳过。当负荷低于 145MW 时，运行停汽轮机程序。最后顺序停一次风机、汽水系统、风烟系统、真空系统及凝结水系统。

在机炉负荷协调方式下，开始停磨煤机、减负荷，当只有三台以下磨煤机运行时，减负荷至 30％；当只有两台以下磨煤机运行时，减负荷至 21％，然后汽轮机停机，所有磨煤机全部停止运行。

机组级控制程序（UNIT CONTROL）的每一步操作命令一般都不是开关某一个阀门、启停某一台电机，而是把命令发送到下一级功能组，再由功能组将具体的操作命令发送到功

10CJA01OU001　　　XG01	
ULOAD　　　　　<330MW	
10CJA06OU001　　　XH51	
LOAD DEVIA TION　<3%	

&

允许停止条件输入EN

连锁保护停命令输入
SDA

自动/人工
停止命令
O

停止完成反馈信号
CB

EA001/1

UNIT CONTROL
机组级控制

停止步序
shutdown

延时2s

S01

10HY A00DU001	AUTO	燃料主控制器投自动
FUEL MASTEA		
10LBF 10AA102	AUTO	高压旁路控制投自动
HP B/P		
10LBF 10AA101	AUTO	高压旁路喷水阀投自动
SPRAY WATER		
10LBB 21DP001	AUTO	低压旁路控制投自动
LP B/P		
10MAN43AA151	AUTO	低压旁路喷水阀投自动
SPRAY WATER		
10LAE20EE001	ON	过热/再热蒸汽温度控制投自动
SLC SH/RH ATTEMP		
11HNC10AA101	AUTO	1号引风机入口叶片投自动
1DF INLACTR MTR		
12HNC10AA101	AUTO	2号引风机入口叶片投自动
1DF INLACTR MTR		
11HLB10AA101	AUTO	1号送风机入口叶片投自动
FDF INLACTR MTR		
12HLB10AA101	AUTO	2号送风机入口叶片投自动
FDF INLACTR MTR		
11HFE10AA101	AUTO	1号一次风机入口导叶投自动
PAF INL VANE		
12HFE10AA101	AUTO	2号一次风机入口导叶投自动
PAF INL VANE		

10CJA05DU001　　XV10	
COORDINATED　　　MO	

负荷控制系统为协调方式

当前只有三台
以下磨煤机运行

S02

10HFC60EC001
SGC PUL VERIZER F SHUTDOWN
磨煤机F功能子组运行停止程序

10HFC60AJ001　　　XB02	
PULVER MAIN MOTOR　OFF	

≥1

S03

10HFC50EC001
SGC PUL VERIZER E SHUTDOWN
磨煤机E功能子组运行停止程序

当前只有三台
以下磨煤机运行

磨煤机F驱动电动机已停

10HFC50AJ001　　　XB02	
PULVER MAIN MOTOR　OFF	

≥1

S04

10HFC40EC001
SGC PUL VERIZER D SHUTDOWN
磨煤机D功能子组运行停止程序

当前只有三台
以下磨煤机运行

磨煤机E驱动电动机已停

10HFC40AJ001　　　XB02	
PULVER MAIN MOTOR　OFF	

≥1

S05

10CJA01DU001	
SW DE　　　　　220MW	

设定目标负荷为30%额定负荷

磨煤机D驱动电动机已停

目标负荷已设定为30%

降负荷速率<3%

10CJA01DU001　　　XG02	
SW DE　　　　　220MW	
10CJA06DU001　　　XH51	
LOAD DEVIA TION　<3%	

S06

10HFC60EC001
SGC PUL VERIZER F SHUTDOWN
磨煤机F功能子组运行停止程序

磨煤机F驱动电动机已停

10HFC60AJ001　　　XB02	
PULVER MAIN MOTOR　OFF	

≥1

当前只有两台
以下磨煤机运行

S07

10HFC50EC001
SGC PUL VERIZER E SHUTDOWN
磨煤机E功能子组运行停止程序

磨煤机E驱动电动机已停

10HFC50AJ001　　　XB02	
PULVER MAIN MOTOR　OFF	

≥1

当前只有两台
以下磨煤机运行

S08

10HFC40EC001
SGC PUL VERIZER D SHUTDOWN
磨煤机D功能子组运行停止程序

磨煤机D驱动电动机已停

10HFC40AJ001　　　XB02	
PULVER MAIN MOTOR　OFF	

≥1

当前只有两台
以下磨煤机运行

S09

10HFC30EC001
SGC PUL VERIZER C SHUTDOWN
磨煤机C功能子组运行停止程序

磨煤机C驱动电动机已停

10HFC30AJ001　　　XB02	
PULVER MAIN MOTOR　OFF	

≥1

当前只有两台
以下磨煤机运行

S10

确认只有两台磨煤机运行

目标负荷已设定为22%

S11

10CJA01DU001	
SW DE　　　　　145MW	

设定目标负荷为22%额定负荷

10CJA01DU001　　　XG03	
SW DE　　　　　145MW	
10CJA06DU001　　　XH51	
LOAD DEVIA TION　<3%	

降负荷速率<为3%

S12

10MAY10EC001
SGC TURBINE　　　SHUTDOWN
汽轮机功能组运行停机程序

10BAC01GS001　　　XB02	
CEN CB　　　　　OFF	

断路器断开

下接图5-8

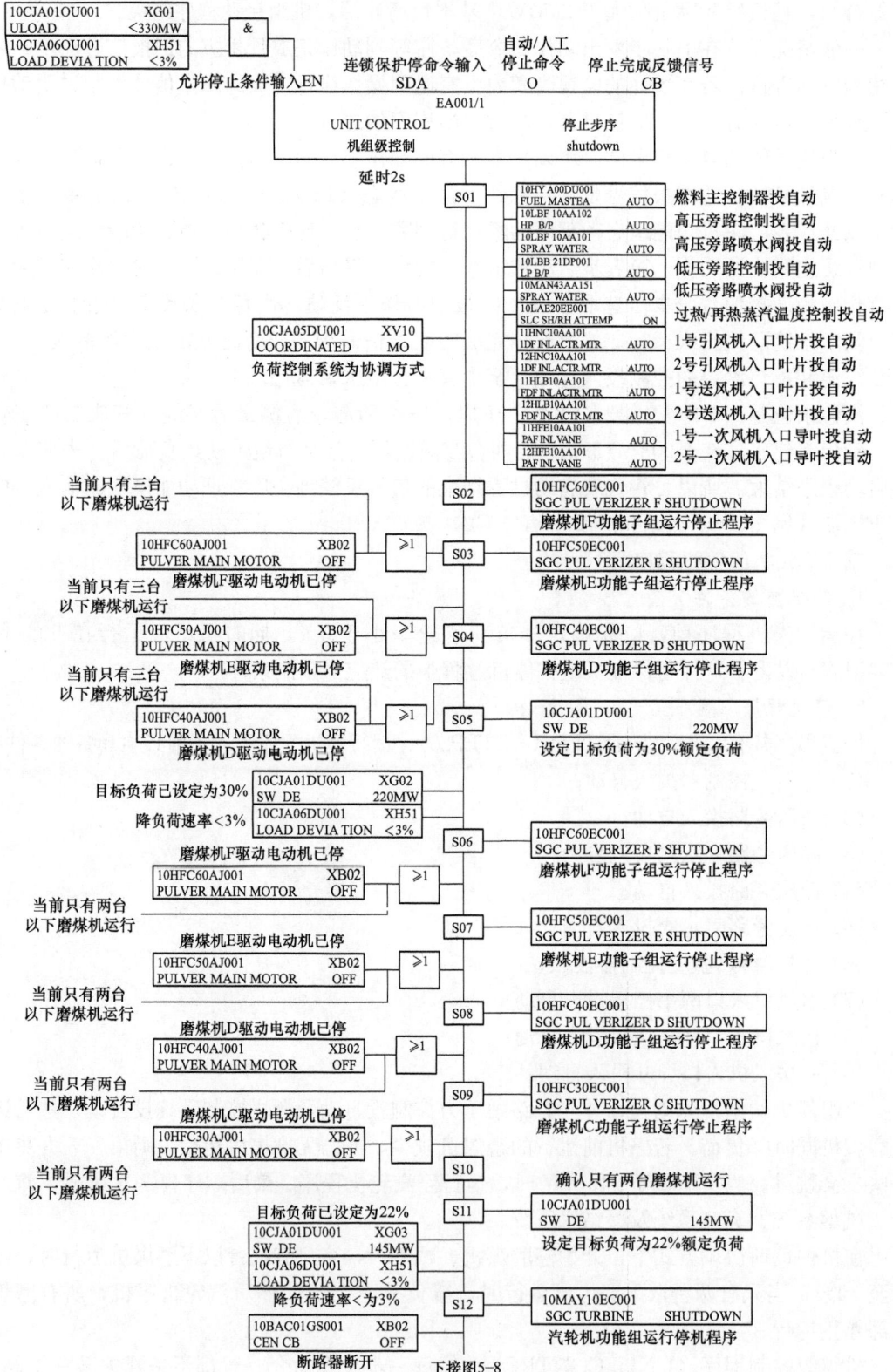

图5-7　单元机组停止机组级顺序控制逻辑图（1）

上接图5-7　　　　六台磨煤机功能组全部运行停止程序

S13	10HFC60EC001 SGC PULVERIZER F SHUTDOWN
	10HFC50EC001 SGC PULVERIZER E SHUTDOWN
	10HFC40EC001 SGC PULVERIZER D SHUTDOWN
	10HFC30EC001 SGC PULVERIZER C SHUTDOWN
	10HFC20EC001 SGC PULVERIZER B SHUTDOWN
	10HFC10EC001 SGC PULVERIZER A SHUTDOWN

| S14 | 10HJA10EC001
SGC IGNITORS A SHUTDOWN |

停油枪A组

| S15 | 10HJA20EC001
SGC IGNITORS B SHUTDOWN |

停油枪B组

| S16 | 10HJA30EC001
SGC IGNITORS C SHUTDOWN |

停油枪C组

| S17 | 10HJA40EC001
SGC IGNITORS D SHUTDOWN |

停油枪D组

| S18 | 10HJA50EC001
SGC IGNITORS E SHUTDOWN |

停油枪E组

| S19 | 10HJA60EC001
SGC IGNITORS F SHUTDOWN |

停油枪F组

A侧一次风机运行停程序

一次风机A电动机已停

| 11HFE10AN001 XB02
PAF MAIN MOTOR OFF | S20 | 11HFE10EC001
SGC PAF A SHUTDOWN |
| 12HFE10AN001 XB02
PAF MAIN MOTOR OFF | | 12FE10EC001
SGC PAF B SHUTDOWN |

B侧一次风机运行停程序

一次风机B电动机已停

| | S21 |

| 10LBF10AA102 XB02
HP B/P CLOSED | 5 min 0 |

| S22 | 10LAY00EB001
GC FEEDWATER/STEAM SHUTDOWN |

给水/蒸汽系统功能组运行停程序

电动给水泵已停运 | 10LAJ10AP001 XB02
SGC MOTOR DRIVEN BFP OFF

1号汽动给水泵已停 | 10LAC11EC001 XA07
SGC BFPT1 XB SHUT

2号汽动给水泵已停 | 10LAC12EC001 XA07
SGC BFPT2 XB SHUT

| S23 | 10HLY00EB001
GC AIR/FLUEGAS SHUTDOWN |

风烟系统功能组运行停程序

送风机A已停运 | 11HLB10AN001 XB02
FD FAN MAIN MTOR OFF

送风机B已停运 | 12HLB10AN001 XB02
FD FAN MAIN MTOR OFF

引风机A已停运 | 11HNC10AN001 XB02
ID FAN MAIN MOTOR OFF

引风机B已停运 | 12HNC10AN001 XB02
ID FAN MAIN MOTOR OFF

| S24 | 10MAJ10EB001
GC EVACUATION SHUTDOWN |

真空系统功能组运行停程序

1号真空泵已停运 | 10MAJ60AN001 XB02
VACUUM PUMP1 OFF

2号真空泵已停运 | 10MAJ70AN001 XB02
VACUUM PUMP2 OFF

| S25 | 10LCA00EC001
GC CONDENSATE SHUTDOWN |

凝结水系统功能组运行停程序

1号凝结水泵已停运 | 10LCB11AP001 XB
CEP1 OFF

2号凝结水泵已停运 | 10LCB12AP001 XB
CEP2 OFF

| S26 | 程序结束

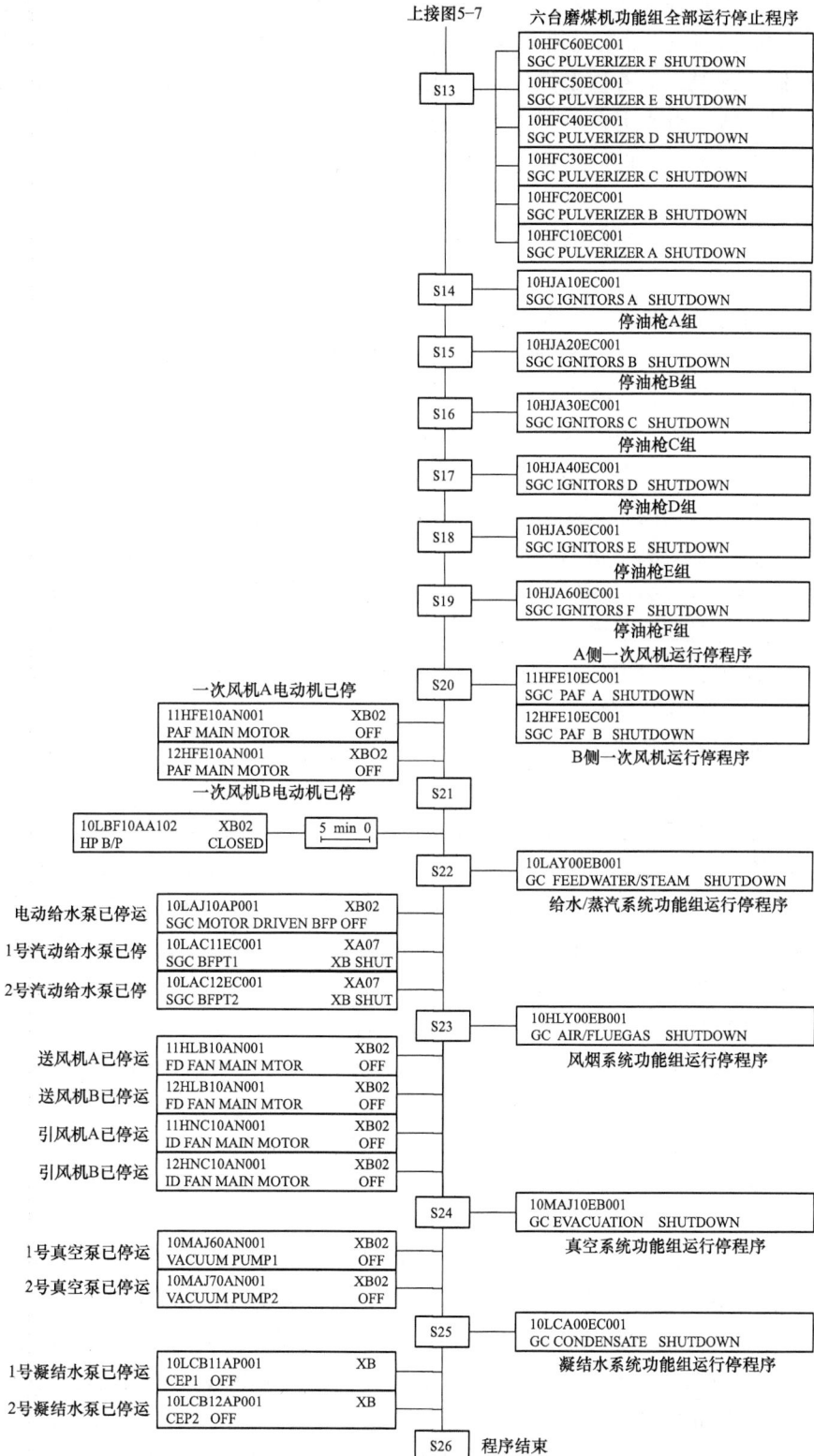

图 5-8　单元机组停止机组级顺序控制逻辑图（2）

能子组或者具体的被控设备。例如，机组级启动程序的第一步命令是"汽轮机功能组运行启动程序"，该命令发出去后汽轮机功能组开始运行启动程序，但并不是要马上冲转汽轮机，汽轮机功能组会通过判断各种条件，顺序发出"开始抽真空"、"汽轮机油系统做试验"等命令，等到锅炉点火、升温升压参数合格后，才会发出开始暖管、暖阀、暖缸、冲转等的命令。所以，针对具体设备的启停命令大多是由功能组或功能子组发出的。

第四节　风烟系统功能组控制程序

一、风烟系统被控对象及运行特点

风烟系统主要包括空气预热器、送风机、引风机、一次风机、暖风器及静电除尘器等热力设备，风烟系统有 A、B 两套，并且在引风机入口、送风机出口、一次风机出口等处设有联络通道，保证了个别设备异常时实现单侧运行而不会造成停炉。

风机是发电厂锅炉设备中的重要辅机之一，在锅炉上应用的主要是送风机、引风机和一次风机。随着机组容量的不断提高，为了提高机组运行的安全和经济性，对风机的结构、性能和运行调节提出了更高更新的要求。离心风机具有结构简单、运行可靠、制造成本低、效率较高、噪声小、抗腐蚀性能较好的特点，以往锅炉风机普遍采用离心式风机。现代离心式风机普遍采用空心机翼型后弯叶片，其效率可高达 85%～92%。但是，随着机组容量的不断增大，离心式风机的容量已经受到叶轮材料强度的限制，不可能使风机的容量随锅炉容量大幅度的增加而按相应比例增长。离心风机过大的尺寸，会给制造、运行等方面带来一定的困难。目前有些国家采用增加送风机的台数来适应锅炉容量的增加，但对于大容量锅炉的送风机采用轴流风机是目前的发展趋势，而引风机与一次风机，则有的采用轴流式，有的采用离心式，对大容量离心式引风机有的采用双吸双速离心式风机。

本书引用的实例中锅炉送风机、引风机、一次风机均采用轴流式风机。其中，送风机采用豪顿华工程有限公司的动叶可调轴流式风机，型号为 ANN - 2660/1400N。引风机采用成都电力机械厂生产的静叶可调轴流式风机，型号为 AN37e6（V19＋4°）。一次风机采用上海鼓风机厂有限公司的动叶可调双级轴流式风机，型号为 PAF19 - 14 - 2。

和离心式风机相比，轴流式风机主要有以下特点：

（1）轴流风机采用动叶可调的结构，其调节效率高，并可使风机在高效率区域内工作，因此运行费用较离心式风机明显降低。

轴流风机效率最高可达 90%，机翼型叶片的离心式风机效率可达 92.8%，两者在设计负荷时效率相差不大，但当机组低负荷运行时，相应风机负荷也减少，动叶可调的轴流风机的效率要比具有入口导叶装置调节的离心式风机要高许多。

（2）轴流式风机对风道系统风量变化的适应性优于离心式风机。目前，对风道系统的阻力计算还不能很精确，尤其是锅炉烟道侧运行后的实际阻力与计算值误差较大。在实际运行中，煤种变化也会引起所需风机风量和压头的变化。然而，对于离心式风机来说，在设计时要选择合适的风机来适应上述各种要求是困难的。考虑上述的变化情况，选择风机时其裕量要适当大些，否则正常负荷运行时风机的效率会有明显的下降。如果风机的裕量选择的偏小，一旦情况变化，可能会使机组达不到额定出力。而轴流风机采用动叶调节，通过关小和增大动叶的角度来适应风量、风压的变化，对风机的效率影响却较小。

（3）轴流风机重量轻、飞轮效应值低等方面比离心式风机好。由于轴流风机比离心风机的重量轻，所以支撑风机和电动机的结构基础也较轻，还可以节约基础材料。轴流风机结构紧凑、外形尺寸小，占据空间亦小。如果以相同性能作为对比基础，则轴流风机所占空间尺寸比离心风机小 30％左右。

（4）轴流风机的转子结构要比离心风机复杂，旋转部件多，制造精度要求高，叶片材料的质量要求也高。再加上轴流风机本身特性，运行中可能会出现喘振现象。所以轴流风机运行可行性比离心风机稍差一些。但是轴流风机引进国外先进的技术，从设计、结构、材料和制造工艺上加以提高，使目前轴流风机的运行可靠性可以与离心风机相媲美。

（5）如果轴流风机与离心风机的性能相同，则轴流风机的噪声强度比离心风机高，因为轴流风机的叶片数往往比离心风机多 2 倍以上，转速也比离心风机高，因此轴流风机的噪声频率位于较高倍的频程频带。据国外资料报导，不装设消声器的轴流送风机的噪声水平可达 110～130dB，离心送风机噪声为 90～110dB。然而对于性能相同的两种风机，把噪声消减到允许噪声标准（85dB）水平，在消声器上的投资相差不大。

图 5-9 所示为单侧风烟系统简化示意图。风烟系统 A 侧和 B 侧是完全相同的两套系统，故这里不需要重复讲述。其中风烟系统 A 侧的被控对象包括如下设备（风烟系统 B 侧与此相同）：

A 火检冷却风机；

A 送风机电动机；

A 送风机出口挡板；

A 送风机入口动叶；

送风机出口联络挡板；

A 送风机液压油泵；

A 引风机电动机；

A 引风机出口挡板；

A 引风机入口静叶；

A 引风机电机油站；

A 引风机冷却风机；

A 空气预热器气动电动机；

A 空气预热器一次风入口挡板；

A 空气预热器一次风出口挡板；

A 空气预热器热二次风挡板；

A 空气预热器烟气入口挡板；

A 空气预热器烟气出口挡板；

A 空气预热器主电动机；

A 空气预热器辅助电动机等。

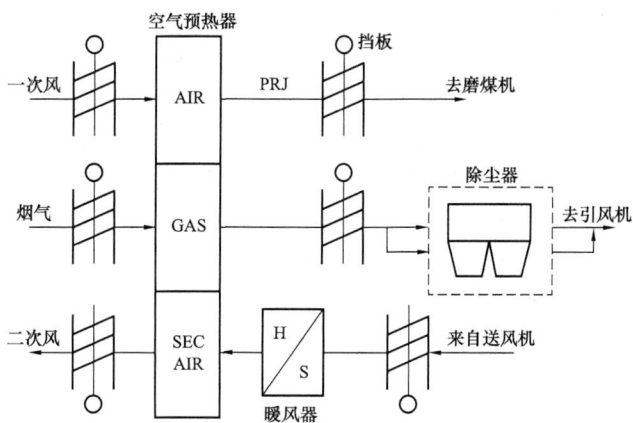

图 5-9 单侧风烟系统简化示意图

二、风烟系统功能组启动程序

当接到运行人员发来的启动命令或者有上一级即机组级控制程序来的启动命令时，开始执行风烟系统功能组（GC AIR/FLUEGAS）启动程序，图 5-10 为风烟系统功能自动启动程序逻辑图（参考图 5-2 及图 5-3 中的说明）。图中 GC 为顺序控制启停操作功能模块，方框外为 KKS 代码，方框内为中文简短说明。启动步序的第一步首先发命令至 B 侧空气预热器功能组，使 B 侧空气预热器程控启动。在预计的监视时间（图中的 TM：？s 指本步操作过程的监视时间，即预计操作过程需要的最大时间）接收到 B 侧空气预热器启动完成的回报信号后，第二、三步相继开 B 侧引风机和送风机的出口挡板和入口静叶、动叶以及送风机润滑油泵。在预计的监视时间内接收到第二、三步操作完成的回报信号后，第四步发命令至 A 侧风机功能组，程控启动 A 侧风机，包括 A 侧空气预热器、A 侧送风机和 A 侧引风机（这些风机的具体启动步序在下一级功能组即 A 侧风机功能组中控制）。当操作完成有回报信号后，第五步发命令至 B 侧风机功能组，程控启动 B 侧风机，包括 B 侧空气预热器、B 侧送风机和 B 侧引风机（这些风机的具体启动步序在下一级功能组即 B 侧风机功能组中控制）。第六步启动火焰检测器用的冷却风机，第六步操作命令发出后，在监视时间内若有 A 侧火检冷却风机已运行或 B 侧火检冷却风机已运行信号，则程序结束。但若 A 侧火检冷却风机和 B 侧火检冷却风机均在就地控制位，即使没有 A 侧火检冷却风机已运行或 B 侧火检冷却风机已运行的回报信号，程序也可以结束。这时火检冷却风机的启停由就地控制。

三、风烟系统功能组的停止程序

风烟系统的停止必须是在炉膛内灭火后才能进行。当接到运行人员发来的停止命令或者有上一级即机组级控制程序来的风烟系统停止命令时，如果锅炉已经全炉膛灭火、停止了所有燃料供应（MFT），功能组开始执行风烟系统停止程序，图 5-11 为风烟系统功能组自动停止步序逻辑图。停止命令由 SGC 模块的 CL 端发出，第一步、第二步发命令给 A 侧风机功能子组和 B 侧风机功能子组，顺序停止 A 侧风机和 B 侧风机；第三步、第四步发命令给空气预热器功能组，顺序停止 A 侧空气预热器和 B 侧空气预热器。在执行到第三和第四步时，如果 A 侧空气预热器入口烟气温度还比较高，则暂时不停空气预热器电动机，进行跳步。

四、单侧风烟系统启动程序分析

单侧风烟系统作为一个较小的功能组（A 侧或者 B 侧），启动命令来自上一级功能组即风烟系统功能组（GC AIR/FLUEGAS）或者来自操作员指令。单侧风烟系统在启动过程中，风机等设备必须按一定顺序来操作，如启动空气预热器时必须是先启动气动电动机进行盘车，然后切换至辅助电动机、最后启动主电动机；空气预热器主电动机投入运行后才允许启动引风机电动机；引风机投入后顺序启动送风机。若引风机电动机停止运行，则连锁停送风机电动机。下面以 A 侧风烟系统为例讲述。

当 A 侧风烟系统功能组（GC AIR/FLUEGAS PATH A）接到上级功能组来的启动命令或者操作员来的操作命令时（见图 5-12 右上角的 AO 端），首先判断程序启动允许条件（允许条件见图中的 OP 端所示的信号），当允许条件满足时，开始执行 A 侧风烟系统启动程序。B 侧风烟系统的启动程序与此相同，在此不再重复。

需注意的是启动风烟系统 A 侧时，锅炉的运行工况有两种可能，第一种情况是 B 侧风烟系统未投入运行，第二种情况是 B 侧风烟系统正在运行。下面对这两种情况分别进行分析。

如果是在风烟系统 B 侧处于停运状态下启动风烟系统 A 侧，则在程序启动风烟系统 A 侧时，先判断 B 侧风道烟道挡板的状态。要求 B 侧空气预热器挡板全开，B 侧送风机出口挡板、入口动叶全开，B 侧引风机出口挡板、入口静叶全开，送风机出口联络挡板全开。

主燃料跳闸MFT
10HYY00CZ001

AC CP   OP AO
GC
AIR/FLUEGAS

OP

| TM: | ?s | IN | OUT | ST: | 1 |

B空气预热器主电动机合闸信号
10HLD20AP001ZS

≥1

B空气预热器辅助电动机合闸信号
10HLD20AP002ZS

&

B空气预热器挡板全开
10HLD20EC001

&

B空气预热器程控启动
10HLD20EC001

| TM: | ?s | IN | OUT | ST: | 2 |

B引风机挡板、静叶全开
10HNC20AN001

≥1

B引风机合闸状态
10HNC20AN001ZS

&

开B引风机挡板、静叶
10HNA26AA700
10HNA27AA700
10HNC20AA700

| TM: | ?s | IN | OUT | ST: | 3 |

B送风机挡板、动叶全开
10HLB20AN001

≥1

B送风机合闸状态
10HLB20AN001ZS

&

开B送风机挡板、动叶
10HLA21AA700
10HLB20AA700

| TM: | ?s | IN | OUT | ST: | 4 |

A送风机运行
10HLB10AN001

≥1

A引风机运行
10HNC10AN001

&

A侧风机程控启动
10HLA00EC001

| TM: | ?s | IN | OUT | ST: | 5 |

B送风机运行
10HLB20AN001

≥1

B引风机运行
10HNC20AN001

&

B侧风机程控启动
10HLA00EC002

| TM: | ?s | IN | OUT | ST: | 6 |

A火检冷却风机已运行
10HXA10AN001ZS

B火检冷却风机已运行
10HXA20AN001ZS

≥1

A火检冷却风机在就地控制
10HXA10AN001RL

B火检冷却风机在就地控制
10HXA20AN001RL

&

&

启动火检冷却风机
10HXA10EC001

| TM: | ?s | IN | OUT | ST: | end |

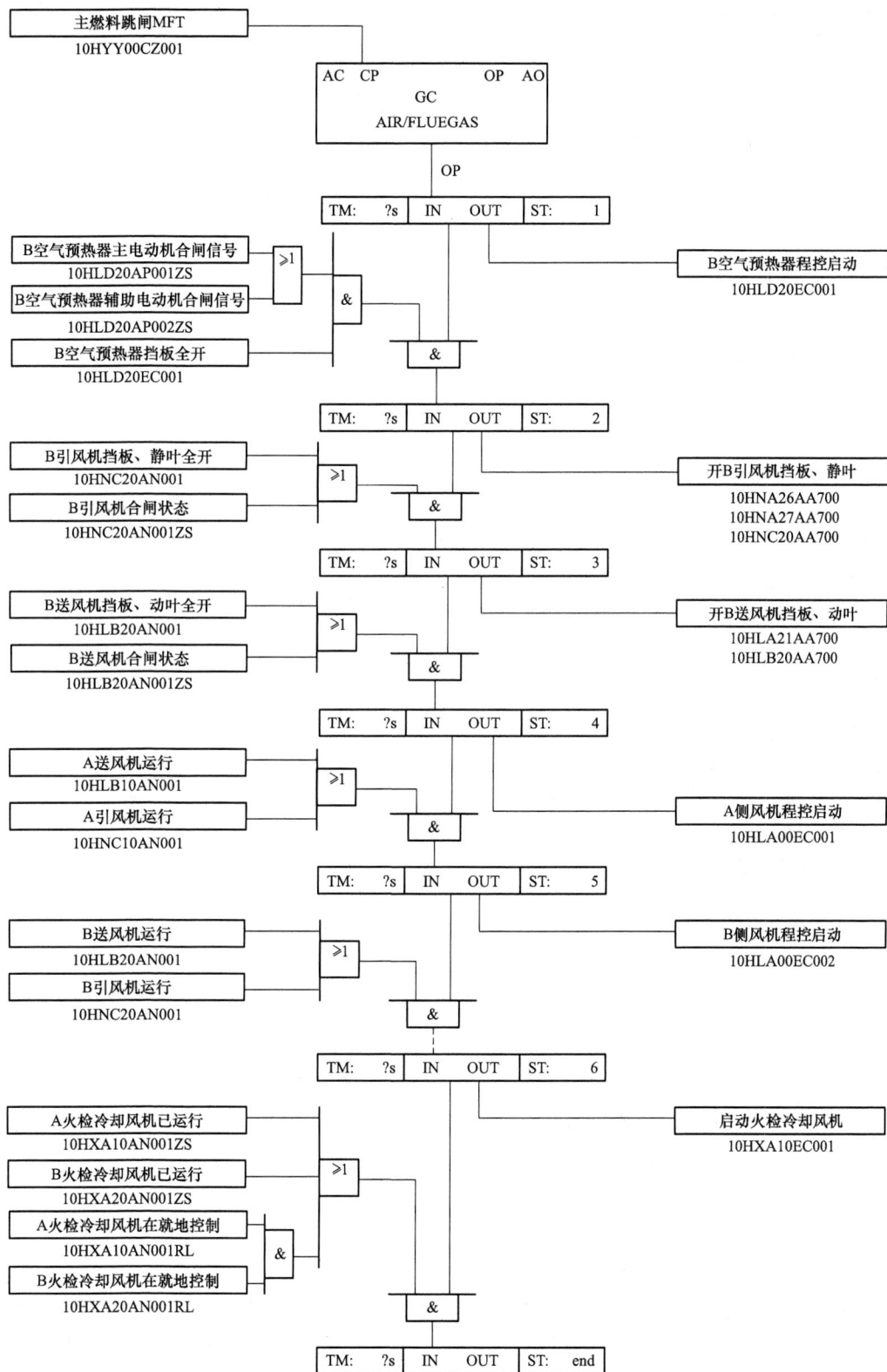

图5-10　风烟系统功能组自动启动程序

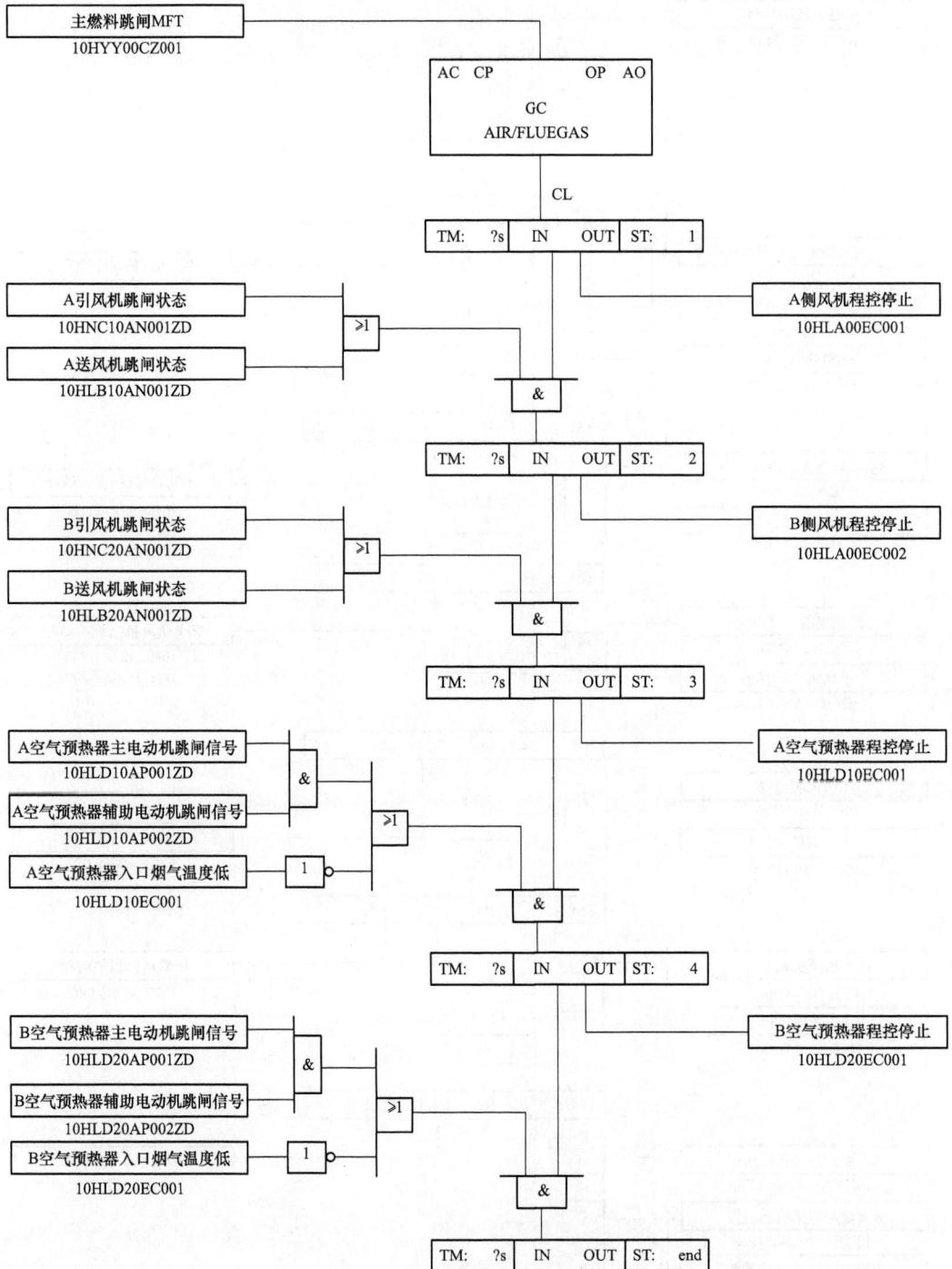

图 5-11　风烟系统功能组自动停止程序

　　如果是在 B 侧风烟系统正在运行时（送风机 B、引风机 B 运行）启动 A 侧风烟系统，则不需要判断上述 B 侧风道烟道挡板的状态，不能要求送风机动叶、引风机静叶均在全开位置。

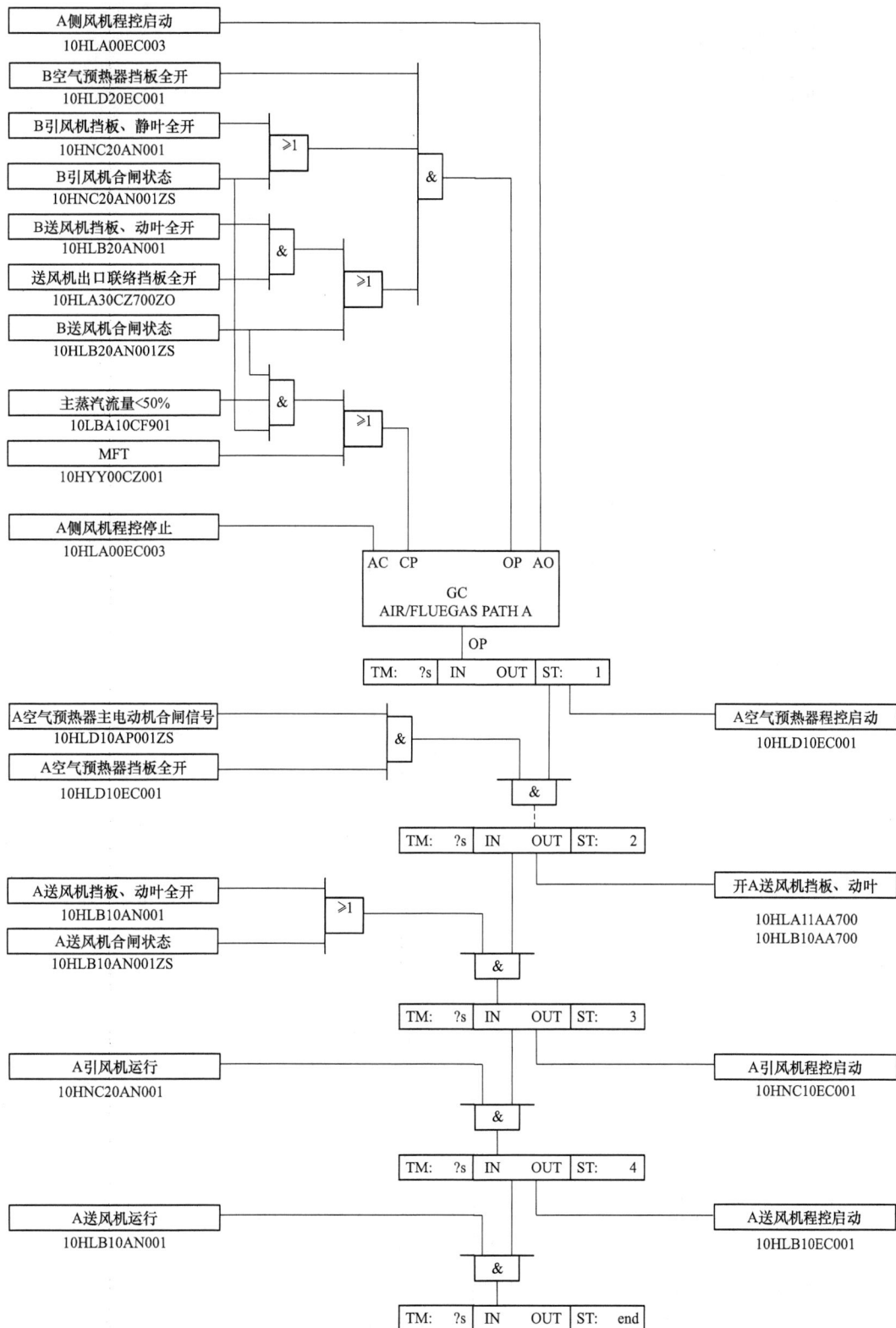

图 5-12　单侧风烟系统功能组启动程序

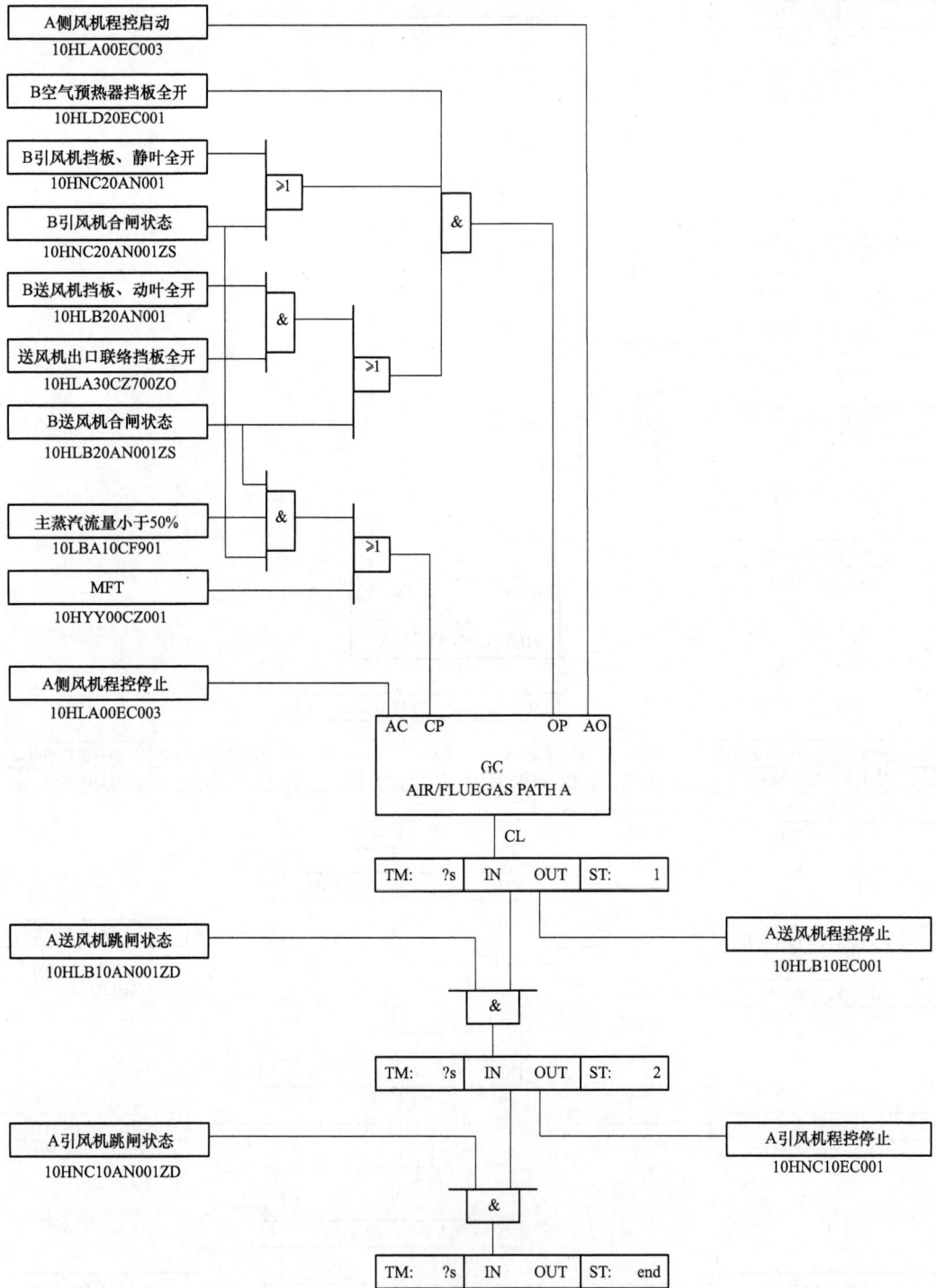

图 5 - 13　单侧风烟系统功能组停止程序

五、单侧风烟系统停止程序分析

单侧风烟系统（A 侧或者 B 侧）的停止命令来自上一级功能组，即风烟系统功能组，或者有运行人员发出操作命令。A 侧风烟系统功能组停止步序如图 5 - 13 所示，接受的是风烟系统功能组的启停命令。当接到上级功能组来的停止命令或者操作员来的停止操作命令时，首先判断程序停止允许条件（允许条件见图 5-13 中的 CP 端所示的信号），当允许条件满足时，开始执行 A 侧风烟系统停止程序。B 侧风烟系统的停止程序与此相同。

第五节　引风机启停控制程序

一、引风机启动程序

下面以单台（A 侧）引风机为例进行讲述。A 侧引风机作为一个功能子组（SGC），程序的启动命令来自上一级功能组（A 侧风烟系统功能组，或者运行人员的操作命令）。当接到上一级功能组来的程序启动 A 引风机的命令或者运行人员手动操作要求启动 A 引风机的命令时（见图 5-14AO 端），首先判断允许条件是否满足。如果所有启动允许条件满足（见图 5-14OP 端），则运行 A 引风机启动程序。

1. 引风机马达启动允许条件

A 侧引风机电动机启动前必须具备的允许条件包括如下内容：

A 侧引风机电动机所有 A、B、C 相线圈温度测点均指示温度不高；

A 侧引风机电动机所有液动轴承温度测点均指示温度不高；

A 侧引风机所有推力轴承温度测点均指示温度不高；

A 侧引风机电动机驱动端轴承温度不高；

A 侧引风机电动机自由端轴承温度不高；

A 侧空气预热器挡板全开；

A 侧空气预热器主电动机合闸信号或者有 A 侧空气预热器辅助电动机合闸信号；

A 侧引风机油站 1 号泵正在运行或者 2 号泵正在运行；

A 侧引风机在远方控制模式；

A 侧引风机冷却风机 A 合闸或者冷却风机 B 合闸；

A 侧引风机出口烟气挡板全关；

A 侧引风机入口烟气挡板全关；

A 侧引风机入口静叶全关；

A 侧引风机控制回路无故障信号；

A 侧引风机保护系统无动作信号；

无 A 侧引风机电动机润滑油压力低信号；

B 侧风道、烟道挡板全开或者 B 侧风烟系统正在运行；

烟气通道开通（包括净烟气挡板已开、原烟气挡板已开；或者一对旁路挡板已开）。

当满足以上全部条件时，在接到启动命令后即可按程序启动 A 侧引风机。

2. 引风机启动程序

A 侧引风机的启动步序见图 5-14。启动风机时，首先启动引风机电机油站，等到有引风机 A 电动机油站 1 号泵运行或者 2 号泵运行的回报信号后，第二步启动引风机冷却风机，只要冷却风机 A 或者冷却风机 B 有一台合闸，就执行下一步。第三步将 A 引风机的入口挡板、入口静叶关闭，关引风机出口挡板，使 A 引风机在空负荷下启动，减小

A引风机程控启动
10HLA00EC001

A引风机程控启动条件
10HNC10AN001

A引风机程控停条件
10HNC10AN001

A引风机程控停止
10HLA00EC001

| AC | CP | | OP | AO |
| SGC |

| OP |
| TM: | ?s | IN | OUT | ST: | 1 |

A引风机电动机油站1号泵运行
10CXC43DI001

A引风机电动机油站2号泵运行
10CXC43DI002

≥1

A引风机电动机润滑油压力低
10CXC43DI004

&

启动A引风机电机油站
10HNC11AP010

&

| TM: | ?s | IN | OUT | ST: | 2 |

A引风机冷却风机A合闸
10HNC10AN011ZS

A引风机冷却风机B合闸
10HNC10AN012ZS

≥1

启动A引风机冷却风机
10HNC10EC002

&

| TM: | ?s | IN | OUT | ST: | 3 |

A引风机挡板、静叶全关
10HNC10AN001

A引风机合闸状态
10HNC10AN001ZS

≥1

关A引风机静叶
10HNC10AA700

关A引风机挡板
10HNA16AA700
10HNA17AA700

&

| TM: | ?s | IN | OUT | ST: | 4 |

A引风机合闸状态
10HNC10AN001ZS

启动A引风机
10HNC10AN001

&

| TM: | ?s | IN | OUT | ST: | 5 |

TD
ON
10s

&

A引风机出口烟气挡板1全开
10HNA17CZ700AZC

A引风机出口烟气挡板2全开
10HNA17CZ700BZC

A引风机入口烟气挡板1全开
10HNA16CZ700AZC

A引风机入口烟气挡板2全开
10HNA16CZ700AZC

&

| TM: | ?s | IN | OUT | ST: | 6 |

开A引风机挡板
10HNA16AA700
10HNA17AA700

&

| TM: | ?s | IN | OUT | ST: | 7 |

A引风机静叶自动方式
10HNC10AA700

A引风机静叶投自动
10HNC10AA700

&

| TM: | ?s | IN | OUT | ST: | end |

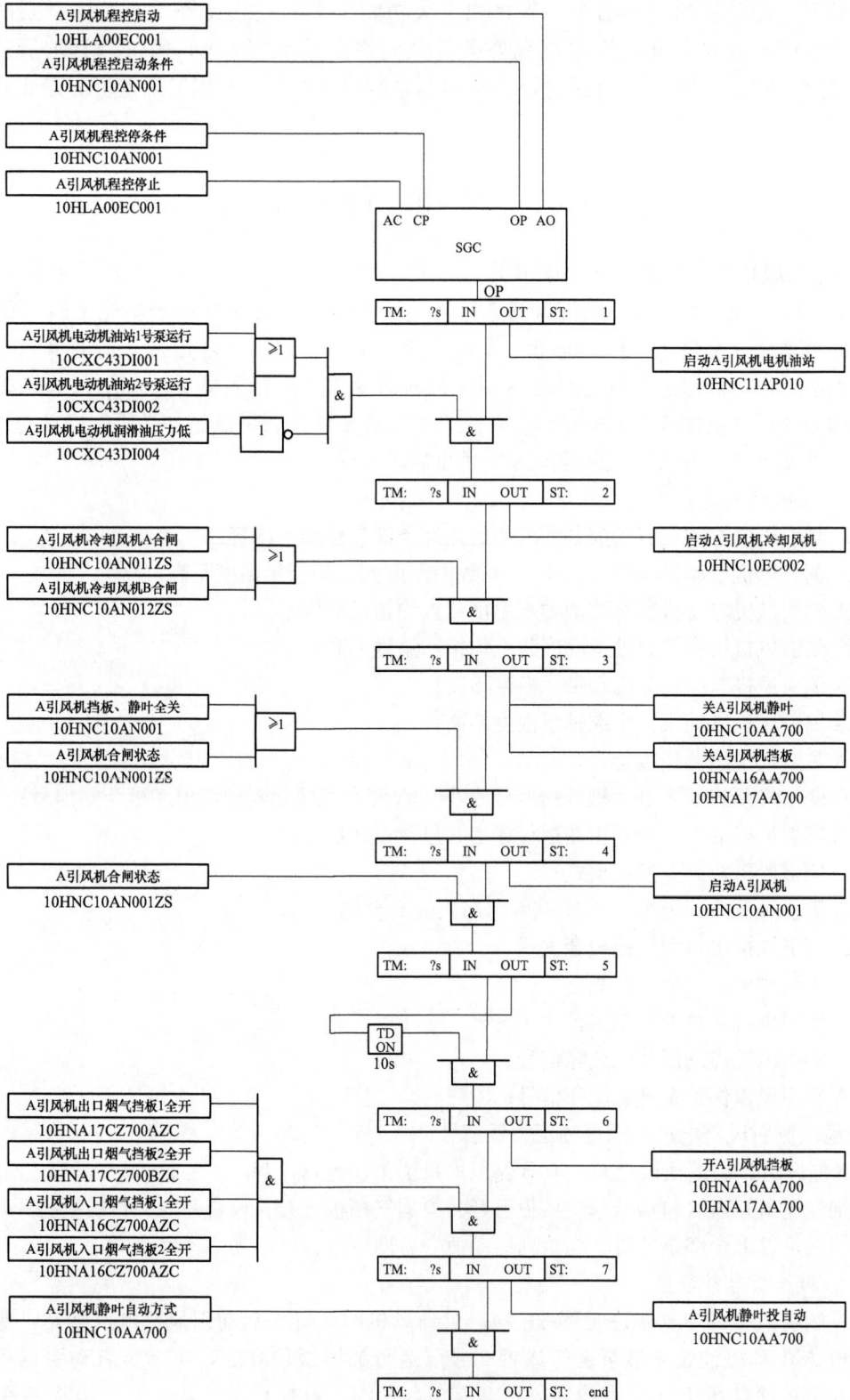

图 5-14　引风机启动步序

启动负载。第四步发出启动 A 引风机电动机的命令，延时 10s 后再打开引风机 A 出口挡板，最后将 A 引风机入口静叶的控制投入自动，由闭环控制系统根据炉膛压力调节入口动叶的开度。

二、引风机停止程序

1. 引风机程控停止允许条件

在几种不同的情况下需要停止 A 引风机的运行，第一是在两台引风机同时运行时接到上级功能组或操作员来的停 A 引风机的命令（见图 5-15AC 端）；第二是在炉膛已灭火的情况下，接到上一级功能组或操作员来的停命令；第三是有连锁停 A 引风机的命令。

当满足以下条件时，如果有停止引风机的命令，则将运行引风机停止程序：

（1）A 侧引风机在远方控制模式；

（2）A 侧送风机跳闸状态而且下列两个条件具备其一：①B 侧引风机正在运行；②锅炉已经发生了 MFT。

2. 引风机连锁停止条件

当下述条件之一出现时，将立即连锁停 A 侧引风机：

A 侧引风机轴承振动大且延时时间到；

A 侧引风机电机润滑油压力低 I 值和润滑油压力低 II 值同时存在，且延时时间到后信号依然成立；

A 侧空气预热器主电动机和辅助电动机都在跳闸状态且延时时间到；

A 侧引风机合闸状态且延时时间到后，A 侧引风机出口烟气挡板 1 和出口烟气挡板 2 都不在全开位置，A 侧引风机入口烟气挡板 1 和入口烟气挡板 2 都不在全开位置；

烟气通道关闭（包括旁路挡板 1 已关、旁路挡板 1 已关的情况下净烟气挡板或者原烟气挡板关闭其中之一）；

有 A 侧引风机保护动作信号；

有 A 侧送风机事故跳闸信号且 B 侧引风机合闸状态；

有 A 侧引风机过负荷信号且延时时间到；

有炉膛压力高高高（高 III 值）信号且延时时间到；

有炉膛压力低低低（低 III 值）信号且延时时间到；

A 侧引风机电机液动轴承温度任一测点指示温度高且信号持续 10s 以上；

A 侧引风机三个推力轴承温度测点有两个以上指示温度高高（高 II 值），且持续 10s 以上；

A 侧引风机电机驱动端轴承温度高；

A 侧引风机电机自由端轴承温度高。

3. 引风机 A 停止程序

引风机 A 停止步序见图 5-15。在正常工况下停止引风机运行时，应该先减引风机的负荷然后再停；在异常情况下有连锁保护命令需要停，则一旦命令出现立刻停引风机。另外，如果另一台引风机 B 正在运行，则关闭引风机 A 的入口静叶、入口挡板、出口挡板，但如果两台引风机全停，则以上挡板全开，这是因为当四台送、引风机全停时锅炉需要自然通风，挡板保持全开状态。

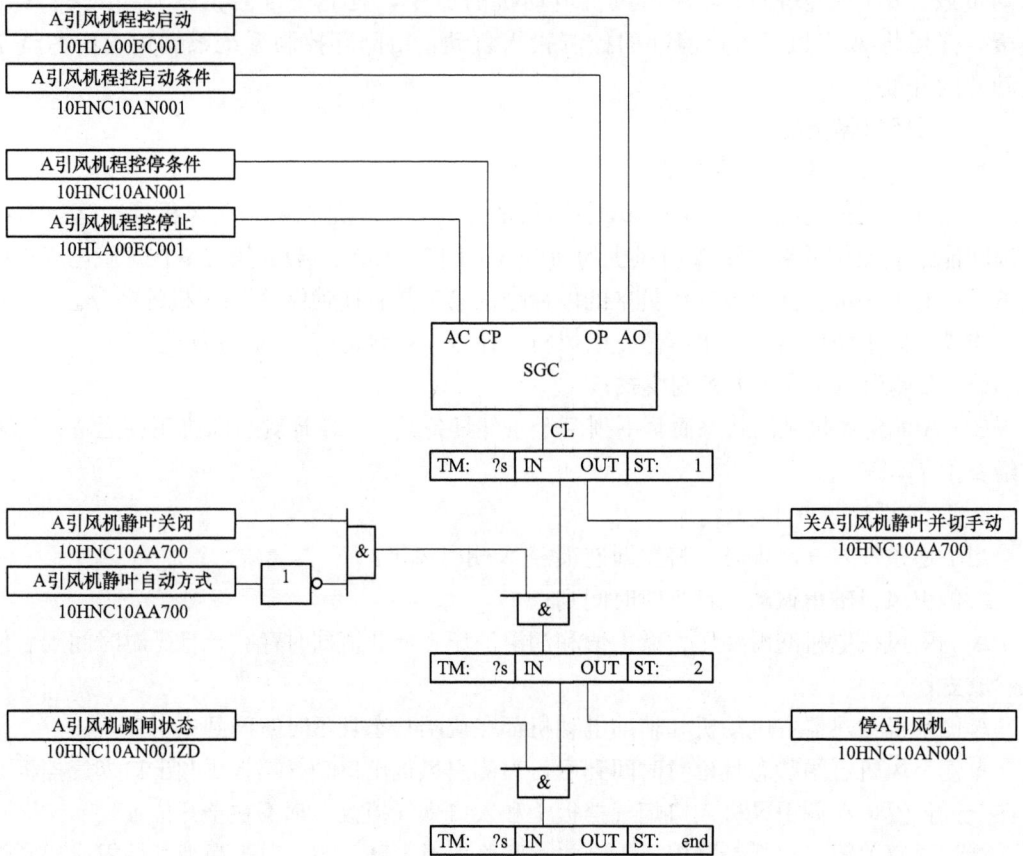

图 5-15　引风机停止步序

第六节　送风机启停控制程序

一、送风机启动程序

下面以单台（A 侧）送风机为例进行讲述。A 侧送风机作为一个功能子组（SGC），程序的启动命令来自上一级功能组（A 侧风机功能组，或者运行人员的操作命令）。当接到上一级功能组来的程序启动 A 送风机的命令或者运行人员手动操作要求启动的命令时，首先判断允许条件是否满足。如果所有启动允许条件满足，则运行 A 送风机启动程序。

1. 送风机电动机启动允许条件

送风机电动机 A 启动允许条件包括如下内容：

A 侧送风机电动机所有 A、B、C 相线圈温度测点均指示温度不高；

A 侧送风机驱动端轴承温度不高；

A 侧送风机自由端轴承温度不高；

A 侧送风机电动机驱动端轴承温度不高；

A 侧送风机电动机自由端轴承温度不高；

A 侧空气预热器挡板全开、B 侧空气预热器挡板全开、B 侧送风机挡板动叶全开、送风机出口联络挡板全开四个信号同时存在，或者 B 侧送风机合闸状态；

A 侧引风机已经运行；

A 侧送风机出口烟气挡板全关；

A 侧送风机入口动叶在最小位置；

无 A 侧送风机液压油站油温低信号；

有 A 侧送风机液压油压力高信号；

无 A 侧送风机控制回路故障信号；

无 A 侧送风机保护动作信号；

A 侧送风机在远方控制模式；

A 侧送风机 1 号液压油泵合闸或者 2 号液压油泵合闸。

当满足以上全部条件时，在接到启动命令后即可按程序启动 A 侧送风机。

2. 送风机启动程序

A 侧、B 侧两台送风机的控制程序完全相同，这里只讲述 A 侧送风机。当接到上一级功能组（A 侧风烟系统功能组 GC AIR/FLUEGAS PATH A）来的启动命令时，若同侧的引风机已启动运行，则可以运行送风机 A 启动程序。送风机启动步序如图 5-16 所示。

送风机 A 程序启动开始后，首先启动送风机液压油泵，然后关闭送风机出口挡板及入口动叶，在零负荷下启动送风机 A 电动机，将启动载荷减到最小。电动机启动后，延时 10s 再打开送风机 A 出口挡板，并将送风机 A 入口动叶的控制投入自动，由闭环控制系统根据二次风量的需要调节送风机 A 入口动叶的开度。

二、送风机停止程序

1. 送风机程控停止允许条件

在几种不同的情况下需要停止引风机 A 的运行，第一是在两台送风机同时运行时接到上级功能组来的停送风机 A 的命令；第二是在炉膛已灭火的情况下，接到上一级功能组来的停命令；第三是有连锁停送风机 A 的命令。

当满足以下条件时，如果有程序停止送风机 A 的命令，则将运行送风机 A 停止程序：

（1）A 侧送风机在远方控制模式。

（2）A 侧引风机跳闸状态而且下列两个条件具备其一：①B 侧送风机正在运行并且负荷小于 50%；②锅炉已经发生了 MFT。

2. 送风机连锁停止条件

当下述条件之一出现时，将立即执行送风机 A 停止程序，连锁停送风机 A：

送风机轴承振动大跳闸且经过延时后信号依然成立；

有 A 侧送风机液压油压力低，同时液压油压力高信号不存在且延时时间到后信号依然成立；

A 侧（同侧）引风机跳闸状态；

A 侧送风机合闸状态且延时时间到后，送风机出口挡板 1 和出口挡板 2 都不在全开位置；

A 侧送风机驱动端轴承温度高；

A 侧送风机自由端轴承温度高；

A送风机程控启动
10HLA00EC001

A送风机程控启动条件
10HLB10AN001

A送风机程控停条件
10HLB10AN001

A送风机程控停止
10HLA00EC001

AC CP　　　OP AO

SGC

OP

TM:　?s　IN　OUT　ST:　1

A送风机1号液压油泵合闸
10HLB11AP001ZS

A送风机2号液压油泵合闸
10HLB11AP002ZS

≥1

A送风机液压油压力高
10HLB11CP202

&

启动A送风机液压油泵
10HLB11EC001

&

TM:　?s　IN　OUT　ST:　2

A送风机挡板、动叶全关
10HLB10AN001

A送风机合闸状态
10HLB10AN001ZS

≥1

关A送风机动叶
10HLB10AA700

关A送风机挡板
10HLA11AA700

&

TM:　?s　IN　OUT　ST:　3

A送风机合闸状态
10HLB10AN001ZS

启动A送风机
10HLB10AN001

&

TM:　?s　IN　OUT　ST:　4

TD
ON
10s

&

TM:　?s　IN　OUT　ST:　5

A送风机出口挡板1全开
10HLA11CZ700AZO

A送风机出口挡板2全开
10HLA11CZ700BZO

&

开A送风机挡板
10HLA11AA700

&

TM:　?s　IN　OUT　ST:　6

A送风机动叶自动方式
10HLB10AA700

A送风机动叶投自动
10HLB10AA700

&

TM:　?s　IN　OUT　ST:　end

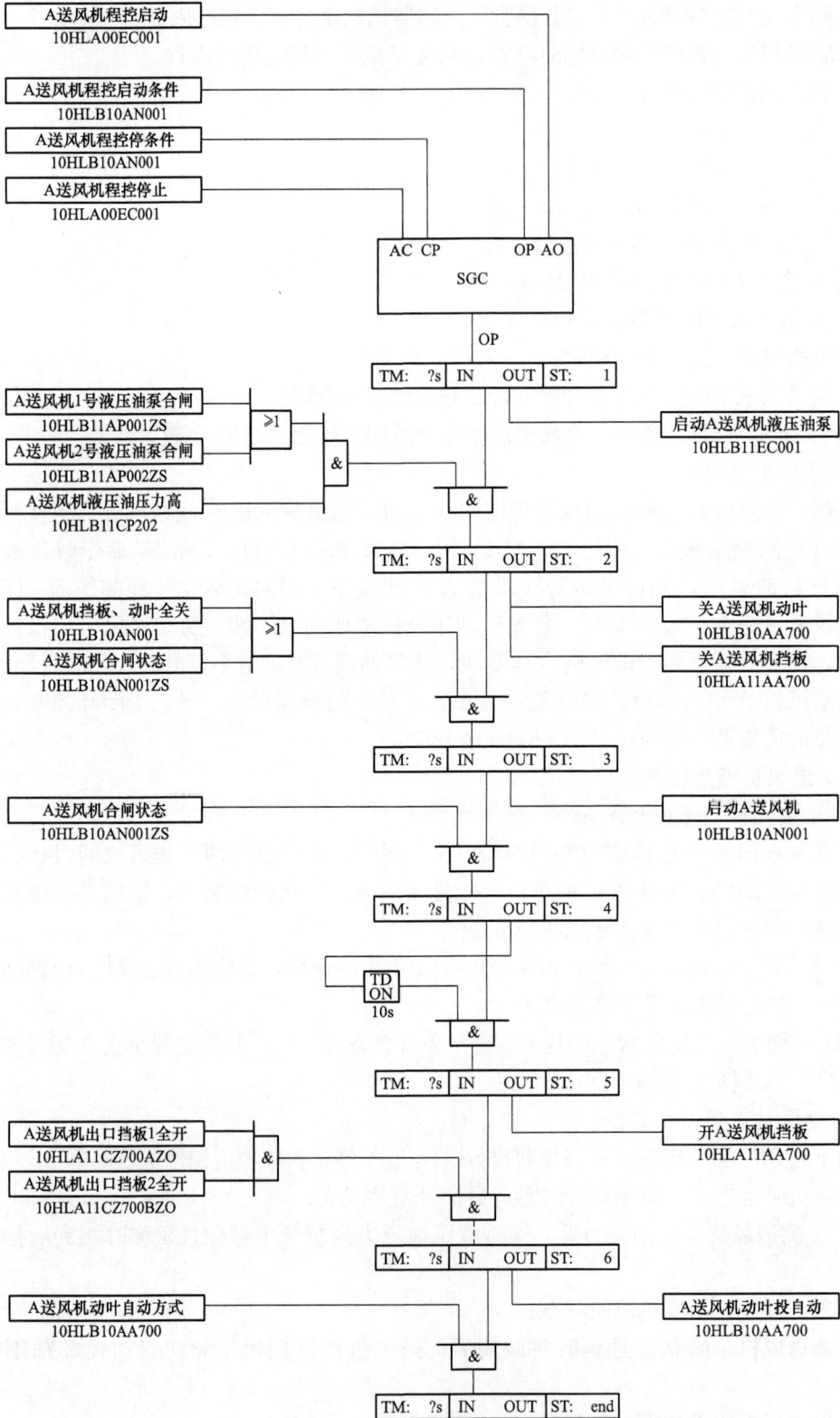

图 5-16　送风机启动步序

A 侧送风机电机驱动端轴承温度高；

A 侧送风机电机自由端轴承温度高；

有 A 侧送风机保护动作信号；

有 A 侧送风机过负荷信号且延时时间到；

有炉膛压力高高高（高Ⅲ值）信号且延时时间到；

有炉膛压力低低低（低Ⅲ值）信号且延时时间到。

3. 送风机 A 停止程序

送风机 A 的停止有几种不同的情况，第一是在两台送风机同时运行时，接到上一级功能组来的停止送风机 A 的命令；第二是在炉膛已灭火的情况下，接到上一级功能组来的停命令；第三是有连锁停送风机 A 的命令产生。

送风机 A 的停止步序如图 5-17 所示。在停送风机时，首先关闭送风机 A 入口动叶并切手动，然后再停送风机 A 电动机。如果这时另一台送风机 B 正在运行，则在送风机 A 停止后，关闭送风机 A 的出口挡板及入口动叶。如果这时另一台送风机 B 也已停运，则锅炉需要自然通风，在送风机 A 停止后，打开其出口挡板和入口动叶，保持全开自然通风。

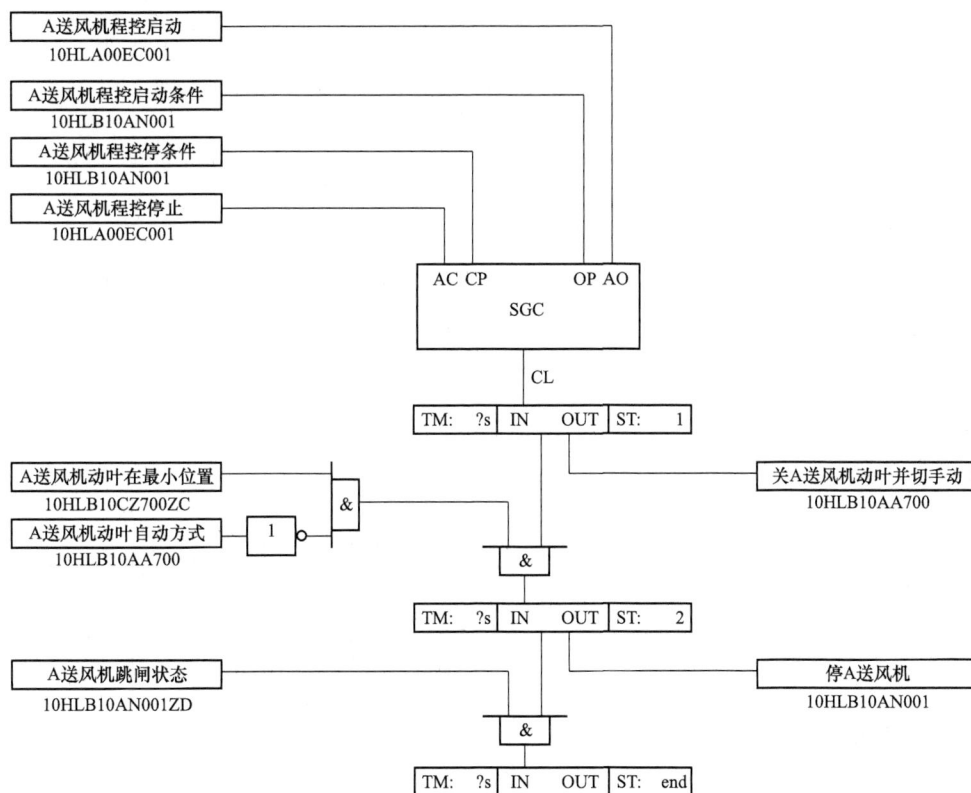

图 5-17　送风机停止步序

三、送风机出口联络挡板设备驱动级控制逻辑

送风机出口联络挡板设备驱动级控制逻辑见图 5-18，这是一个典型的利用连锁实现的驱动级控制逻辑（图 5-18 中符号参见图 5-4）。当 A 侧、B 侧送风机都合闸运行且至少一台送风机运行后，如果送风机出口联络挡板没有故障，则连锁开送风机出口联络挡板，由设

备驱动级（DCM）发出开指令到就地。

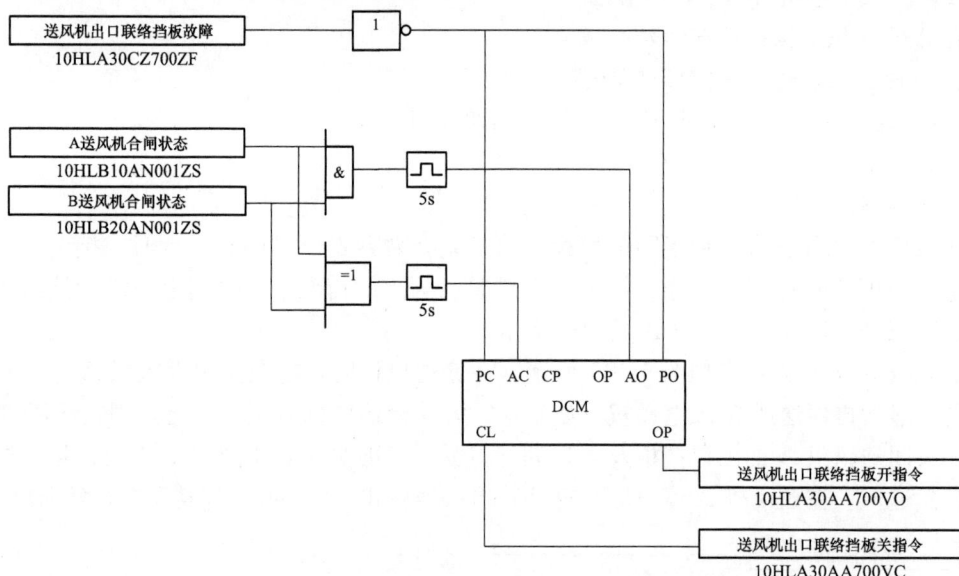

图 5-18　送风机出口联络挡板设备驱动级控制逻辑

　　当 A 侧、B 侧送风机只有一台合闸运行时，如果送风机出口联络挡板没有故障，则连锁关送风机出口联络挡板，由设备驱动级（DCM）发出关指令到就地。

四、送风机电机设备驱动级控制逻辑

　　下面以送风机 A 为例。送风机 A 电机设备驱动级控制逻辑如图 5-19 和图 5-20 所示。送风机 B 的设备驱动级控制逻辑与此相同，不再赘述。

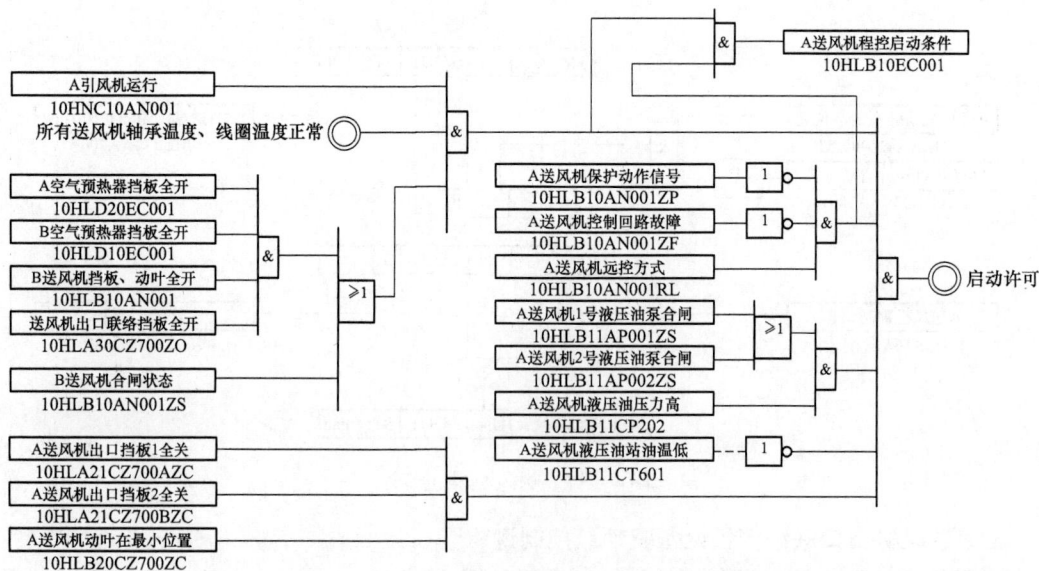

图 5-19　送风机设备驱动级控制逻辑（1）

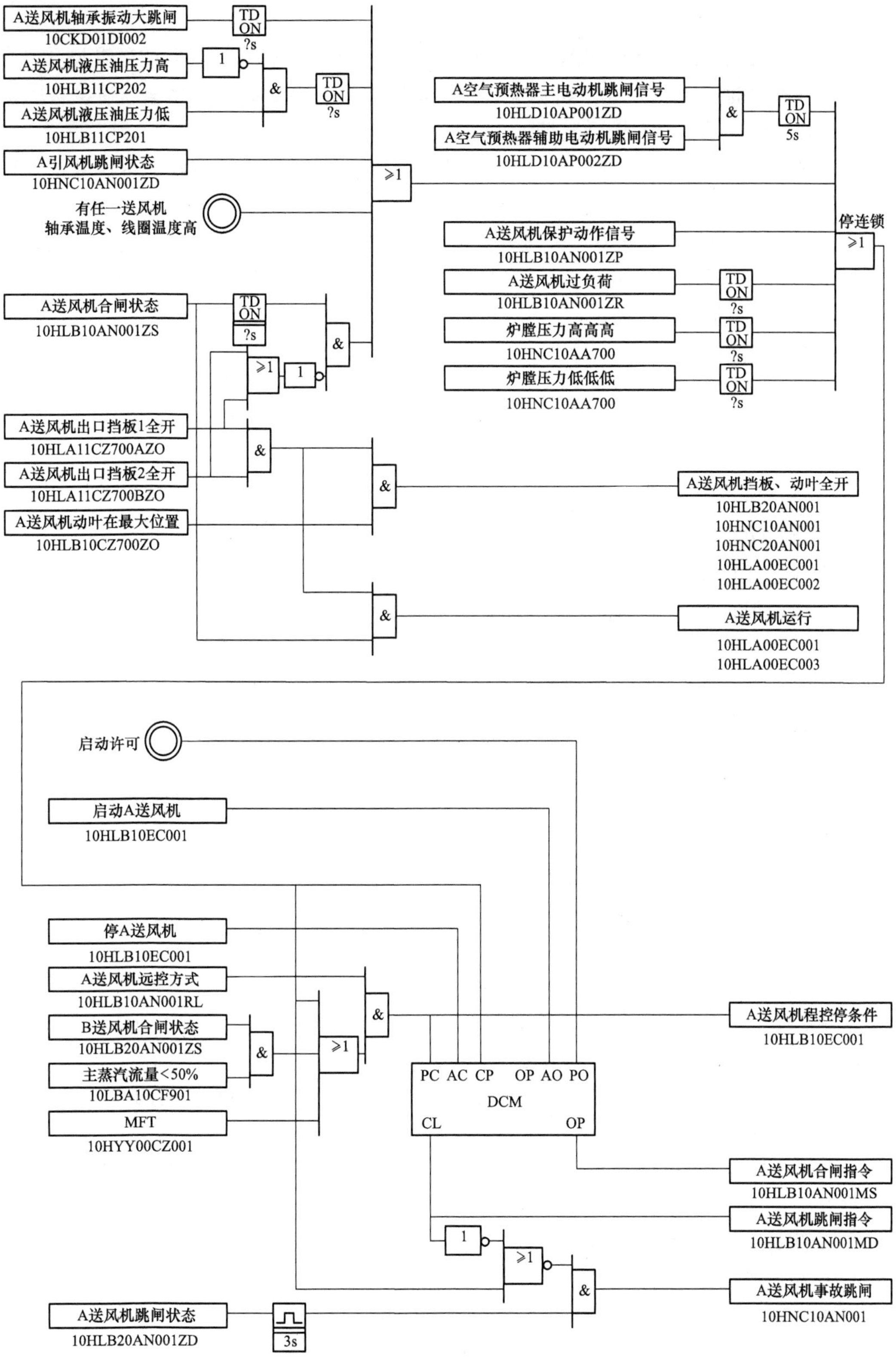

图 5-20　送风机设备驱动级控制逻辑（2）

1. 送风机电机启动许可条件

送风机电机启动许可条件如图 5-19 所示。以下所列的条件为"与"的逻辑关系,当满足以下所有条件时,送风机 A 电机启动许可,这时如果有启动命令则将会经过设备驱动级的逻辑运算后将启动指令发送到现场。

(1) 判断送风机所有的电机 A、B、C 相线圈温度,确认所有测点均显示温度不高,轴承温度不高。

(2) A 侧、B 侧空气预热器挡板全开、B 侧送风机挡板动叶全开、送风机出口联络挡板全开四个信号同时存在,若 B 侧送风机已经在合闸状态,则可以没有上述条件。

(3) 下述全部条件同时满足:

A 侧引风机已经运行;

A 侧送风机出口烟气挡板 1 全关;

A 侧送风机出口烟气挡板 2 全关;

A 侧送风机入口动叶在最小位置;

无 A 侧送风机液压油站油温低信号;

有 A 侧送风机液压油压力高信号;

无 A 侧送风机控制回路故障信号;

无 A 侧送风机保护动作信号;

A 侧送风机在远方控制模式;

A 侧送风机 1 号液压油泵合闸或者 2 号液压油泵合闸。

当满足以上全部条件时,在接到启动命令后即可启动 A 侧送风机。

2. 送风机电机的停连锁

当下述条件之一出现时,将立即执行送风机 A 停止程序,连锁停送风机 A 电机(见图 5-20 设备驱动级的 CP 端)。

(1) A 侧送风机驱动端轴承温度 1 高;

A 侧送风机驱动端轴承温度 2 高;

A 侧送风机自由端轴承温度高。

(2) A 侧送风机电机驱动端轴承温度高;

A 侧送风机电机自由端轴承温度高。

(3) A 送风机轴承振动大跳闸且延时时间到;

有 A 侧送风机液压油压力低,同时液压油压力高信号不存在且延时时间到;

A 侧(同侧)引风机跳闸状态;

A 侧送风机合闸状态且延时时间到后,有 A 侧送风机出口挡板 1 和出口挡板 2 都不在全开位置;

有 A 侧送风机保护动作信号;

有 A 侧送风机过负荷信号且延时时间到;

有炉膛压力高高高(高三值)信号且延时时间到;

有炉膛压力低低低(低三值)信号且延时时间到;

A 侧送风机合闸后,A 送风机出口挡板 1、出口挡板 2 迟迟不能全开。

3. 单侧送风机停止允许条件

当满足以下条件时，如果有程序停止送风机 A 的命令，则将运行送风机 A 停止程序：

(1) A 侧送风机在远方控制模式；

(2) 有连锁停 A 侧送风机命令；

(3) A 侧引风机跳闸状态而且下列两个条件具备其一：①B 侧送风机正在运行或者；②锅炉已经发生了 MFT。

4. 送风机 A 启动、停止指令的控制（见图 5-20）

当有送风机 A 功能组启动程序来的自动命令输入时，如果送风机 A 启动许可条件满足，则由设备驱动级（DCM）的输出 OP 端发出送风机 A 合闸指令。

当有送风机 A 停连锁命令时，将由设备驱动级（DCM）的输出 CL 端发出送风机 A 跳闸指令。当有功能组来的自动停命令时，如果没有连锁信号存在，则判断停允许条件是否满足，若条件满足则由设备驱动级（DCM）的输出 CL 端发出送风机 A 跳闸指令。

当有连锁来的命令时，操作员来的手动按钮信号和顺序控制来的自动启动/停止命令无效；当有连锁来的命令和顺序控制来的自动启动/停止命令时，操作员来的手动按钮信号无效。

五、送风机液压油泵选择控制

1. 液压油泵后备启动信号的形成

每台送风机配套两台液压油泵，正常情况下一台运行，一台备用，异常情况下备用油泵将连锁启动。以 A 侧送风机为例，送风机液压油泵选择控制逻辑见图 5-21。

当以下三种情况任何一项成立时，将产生"1号液压油泵后备启动"信号：

(1) 送风机 2 号液压油泵合闸后，还有送风机液压油压力低信号并持续 2s 以上；

(2) 送风机 2 号液压油泵从合闸状态跳闸 5s 内；

(3) 送风机 2 号液压油泵合闸指令发出 5s 后仍没有送风机 2 号液压油泵合闸信号返回。

当以下三种情况任何一项成立时，将产生"2号泵后备启动"信号：

(1) 送风机 1 号液压油泵合闸后，还有 A 送风机液压油压力低信号并持续 2s 以上；

(2) 送风机 1 号液压油泵从合闸状态跳闸 5s 内；

(3) 送风机 1 号液压油泵合闸指令发出 5s 后仍没有送风机 1 号液压油泵合闸信号返回。

2. 液压油泵设备选择启动信号的形成

如图 5-21 所示，送风机 A 液压油泵选择使用了多设备选择功能块（CLC），当同时满足以下三个条件时，将从输出（A ON）端输出"选择了设备 A"，即送风机 1 号液压油泵的信号：

(1) 有送风机 1 号液压油泵合闸信号；

(2) 无送风机 2 号液压油泵合闸信号；

(3) 送风机功能组发出启动 A 送风机液压油泵命令已持续 1s 以上。

当同时满足以下三个条件时，将从输出（B ON）端输出"选择了设备 B"即送风机 2 号液压油泵的信号：

(1) 有送风机 2 号液压油泵合闸信号；

(2) 无送风机 1 号液压油泵合闸信号；

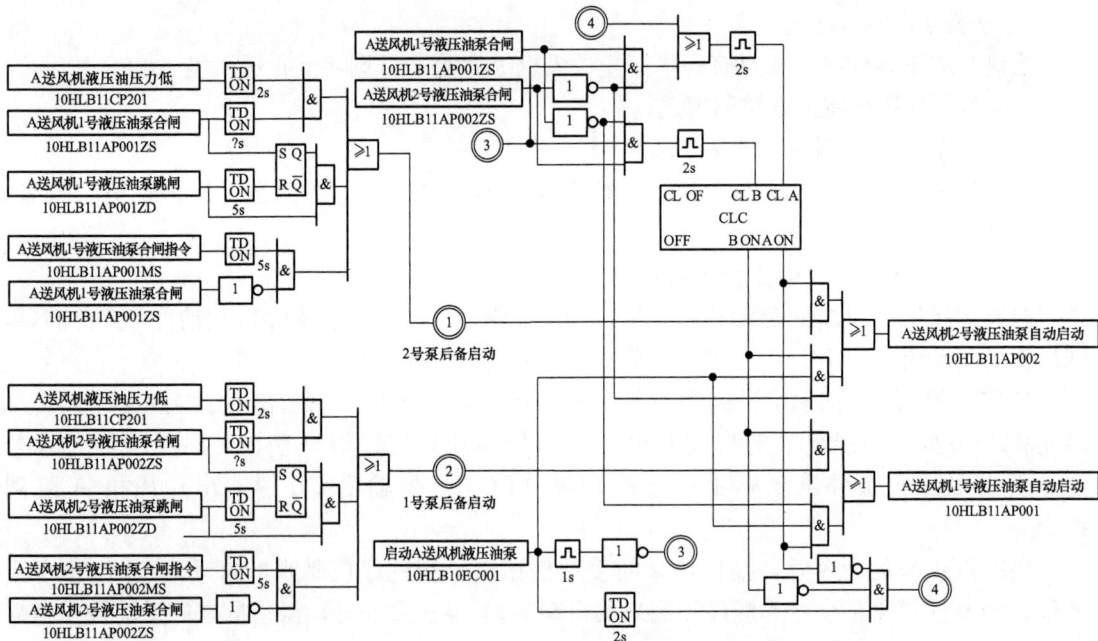

图 5-21　送风机 A 液压油泵选择控制逻辑图

（3）送风机功能组发出启动送风机液压油泵命令已持续 1s 以上。

当选择回路产生"1号泵后备启动"信号后，并且又选择了送风机 2 号液压油泵为主泵，设备选择回路将输出送风机 1 号液压油泵自动启动命令至 1 号液压油泵的设备驱动级，启动 1 号液压油泵。

同样，当产生"2号泵后备启动"信号后，并且又选择了送风机 1 号液压油泵为主泵，设备选择回路将输出送风机 2 号液压油泵自动启动命令至 2 号液压油泵的设备驱动级，启动 2 号液压油泵。

当"选择了设备 A"，即选择了送风机 1 号液压油泵后，如果 1 号液压油泵不在合闸状态，且有送风机功能组来的"启动 A 送风机液压油泵"命令，则输出送风机 1 号液压油泵自动启动命令至 1 号液压油泵的设备驱动级。

当"选择了设备 B"，即选择了即送风机 2 号液压油泵后，如果 2 号液压油泵不在合闸状态，且有送风机功能组来的"启动送风机液压油泵"命令，则输出送风机 2 号液压油泵自动启动命令至 2 号液压油泵的设备驱动级。

多设备选择功能块（CLC）在选择了设备 A 的同时将选择设备 B、设备 C 的 RS 触发器复位，选择了设备 B 的同时将选择设备 A、设备 C 的 RS 触发器复位，选择了设备 C 的同时将选择设备 A、设备 B 的 RS 触发器，也就是说，同时只能选择一个设备。

第七节　空气预热器启停顺序控制

一、空气预热器系统被控对象及运行特点

1. 被控设备概况

空气预热器是利用锅炉尾部烟气热量来加热空气的一种热交换装置。由于它工作在烟气温度最低的区域，回收了烟气热量，降低了排烟温度，提高了锅炉效率。同时由于燃烧所需空气温度的提高，有利于燃料的着火和燃烧，减少燃料的不完全燃烧热损失。

空气预热器按照传热方式分为导热式和回转式（或称再生式）两大类。前者为管式空气预热器，烟气和空气各有自身的通道。后者为烟气和空气交替流过受热面进行热交换，在烟气通过波形板蓄热元件时，将热量传递给波形板蓄存起来，当冷空气通过波形板时，波形板金属再将蓄存热量传给空气，使空气温度升高。回转式空气预热器由美国的容克发明，故也称为容克式空气预热器。

回转式空气预热器结构紧凑、体积小、金属耗量较少，故在大容量锅炉上广泛使用。但回转式空气预热器结构较复杂，制造工艺要求较高，设计维护较好时，漏风系数可控制在8%～10%。另外，由于流通截面较窄，稍有积灰将使空气预热器通风阻力增加。回转式空气预热器又有两种不同的设计形式，一种为受热面转动，另一种为风罩转动。目前国内600MW机组绝大多数采用转子受热面转动的三分仓回转式预热器，有三种截面，即烟气、一次风、二次风，其特点是降低压头、大流量的二次风与高压头的一次风分别加热，有利于经济性的提高。

本书实例中空气预热器为两台三分仓回转式空气预热器，并配有漏风控制系统和热点监测系统。转子的整个横截面被上、下梁及上、下小梁分割成烟气区、一次风区和二次风区三个流通区域。为了防止一次风和二次风向烟气侧漏风，还设有密封装置。

回转式三分仓空气预热器壳体呈九边形，由三块主壳板、两块副壳体板和四块侧壳体板组成，如图5-22所示。主壳体板与下梁及上梁连接，通过主壳体板上的四个立柱，将空气预热器的绝大部分重量传给锅炉构架。主壳体板内设有弧形的轴向密封装置，外侧有若干个调节点，可对轴向密封装置的位置进行调整。

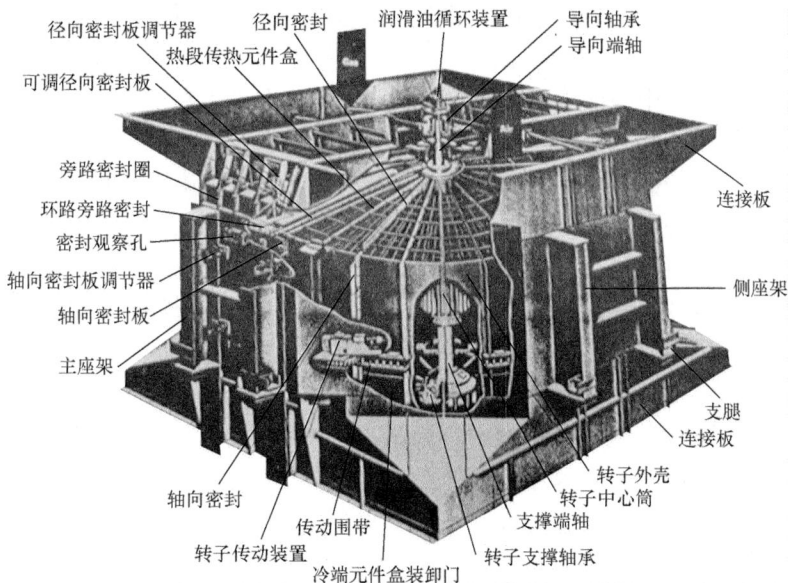

图5-22　容克式空气预热器结构图

副壳体板沿宽度方向分成三段，中间段可以拆去，是安装时吊入模数仓格的大门，为保证副壳体在吊装模数仓格时的稳定性，副壳体板中的"副壳体安装架"不得拆除，作为安装时的拉撑梁，安装完毕可以拆除。副壳体板上也有四个立柱，可传递小部分预热器重量至锅炉构架上。

侧壳体板布置在 45°、25°方位，每台预热器有 4 块，其中一块设在安装驱动装置的机座框架，靠炉后外侧设有一块更换冷段蓄热元件的检修门，每块侧壳板上都设有人孔门，以便进入预热器对轴向密封装置进行调整和检修。

主壳体板和副壳体板的立柱下面设有膨胀支座，以适应预热器壳体径向膨胀，膨胀支座采用三层复合自润滑材料的平面，摩擦副作用为膨胀滑动面。此外，在每对膨胀支座的内侧，还装有挡板（或称导向防震挡板），限制预热器的水平位移，并作为壳体径向膨胀的导向块，它可以固定预热器的下端旋转中心。主、副支座板支承脚（立柱下部）外侧均有一个"牛腿"，以供安装时放置千斤顶，调整膨胀支座的垫片之用。

上梁、下梁与主壳体板连接，组成一个封闭的框架，成为支持预热器转动件的主要结构。上梁和下梁分隔了烟气和空气，上部小梁和下部小梁又将空气分隔成一次风和二次风，分别形成烟气和一、二次风进、出口通道。上、下梁有上、下小梁装有扇形板，扇形板与转子径向密封片之间形成了预热器的主要密封——径向密封，扇形板可以作少量调整，扇形板与梁之间设有固定的密封装置，分别设在烟气与一、二次风之间以及一、二次风之间。

下梁断面似双腹板梁，下梁中心放置推力轴承，支撑全部转子重量，梁的两端分别焊接在由主壳体板立柱延伸的厚钢板上。下梁中心部分设有加强的支撑平面，供检修时放置千斤顶，顶起转子，对推力轴承进行检修。下部小梁断面呈矩形空气梁，一端与主壳体板底部相连，每块冷段扇形板有三个支点，全面支撑在下梁和下部小梁上，每个支架采用不同厚度的垫片组合，可对扇形板位置略加调整，以适应密封的要求。下梁及下部小梁上装有导向杆，每个扇形板有两只，可防止扇形板在烟风压差下的水平移动。下轴周围由超细玻璃棉构成填料式密封。

上梁断面呈船形，中心部位放置导向轴承，梁的两端坐落在主壳体板的顶端，上部小梁断面呈矩形空气梁，一端与上梁相连，另一端与主壳体板顶部相连。每块热段扇形板也有三个支点，内侧一点，外侧两点，内侧支点是一个滚柱，支撑在中心密封筒上。而中心密封筒则吊挂在导向轴承的外圈上，可随主轴热膨胀而上、下移动，从而保证了热段扇形板内侧可"跟踪"转子变形，避免径向密封片内侧的过度磨损。外侧两个支点通过吊杆与径向密封间隙调整装置的执行机构相连，运行时由该装置对热段扇形板进行控制，自动适应转子"蘑菇状变形"。上梁及上部小梁也装有防止扇形板水平移动的导向杆，每块扇形板两只，上轴周围的"中心密封筒"，由矿渣棉填料式密封结构。

2. 空气预热器的运行特点及启停控制对象

空气预热器及风机按单侧运行或并列运行设计，一般不考虑交叉运行。空气预热器停连锁停同侧引风机，引风机停连锁停同侧送风机，送风机跳闸连锁停同侧引风机。多个执行器驱动的风门挡板由同一个功能模块开关。空气预热器的主、辅电动机禁止同时合闸，程控启停时按先分后合的方式，程控启停的步序按生产厂家的要求设计。单个空气预热器或风机可以由程控启停，也可以由同侧程控整体启停。整个风烟系统四台风机、两台空气预热器及其附属油泵、冷却风机、挡板、动、静叶等可以由烟风程控联合启停。同侧程控停一般不考虑停空气预热器，烟风程控也只在条件满足时才停空气预热器。

对于 600MW 机组的回转式空气预热器设计原则如下所述。

（1）锅炉配的两台三分仓容克式受热面回转空气预热器各为 50％容量，分别加热锅炉燃烧所需二次风和制粉系统所需一次风。

（2）回转式空气预热器配备主电动机和辅助电动机以及盘车空气电动机，空气预热器启动可实现程序启动，主、辅电动机均能实现远方遥控启动，辅助电动机和盘车电动机可实现连锁启动和停止。

（3）每台回转式空气预热器配备两只蒸汽吹灰器和水冲洗装置，保证空气预热器受热面清洁，提高空气预热器换热效率。

（4）空气预热器冷端受热面采用耐腐蚀材料，对其调换时不影响其他仓受热面。

（5）空气预热器顶部扇形板密封间隙自动调整，并设有过调保护装置。

（6）空气预热器并配有一套冷却油系统，保证轴承工作正常。

（7）设有火灾报警、探测和灭火消防水系统，保证空气预热器安全运行。

空气预热器启停控制对象包括如下设备（以 A 侧为例，B 侧与此相同）：

A 侧空气预热器气动电动机；

A 侧空气预热器辅助电动机；

A 侧空气预热器主电动机；

A 侧空气预热器热二次风挡板；

A 侧空气预热器入口烟气挡板。

二、空气预热器启动程序

以 A 侧空气预热器启动程序为例（见图 5-23）。当接到上一级功能组即 A 侧风烟系统功能组启动程序或操作员来的启动命令后将运行空气预热器启动程序。第一步先启动空气预热器气动电动机进行低速盘车，等待 180s 后，发出第二步的操作命令启动 A 侧空气预热器辅助电动机。这时如果有 A 侧空气预热器辅助电动机合闸信号或 A 侧空气预热器主电动机合闸信号则跳过第一步。等到出现 A 侧空气预热器辅助电动机合闸信号，同时 A 侧空气预热器转子停转信号为"0"（即转子停转信号消失）时，说明第二步操作完成，这时若有 A 侧空气预热器主电动机合闸信号则跳过第二步。在第三步延时 30s 等空气预热器辅助电动机转速稳定后，第四步停空气预热器气动电动机，第五步停空气预热器辅助电动机，在监视时间内收到 A 侧空气预热器辅助电动机跳闸信号后，第六步启动 A 侧空气预热器主电动机。等操作完成 A 侧空气预热器主电动机合闸信号成为"1"，则进行第七步打开 A 侧空气预热器热二次风挡板 A 侧空气预热器入口烟气挡板。等第七步操作命令执行完成，以下回报信号全部返回后程序结束：

A 侧空气预热器热二次风挡板 1 全开；

A 侧空气预热器热二次风挡板 2 全开；

A 侧空气预热器入口烟气挡板 1 全开；

A 侧空气预热器入口烟气挡板 2 全开；

A 侧空气预热器入口烟气挡板 3 全开；

A 侧空气预热器入口烟气挡板 4 全开。

三、空气预热器停止程序

A 侧空气预热器停止程序如图 5-24 所示。当接到上一级功能组即 A 侧风烟系统功能

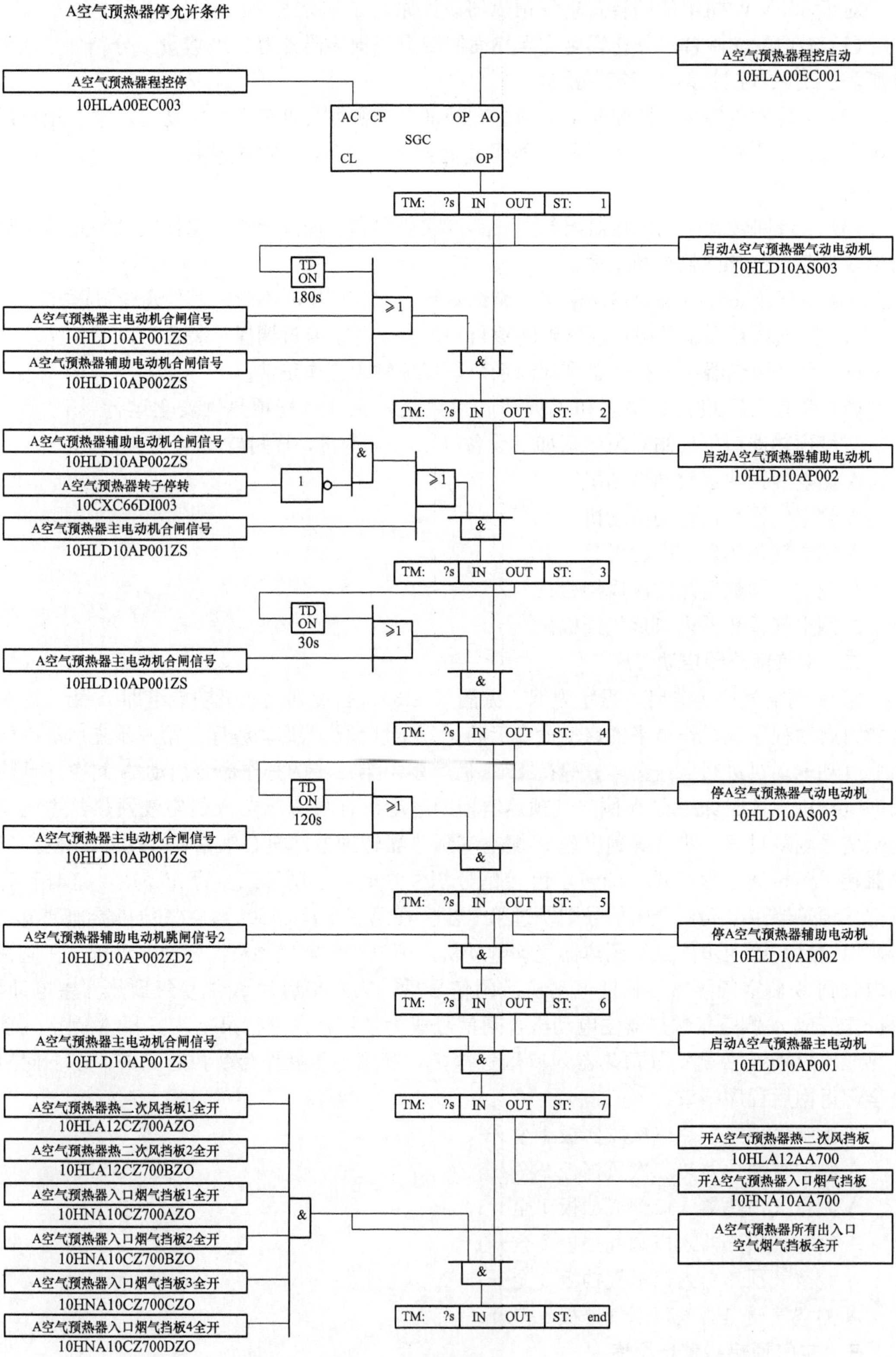

A空气预热器停允许条件

A空气预热器程控停
10HLA00EC003

A空气预热器程控启动
10HLA00EC001

AC	CP		OP	AO
		SGC		
CL				OP

TM:	?s	IN	OUT	ST:	1

启动A空气预热器气动电动机
10HLD10AS003

TD ON 180s

≥1

A空气预热器主电动机合闸信号
10HLD10AP001ZS

A空气预热器辅助电动机合闸信号
10HLD10AP002ZS

&

TM:	?s	IN	OUT	ST:	2

启动A空气预热器辅助电动机
10HLD10AP002

A空气预热器辅助电动机合闸信号
10HLD10AP002ZS

A空气预热器转子停转
10CXC66DI003

1 & ≥1

A空气预热器主电动机合闸信号
10HLD10AP001ZS

&

TM:	?s	IN	OUT	ST:	3

TD ON 30s

≥1

A空气预热器主电动机合闸信号
10HLD10AP001ZS

&

TM:	?s	IN	OUT	ST:	4

停A空气预热器气动电动机
10HLD10AS003

TD ON 120s

≥1

A空气预热器主电动机合闸信号
10HLD10AP001ZS

&

TM:	?s	IN	OUT	ST:	5

停A空气预热器辅助电动机
10HLD10AP002

A空气预热器辅助电动机跳闸信号2
10HLD10AP002ZD2

&

TM:	?s	IN	OUT	ST:	6

启动A空气预热器主电动机
10HLD10AP001

A空气预热器主电动机合闸信号
10HLD10AP001ZS

&

TM:	?s	IN	OUT	ST:	7

A空气预热器热二次风挡板1全开
10HLA12CZ700AZO

A空气预热器热二次风挡板2全开
10HLA12CZ700BZO

A空气预热器入口烟气挡板1全开
10HNA10CZ700AZO

A空气预热器入口烟气挡板2全开
10HNA10CZ700BZO

A空气预热器入口烟气挡板3全开
10HNA10CZ700CZO

A空气预热器入口烟气挡板4全开
10HNA10CZ700DZO

&

开A空气预热器热二次风挡板
10HLA12AA700

开A空气预热器入口烟气挡板
10HNA10AA700

A空气预热器所有出入口
空气烟气挡板全开

&

TM:	?s	IN	OUT	ST:	end

图 5-23 空气预热器启动程序

A空气预热器入口烟气温度1
10HNA10CT001

A空气预热器入口烟气温度低
10HLA00EC003

A空气预热器入口烟气温度2
10HNA10CT002

A空气预热器转子停转
10CXC66DI003

A空气预热器程控停
10HLA00EC003

A空气预热器程控启动
10HLA00EC001

AC CP　　　OP AO
SGC
CL　　　　　OP

TM:　?s　IN　OUT　ST:　1

A空气预热器主电动机跳闸信号
10HLD10AP001ZD

停A空气预热器主电动机
10HLD10AP001

TM:　?s　IN　OUT　ST:　2

A空气预热器辅助电动机合闸信号
10HLD10AP002ZS

A空气预热器气动电动机开指令
10HLD10AS003VO

启动A空气预热器辅助电动机
10HLD10AP002

TM:　?s　IN　OUT　ST:　3

TD ON
90s

TM:　?s　IN　OUT　ST:　4

TD ON
30s

启动A空气预热器气动电动机
10HLD10AS003

TM:　?s　IN　OUT　ST:　5

A空气预热器辅助电动机跳闸信号
10HLD10AP002ZD

停A空气预热器辅助电动机
10HLD10AP002

TM:　?s　IN　OUT　ST:　end

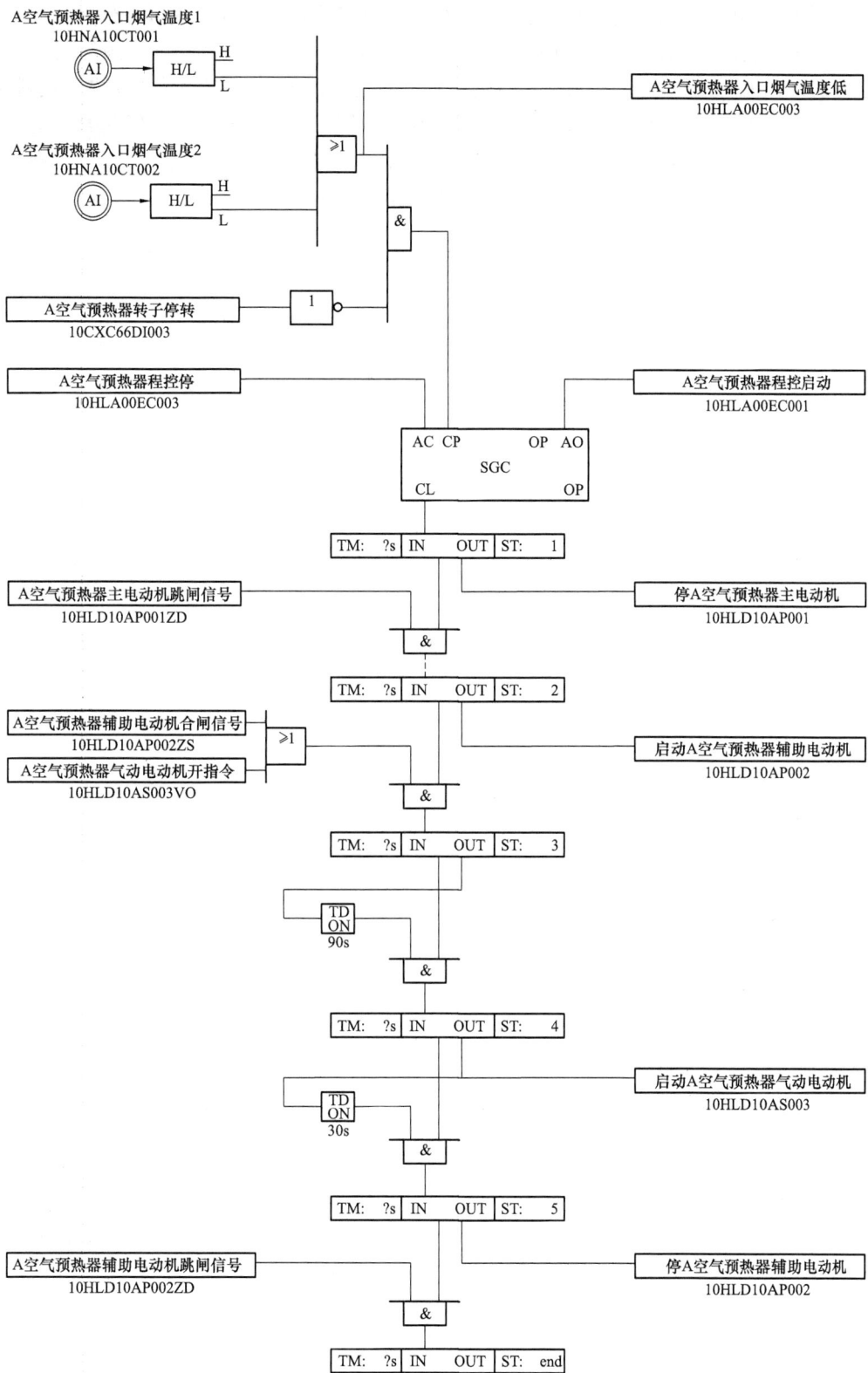

图 5-24　空气预热器停止程序

组停止程序或操作员来的停止命令后，将运行空气预热器停止程序。前提条件是：①空气预热器入口烟气温度 1 低；②空气预热器入口烟气温度 2 低，同时 A 侧空气预热器转子停转信号为"0"。第一步先停止 A 侧空气预热器主电动机，等 A 侧空气预热器主电动机跳闸后，发出第二步的操作命令启动 A 侧空气预热器辅助电动机。这时若有空气预热器气动电动机开指令，则第二步跳步。第三步延时 90s 后，发出第四步操作命令，启动 A 空气预热器气动电动机，并延时 30s 后，第五步停止 A 侧空气预热器辅助电动机。

第六章　汽轮机侧辅机顺序控制系统

第一节　电动给水泵控制程序

一、给水系统被控设备简介

1. 概述

给水系统的作用是供给锅炉足量、合格的给水，同时供水给再热器、过热器、高压旁路减温器作为减温水，调节蒸汽的温度。给水系统主要由除氧器、给水泵组（包括前置泵）、高压加热器、给水控制阀门等组成。高参数机组的给水泵扬程高，必需汽蚀余量高，除氧器压力不能满足其必需汽蚀余量，所以设前置泵以提高水的压头。凝结水系统中含有部分不凝结的气体，除氧器利用气体溶解于水的分压力不同的原理，用蒸汽与凝结水混合将其加热到饱和温度，达到热力除氧的目的，同时除氧水箱还有补偿锅炉给水和凝结水流量不平衡的作用。与主蒸汽系统一样，给水系统也分为母管制与单元制。

给水系统由 235m³ 的给水箱、三台 50％ 容量的给水泵组，三台高压加热器和系统管道、阀门组成。电动给水泵组由前置泵和给水泵组成，前置泵由电动机直接驱动，给水泵与前置泵由同一台电动机通过液力耦合器驱动。本书实例中，给水系统采用单元制，三台高压加热器采用大旁路系统，具有系统简单，阀门少，投资节省，运行维护方便等优点。

给水箱底部三根下水管接至前置泵，管路上设有电动截止阀、滤网，每台给水泵出口设有止回阀、电动截止阀，出口汇合为一路。在前置泵入口电动门和滤网间设有防止入口管道超压的安全阀。前置泵入口接有加药充氮管道，给水泵出口还向旁路、主蒸汽系统提供减温水，提供锅炉循环泵的冷却水。每台给水泵出口设有最小流量再循环管道，管道上装有截止阀、调节阀和止回阀。在 1 号高压加热器出口、省煤器进口的给水管路上设有电动闸阀，并设有不小于 15％BMCR 容量的启动旁路，在旁路管道上装有气动控制阀。

给水管道按工作压力划分，从除氧器水箱出口到前置泵进口管道，称为低压给水管道；从前置泵出口到锅炉给水泵入口管道，称为中压给水管道；从给水泵出口到锅炉省煤器的管道，称为高压给水管道。

为防止汽轮机超速和进水，除七段抽汽管道外，其余抽汽管道上均设有气动止回阀和电动隔离阀。前者作为防止汽轮机超速的一级保护，同时也作为防止汽轮机进水的辅助保护措施；后者作为防止汽轮机进水的隔离措施。在四段抽汽管道上所接设备较多，有的设备还接有其他辅助汽源，为防止汽轮机甩负荷或除氧器满水等事故状态时水或蒸汽倒流进入汽轮机，故多加一个气动止回阀，并在四段抽汽各用汽点的管道上均设置了一个电动隔离阀和止回阀。

600MW 机组配备的三台给水泵，其中两台容量为 50％ 的额定负荷的汽动给水泵在机组正常运行时作为工作泵；一台电动给水泵在机组启动时向锅炉供水，同时在机组正常运行时作为备用泵。见图 6-1。为了满足给水泵安全经济工作区的要求，每台给水泵都设计有前置泵及再循环门。由给水泵中间抽头引出的水作为再热器的减温水，从高压加热器前的进水管道上引出一个支管，去过热器减温器作减温水，高压旁路站的减温水也是来自高压加热器前的给水管道。

另外，在省煤器前的给水管道上安装一个止回阀和一个截止阀，防止省煤器的水倒流并隔离省煤器与给水系统。

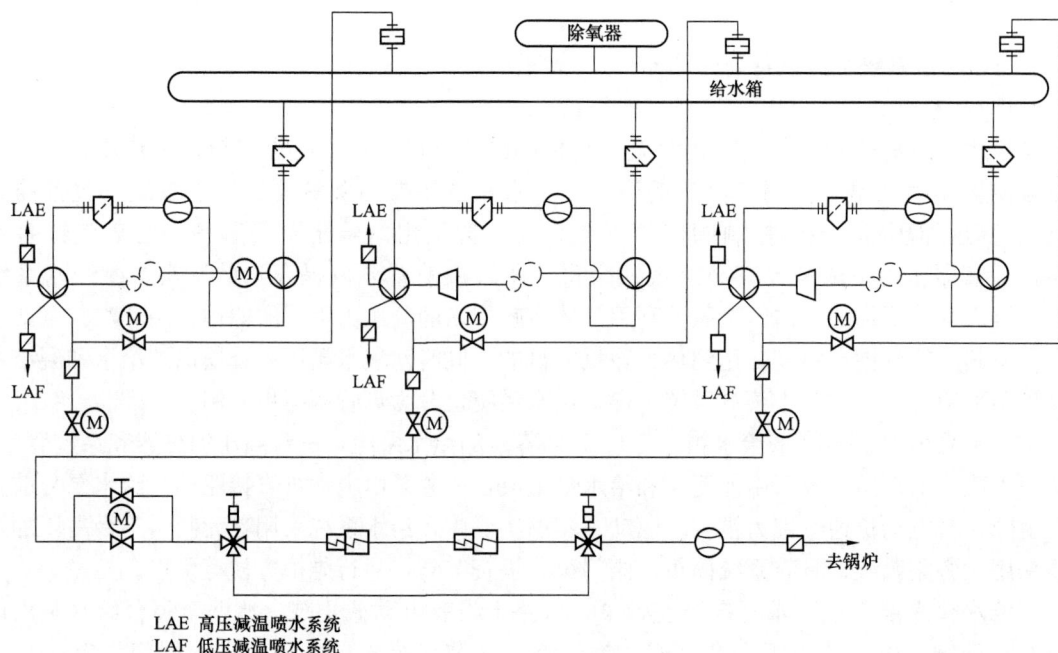

LAE　高压减温喷水系统
LAF　低压减温喷水系统

图 6-1　给水系统示意图

2. 给水系统运行要求

主给水泵能在最大工况下长期连续运行，同时又能满足锅炉各种运行工况下给水量的要求。给水泵在设计工况下的各项参数满足在最大工况下流量及扬程给予的保证值。泵的最小流量不超过额定流量的 20%～25%。每台泵能连续运行而不受损坏的最小流量为 240m³/h。泵的性能曲线，从最大运行点至出口关闭点的变化应当平缓，泵出口关闭时的扬程升高不高于设计点总扬程的 25%，给水泵在正常运行工况下，应该使运行效率处于高效率范围。任何一台给水泵及其前置泵在启动时能提供 50% 的保证给水量至锅炉，启动给水泵应有适当的余量以满足流量的突变。

给水泵在正常运行时不需人看管。当两台运行的给水泵中的一台故障时，备用给水泵能和一台正在运行的给水泵并列且连续运行，此时汽轮发电机仍能达到额定出力。

给水泵组在最大工况下的出力和电动机的功率为：流量 1192.4t/h，扬程 2085m，轴功率 8980.4kW。给水泵组在额定工况下的效率为：77.23%（按电动机额定效率 97.8% 计算）。在正常运行工况时，给水泵组任何一个轴承座处的振动值为：主给水泵 0.035mm，电动机 2.8mm/s，液力耦合器 5mm/s，前置泵 0.076mm。给水泵组噪声值为在距离隔音罩壳 1m 远处的噪声不大于 85dB（A）。

在机组启动、停止及低负荷运行工况时（负荷小于 30%MCR），采用单冲量调节，调节电动给水泵转速或给水调节阀调节控制给水偏差。在预定的正常工况时（负荷大于30％MCR）将自动地转换到三冲量调节，通过调节两台汽动给水泵的变速装置实现，故电动给水泵又称启动给水泵。SCS系统中应能够控制电动给水泵的切除和投入，从而实现给水管路的切换。

为了避免在启动时电动机过载，要求给水泵在空载条件下启动。因此，第一台给水泵启动时，也就是当给水泵出口母管压力等于零的情况下，应先将出口阀门关闭后再启动。而在第二台给水泵启动时（无论是泵的切换还是备用泵自启动），由于出口母管压力已经建立，为了缩短给水泵的启动时间，迅速带负荷，可在泵出口门开启的情况下启动，而给水泵出口的止回阀，在给水泵启动前处于关闭位置，可以保证给水泵的可靠工作和隔离。

电动给水泵输出轴转速的改变主要是通过改变泵轮工作室内的油的数量（即油的液位）实现的。油位的控制是通过同时控制勺管（滞油）位置和进油阀的开度来实现的。这样就可以在保持输入轴转速一定的情况下，使输出轴快速实现无级变速。

可变速的液力耦合器的特点如下所述。

（1）调速范围宽。靠操纵勺管增减液力耦合器内的油量，从而可对从动机（水泵）的转速实现无级变速控制。速度范围在20％～100％。

（2）离合器作用。通过操作勺管滞油，使工作油量在零状态下启动电动机。因此，电动机几乎是在无负荷的情况下启动，即使对于惯性阻力大的负荷实现平滑启动也是可能的。这样可以减小启动电流。

（3）缓冲作用。依靠流体油的缓冲作用传递动力能吸收电动机和从动机的振动、冲击等。进行平滑的动力传递，大大延长了连接机械的寿命。

（4）维护量小。液力耦合器不存在机械磨损部分。

（5）传递效率高。一般情况下，机械损失仅是输入功率的1％左右。

（6）变速机械简单。操纵勺管的调速机构接收电流控制信号。因此可以进行自动控制或远方控制速度。

图6-2所示为电动给水泵组的原则性热力系统示意，前置泵的作用是为了提高电动泵主泵的入口水压，防止主泵产生汽蚀。

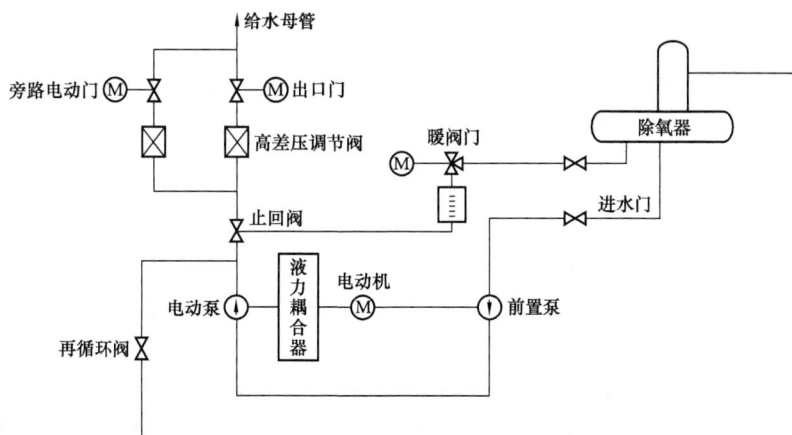

图6-2　电动给水泵组热力系统示意

电动机 M 经过液力耦合器驱动水泵。液力耦合器的工作介质是压力油。水泵的调速器通过改变耦合器的进油和排油改变泵的转速，从而改变泵的负荷。在电动机的轴上带有一台主油泵，在电动机运行时，主油泵供给液力耦合器和各个轴承的润滑用油。在泵的启动和停止过程中，为了保证轴承的润滑，水泵还配有一台用独立电动机驱动的辅助油泵。

水泵启动时，需要保持一定流量的给水以冷却泵体。因此，在泵的出口门设有再循环管路和再循环阀门，将水排回除氧器水箱。再循环阀门根据泵出口流量直接控制。当泵的流量低于规定值时开启再循环门，使泵有足够的流量。一般情况下，再循环门的动作值是泵最大流量的 30%。

3. 电动给水泵功能组的被控设备

电动给水泵的主泵和前置泵的连接方式如图 6-2 所示。给水泵的主泵和前置泵由同一电动机驱动，前置泵通过联轴器与电动机直接相连，给水泵通过液力耦合器与电动机相连。

给水泵还设有中间抽头和最小流量再循环。当前置泵与主泵间的给水流量过低时为了保护给水泵，打开最小流量再循环阀，有一部分给水循环回到除氧器。电动给水泵功能子组包括如下被控设备（汽动给水泵由小汽轮机带动其启/停控制程序，与汽轮机控制程序类似，本章不再讲述）：

(1) 电动给水泵电机冷却器 1 出口门；

(2) 电动给水泵电机冷却器 2 出口门；

(3) 电动给水泵工作油冷却器出口门；

(4) 电动给水泵润滑油冷却器出口门；

(5) 电动给水泵辅助润滑油泵；

(6) 电动给水泵驱动电机；

(7) 电动给水泵最小流量再循环阀；

(8) 主给水截止阀；

(9) 电动给水泵出口截止阀；

(10) 电动给水泵液力耦合器；

(11) 电动给水泵前置泵入口门。

二、电动给水泵的启动程序和停止程序

1. 电动给水泵的启动程序

电动给水泵启动程序见图 6-3 和图 6-4。当接收到上级功能组（如汽水系统功能组）或操作员发出的给水泵功能组程序启动命令时，（见图 6-3 的 AO 端）如电动给水泵的程序启动允许条件满足，则可以启动电动给水泵。

电动给水泵在正常运行时，由联轴器所带的油泵连续供油，而给水泵在启停过程中，联轴器所带油泵无法正常工作，所以使用辅助润滑油泵供油。启动给水泵的第一步就是发命令给辅助润滑油泵，投入辅助润滑油泵连锁，同时开电动给水泵前置泵入口门、开电动给水泵电机冷却器 1 出口门、开电动给水泵电机冷却器 2 出口门、开电动给水泵工作油冷却器出口门、开电动给水泵润滑油冷却器出口门。

水泵启动时，需要保持一定流量的给水以冷却泵体，当泵的流量低于规定值时就要开启再循环门，使泵有足够的流量，所以第二、三步打开电动给水泵最小流量再循环门，并将电动给水泵最小流量再循环门投入自动控制。然后将进炉前的主给水控制阀和给水泵最小流量再循环阀投自动，由闭环控制系统控制进入锅炉的给水和进入给水泵的最小流量。

水泵启动时，为了使电动机在低负荷下启动，要求用调速器将水泵的转速降到最低值。在停止水泵时，应先用调速器将水泵的转速降到最低值后再停止水泵的电动机。第四步关闭电动给水泵液力耦合器。

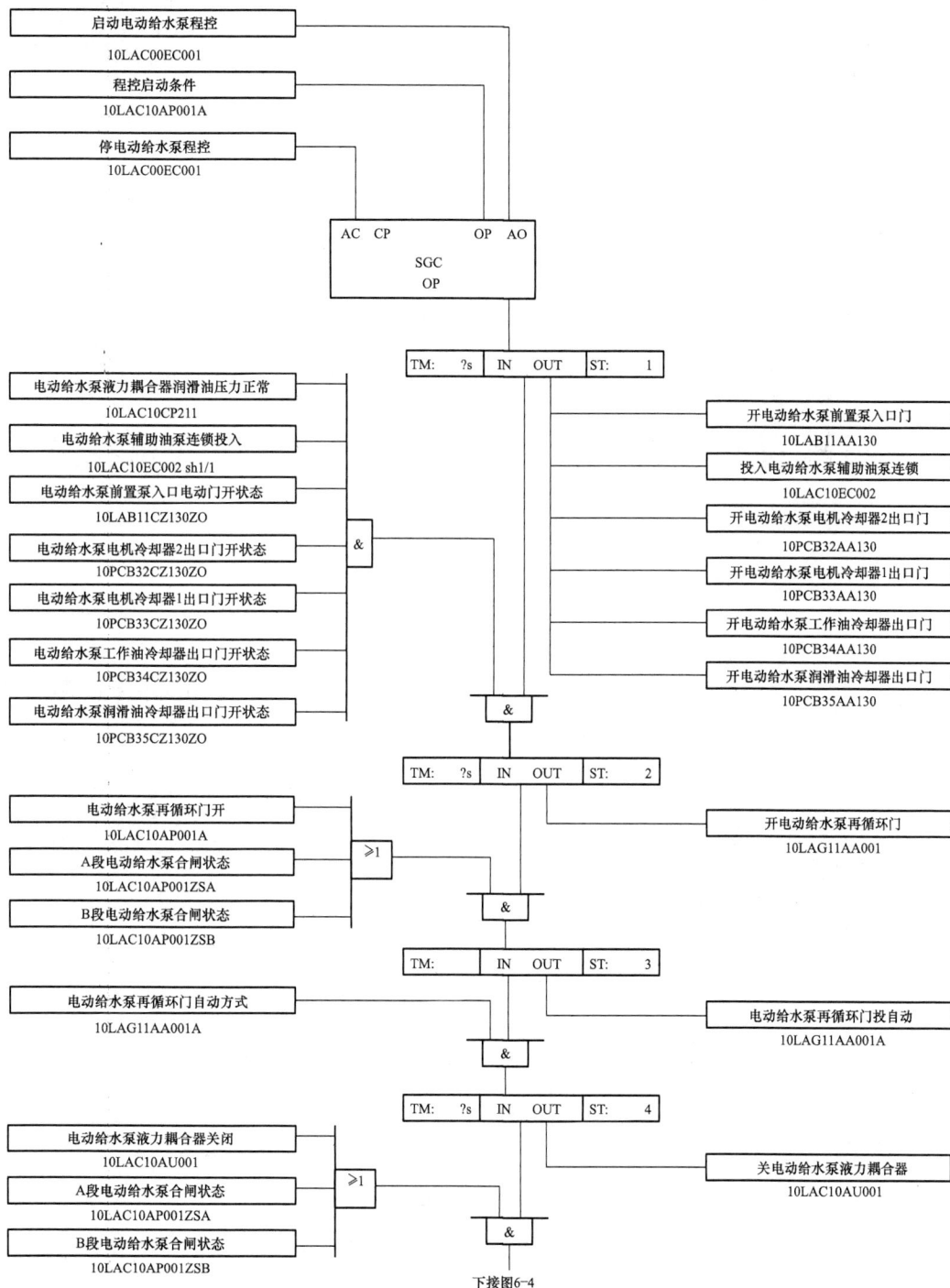

图6-3 电动给水泵启动程序（1）

上接图6-3

| TM: | ?s | IN | OUT | ST: | 5 |

再热器减温水母管电动门全关位
10LAF40CZ001ZC

电动给水泵出口电动门全关
10LAB31CZ130ZC

&

关再热器减温水母管电动门
10LAF40AA001

关电动给水泵出口电动门
10LAB31AA130

A段电动给水泵合闸状态
10LAC10AP001ZSA

B段电动给水泵合闸状态
10LAC10AP001ZSB

≥1

≥1

另两台给水泵有任一台(及以上)合闸状态

TD
OFF
30s

&

| TM: | ?s | IN | OUT | ST: | 6 |

A段电动给水泵A合闸状态
10LAC10AP001ZSA

B段电动给水泵A合闸状态
10LAC10AP001ZSB

≥1

&

电动给水泵自动投运
10LAC10EC001

&

电动给水泵A转速
10LAC10CS003

电动给水泵转速
>1000r/min

AI

H/L
H
L

| TM: | ?s | IN | OUT | ST: | 7 |

开电动给水泵出口电动门
10LAB31AA130

电动给水泵出口电动门全开位置
10LAB31CZ130ZO

&

| TM: | ?s | IN | OUT | ST: | 8 |

10LAC10AU001
10LAC10AU001

电动给水泵液力耦合器平衡
10LAC10AU001

A段电动给水泵合闸状态
10LAC10AP001ZSA

B段电动给水泵合闸状态
10LAC10AP001ZSB

≥1

≥1

增加电动给水泵液力耦合器

=1

另两台给水泵有任一台(只有一台)合闸状态

&

| TM: | ?s | IN | OUT | ST: | 9 |

电动给水泵液力耦合器投自动
10LAC10AU001

电动给水泵自动方式
10LAC10AU001

&

| TM: | ?s | IN | OUT | ST: | end |

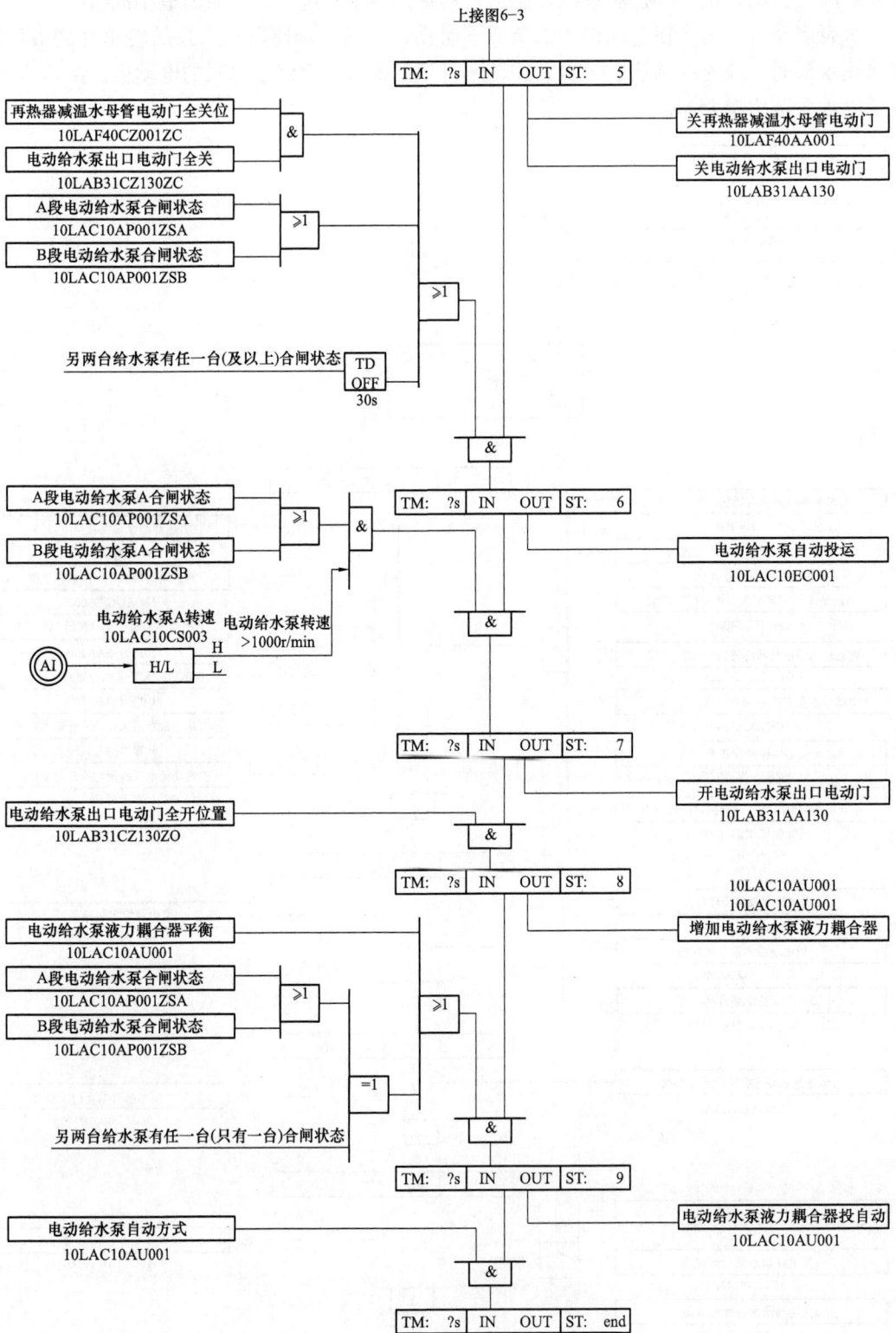

图 6-4 电动给水泵启动程序 (2)

但是，若这时有 A 段电动给水泵合闸状态或 B 段电动给水泵合闸状态的信号，说明电动给水泵已经合闸运行。此时，为了保证运行的安全，第二步、第四步都应该跳步。

第五步关闭再热器减温水母管电动门和电动给水泵出口电动门。如果这时另两台电动给水泵至少有一台已经在运行，是在给水母管已建立压力的情况下启动电动给水泵，则不需关闭电动给水泵出口阀门，且喷水减温系统已工作，故跳过第五步。

确认上一步操作完成的回报信号后，第六步发出电动给水泵自动投运命令，至电动给水泵自动投运回路，并将此命令经过逻辑判断后发至电动给水泵设备驱动级，启动电动给水泵。

电动给水泵启动后，当转速大于 1000r/min 时，开出口电动门，增加液力耦合器，并将液力耦合器控制投入自动控制，由闭环控制系统根据给水量的需要调整泵的转速。

2. 电动给水泵的停止程序

电动给水泵的停止程序见图 6-5。停给水泵前，首先投入辅助润滑油泵连锁，保证停泵过程中的供油，同时投入给水泵最小流量再循环系统的自动控制，保证停泵过程中给水泵的安全。第二、三步相继将电动给水泵液力耦合器控制切手动并减少液力耦合器，降低电动给水泵的转速。当泵的转速小于 1500r/min 时，停止电动给水泵电机。确认电动给水泵已经停止的回报信号后，切除泵的自动投运，关闭电动给水泵液力耦合器，程序结束。

三、电动给水泵设备驱动级控制逻辑

1. 电动给水泵程序启动允许条件

图 6-6～图 6-8 所示为电动给水泵设备驱动级控制逻辑。

以下所列的条件为"与"的逻辑关系，当满足以下所有条件（1）、（2）时，允许运行程序自动启动电动给水泵：

（1）电泵的电机 A、B、C 相绕组所有温度测点指示正常，即轴承温度不高、油温不高、线圈温度不高。

（2）以下"与"条件成立（见图 6-6）：有任一台凝结水泵运行，没有电动给水泵反转信号，除氧器水位正常，有任一台辅机冷却水泵运行，无电动给水泵保护动作信号，无电动给水泵控制回路故障信号，电动给水泵在远方控制模式。

如果接到电动给水泵自动投运命令，必须判断所有相关的条件是否满足，才能发出电动给水泵合闸指令到就地，启动电动给水泵。驱动级将操作命令发送到就地去执行的最后一级判断，所以在设备驱动级除了满足上述程序启动允许条件外，还必须满足以下条件才能将给水泵电机的命令送现场执行：电动给水泵在远方控制模式，电动给水泵液力耦合器润滑油压力正常，电动给水泵最小流量再循环门开状态，电动给水泵前置泵入口电动门开状态，电动给水泵出口电动门关状态或者另两台给水泵至少有一台已经在运行。

2. 电动给水泵停连锁（见图 6-7）

以下所列的条件为"或"的逻辑关系，只要满足所列条件之一时，将发出停命令，连锁停电动给水泵：

（1）以下"或"条件成立指示有任一超温信号存在。

1）电动给水泵的前置泵任一测点指示轴承温度高或过高，一般设测点近 20 个；

2）电动给水泵的耦合器端径向轴承温度高；

3）电动给水泵的前置泵端径向轴承温度高；

4）电动给水泵的液力耦合器润滑油冷却器进口油温高（高Ⅰ值）和电动给水泵润滑油

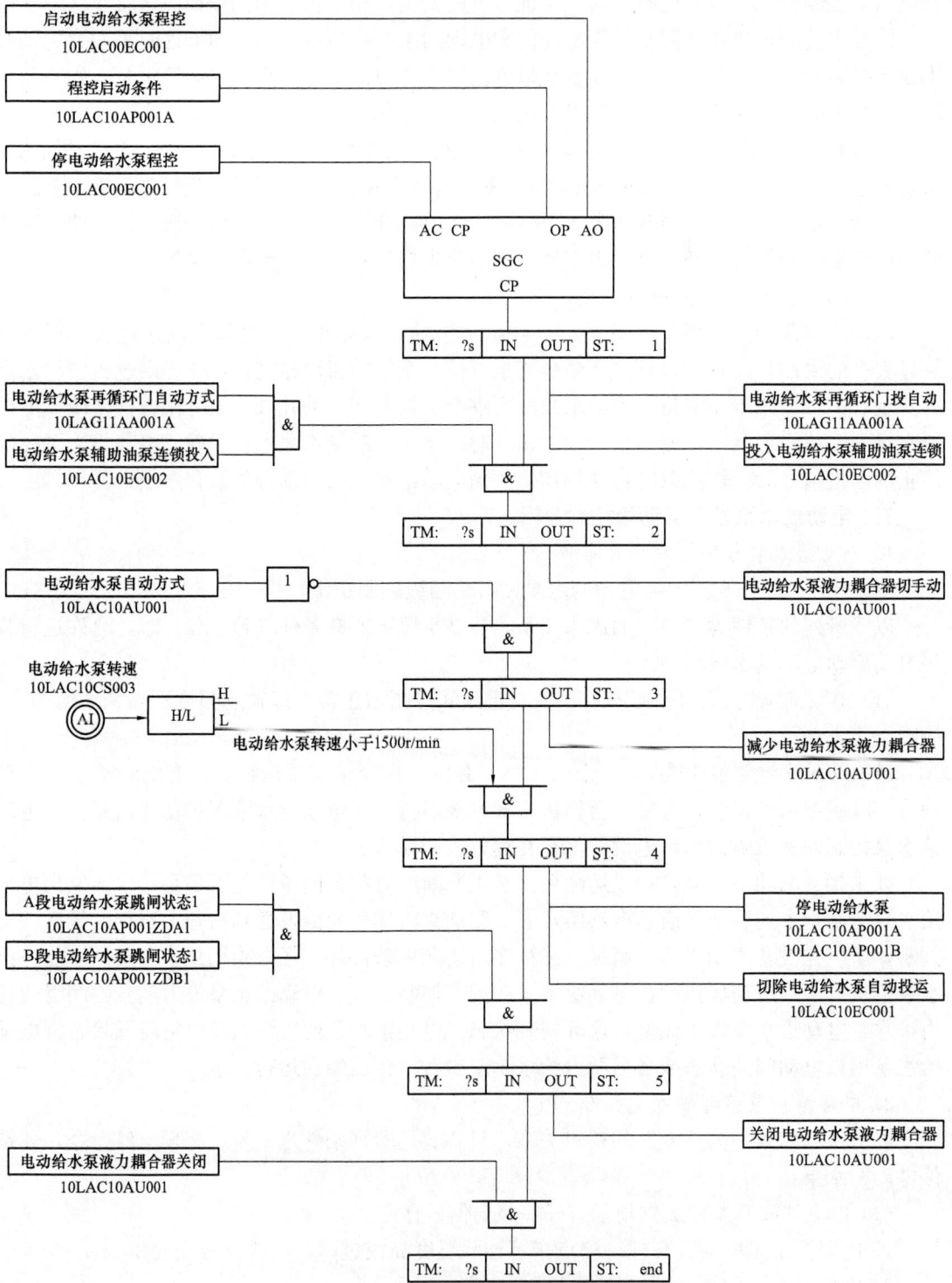

图 6-5 电动给水泵停止程序

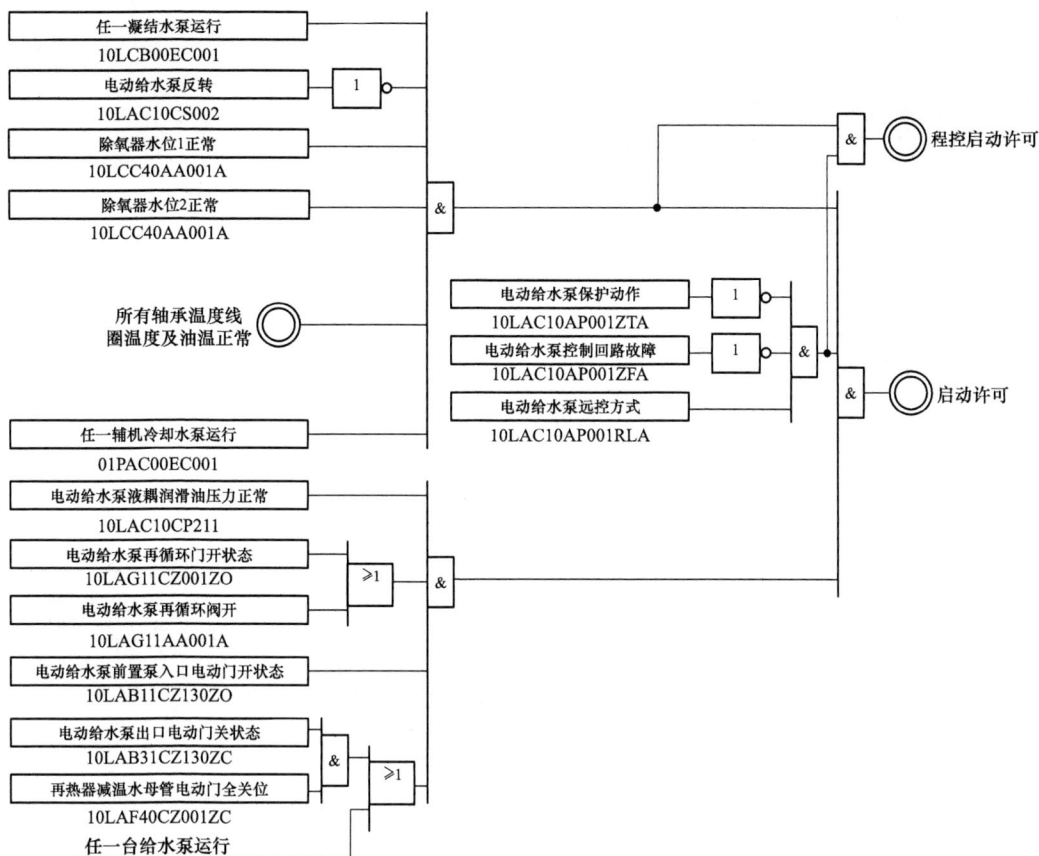

图 6-6 电动给水泵设备驱动级控制逻辑（1）

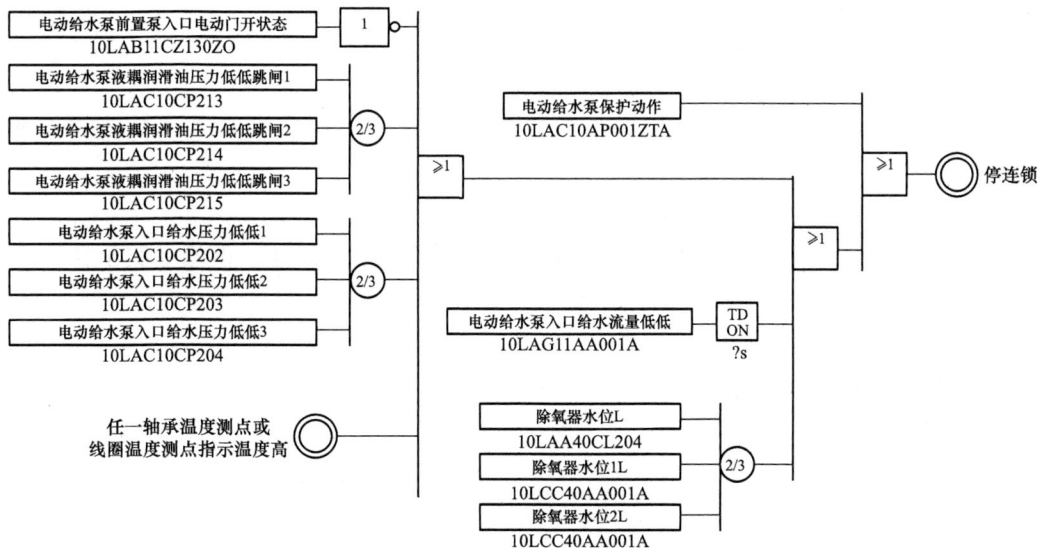

图 6-7 电动给水泵设备驱动级控制逻辑（2）

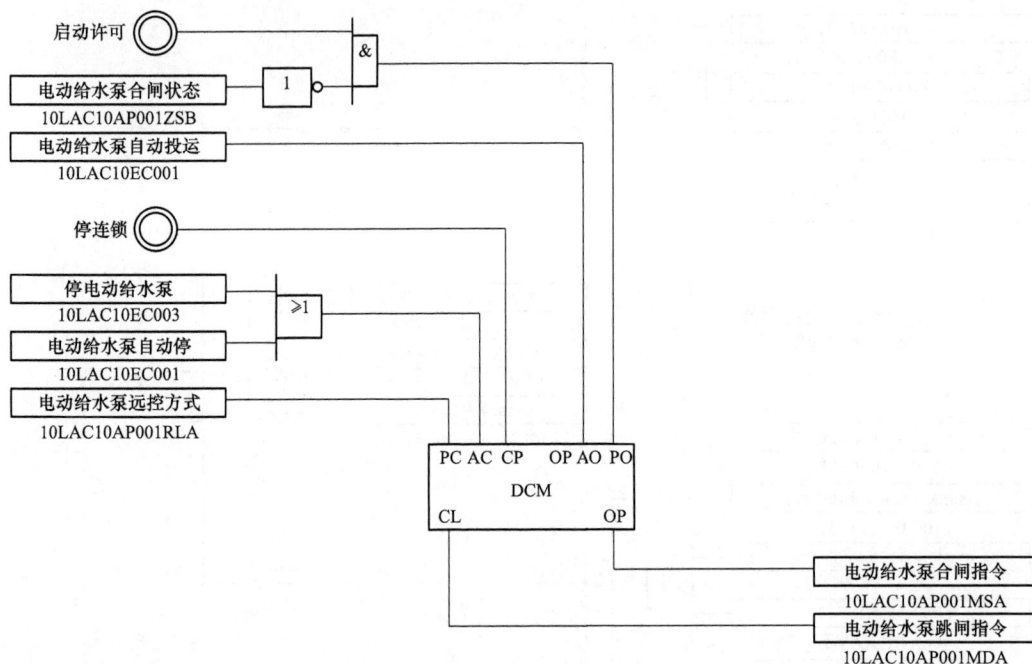

图 6-8　电动给水泵设备驱动级控制逻辑 （3）

冷却器进口油温高高（高Ⅱ值）同时存在；

　　5）电动给水泵的液力耦合器工作油冷却器入口油温高（高Ⅰ值）和电动给水泵工作油冷却器入口油温高高（高Ⅱ值）同时存在；

　　6）电动给水泵的液力耦合器工作油冷却器出口油温高（高Ⅰ值）和电动给水泵工作油冷却器出口油温高高（高Ⅱ值）同时存在。

　　（2）以下条件成立指示有异常信号存在：

　　1）电动给水泵产生保护动作；

　　2）经"三取二"的逻辑判断，除氧器水位低；

　　3）电动给水泵最小流量再循环门不在开状态同时电动给水泵入口给水流量低低（低Ⅱ值）；

　　4）电动给水泵前置泵入口电动门不在开状态；

　　5）经"三取二"的逻辑判断，电动给水泵液力耦合器润滑油压力低低（低Ⅱ值）；

　　6）经"三取二"的逻辑判断，电动给水泵 A 入口给水压力低低（低Ⅱ值）。

　　3. 电动给水泵启动、停止指令的控制 （见图 6-8）

　　当有电动给水泵自动投运命令输入时，如果启动许可条件满足，则由设备驱动级（DCM）的输出 OP 端发出电动给水泵合闸指令。

　　当有停连锁命令时，将由设备驱动级（DCM）的输出 CL 端发出电动给水泵跳闸指令。当有功能组来的自动停命令时，如果没有连锁信号存在，应判断停允许条件是否满足，若条件满足则由设备驱动级（DCM）的输出 CL 端发出电动给水泵跳闸指令。

　　当有连锁来的命令时，操作员来的手动按钮信号和顺序控制来的自动启动/停止命令无效；当有连锁来的命令和顺序控制来的自动启动/停止命令时，操作员来的手动按钮信号无效。

第二节 高压加热器启停顺序控制

一、高压加热器的启动程序

1. 高压加热器系统的被控设备

高压加热器的系统如图6-9所示，三台高压加热器设计了单级大旁路，分别由一、二、三段抽汽供汽。顺序控制中的被控设备如下（见图6-10）：

（1）1号高压加热器水侧入口三通阀；

（2）3号高压加热器水侧出口阀；

（3）一段抽汽电动关断阀；

（4）二段抽汽电动关断阀；

（5）三段抽汽电动关断阀；

（6）一段抽汽止回阀；

（7）二段抽汽止回阀；

（8）三段抽汽止回阀；

（9）一段抽汽止回阀前疏水阀；

（10）二段抽汽止回阀前疏水阀；

（11）三段抽汽止回阀前疏水阀；

（12）一段抽汽电动阀后疏水阀；

（13）二段抽汽电动阀后疏水阀；

（14）三段抽汽电动阀后疏水阀。

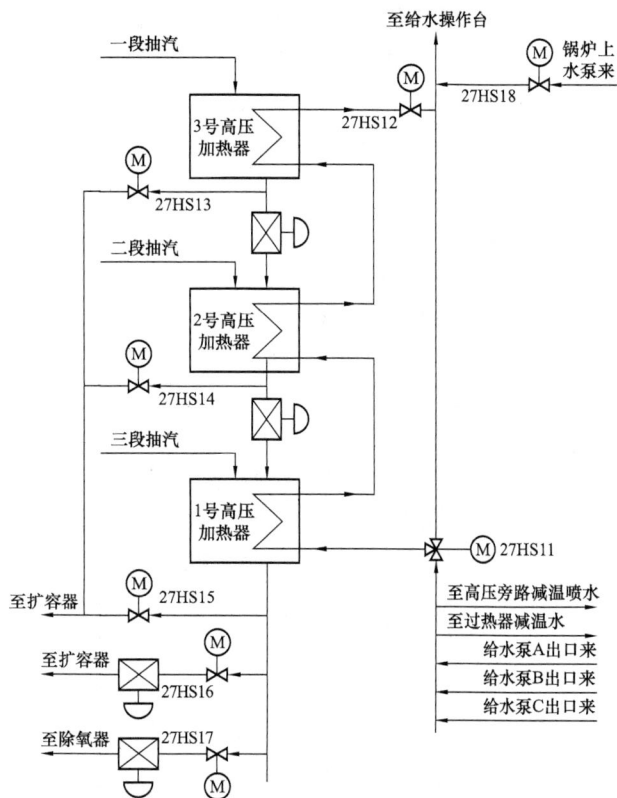

图6-9 高压加热器系统示意图

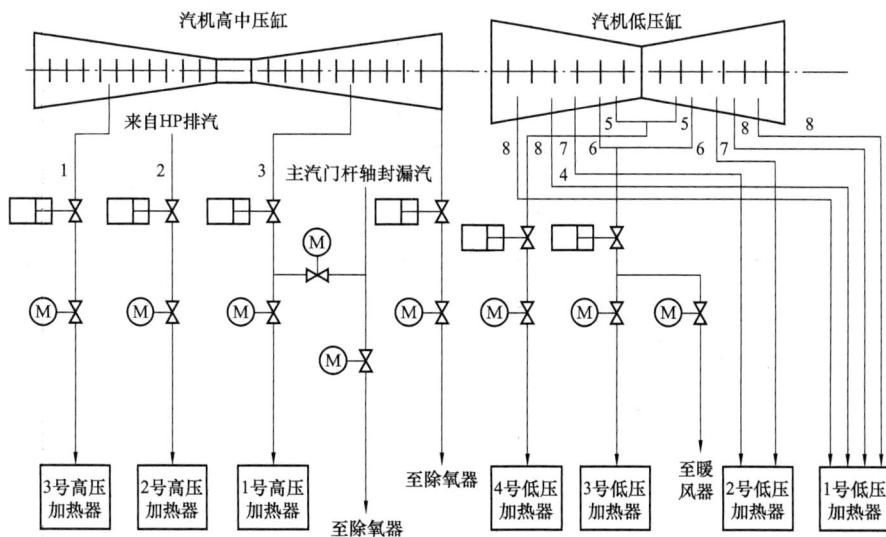

图6-10 汽轮机抽汽热控系统图

2. 高压加热器程序启动允许条件

高压加热器程序启动及程序停止允许条件如图 6 - 11 所示。要求以下 14 个故障信号全部为"0"（即没有）：

（1）1 号高压加热器水侧入口三通阀故障；

（2）3 号高压加热器水侧出口阀故障；

（3）一段抽汽电动关断阀故障；

（4）二段抽汽电动关断阀故障；

（5）三段抽汽电动关断阀故障；

（6）一段抽汽止回阀故障；

（7）二段抽汽止回阀故障；

（8）三段抽汽止回阀故障；

（9）一段抽汽止回阀前疏水阀故障；

（10）二段抽汽止回阀前疏水阀故障；

（11）三段抽汽止回阀前疏水阀故障；

（12）一段抽汽电动阀后疏水阀故障；

（13）二段抽汽电动阀后疏水阀故障；

（14）三段抽汽电动阀后疏水阀故障。

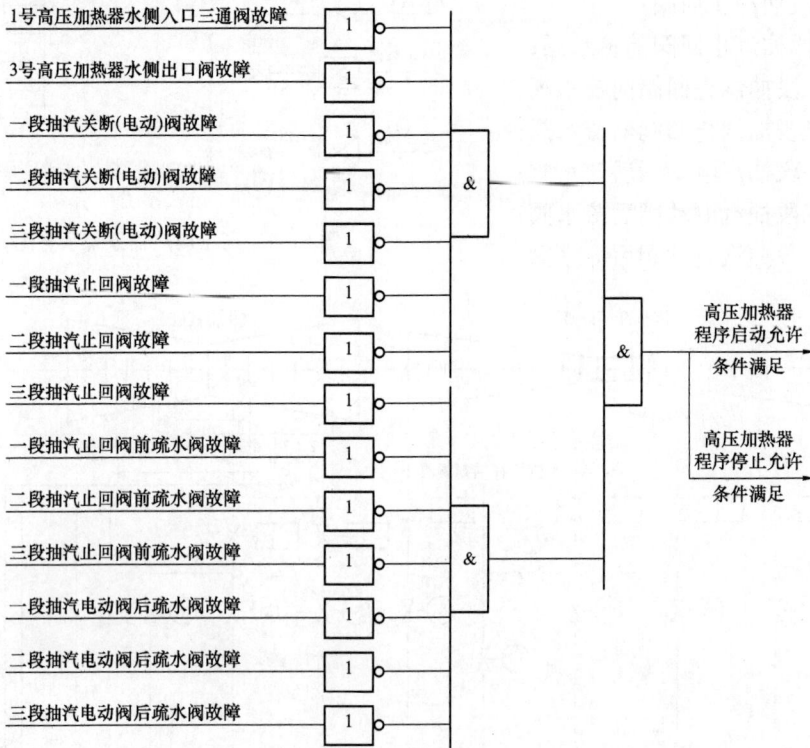

图 6 - 11　高压加热器程序启动及程序停止的允许条件

3. 高压加热器启动步序

高压加热器启动步序如图 6 - 12 所示，共有 13 步。高压加热器启动时，本着先接通水侧、后接通汽侧的原则，且每前进一步都要求判断上一步的回报信号。这里不再详细介绍。

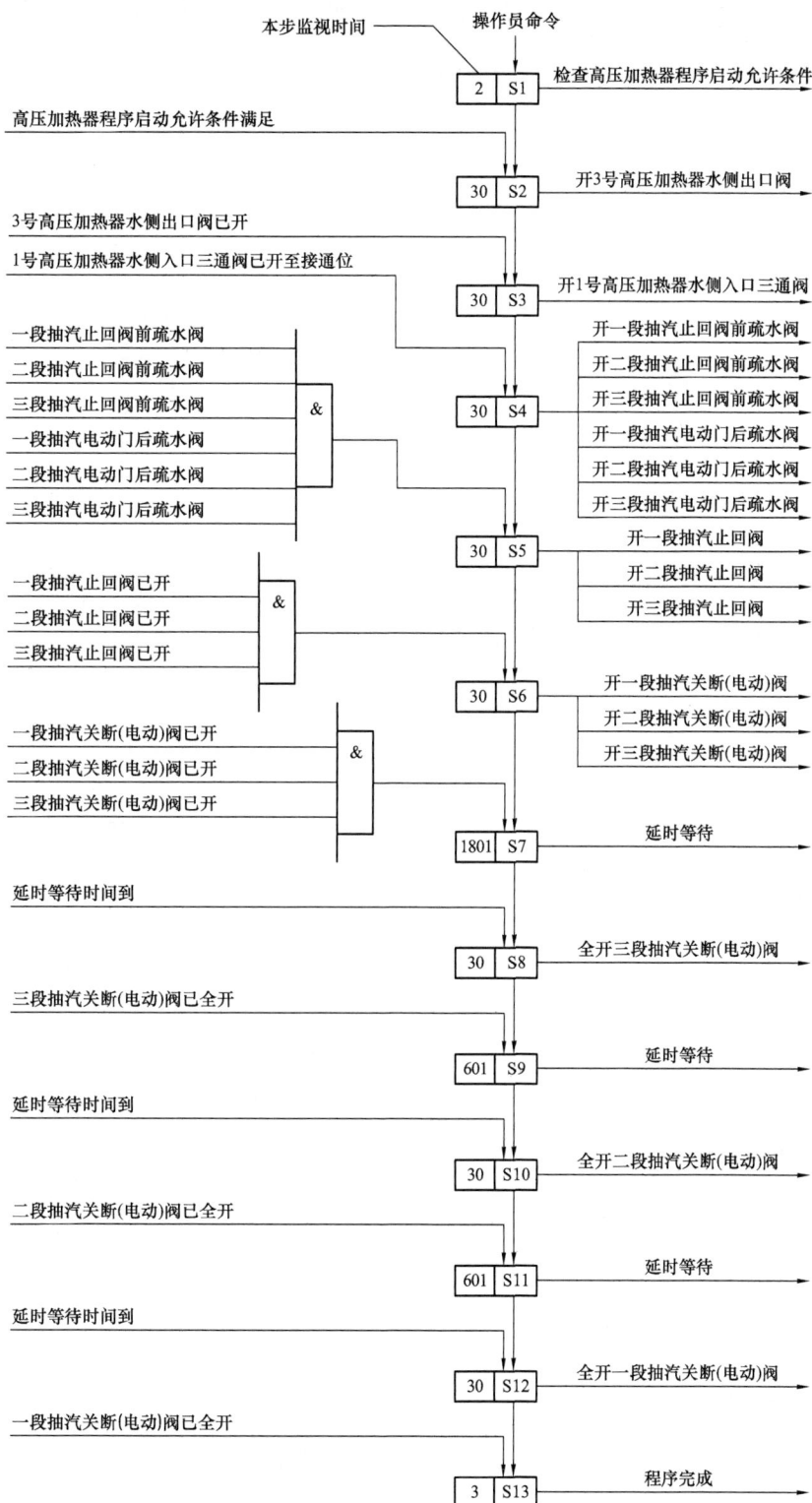

图 6-12　高压加热器启动步序

二、高压加热器的停止程序

图 6-13 所示为高压加热器停止步序，共有 13 步。高压加热器停止时，本着先停汽侧后

图 6-13　高压加热器停止步序

停水侧的原则,且每前进一步都要求判断上一步的回报信号。首先关闭一段抽汽止回阀及电动阀后,疏水 10min,然后再关闭二段抽汽止回阀及电动阀,同样疏水 10min,依次类推。最后关闭 1 号高压加热器水侧入口三通阀和 3 号高压加热器水侧出口阀。

第三节 凝结水系统的启停及其连锁

一、凝结水系统的被控设备和运行要求

凝结水系统如图 6-14 所示。系统设计采用两台补充水泵和两台凝结水泵。凝结水经凝结水泵升压送到轴封加热器,冷却轴封蒸汽。经并联的凝结水母管调节阀 26HV04 及电动阀 26HS06,进入 1 号低压加热器。凝结水系统中有如下被控设备:

(1)两台凝结水泵;
(2)两台凝结水泵出口电动阀;
(3)两台补充水泵;
(4)凝结水再循环阀;
(5)低压加热器(1~4 号);
(6)除盐水至补充水箱电动阀;
(7)轴封加热器旁路阀等。

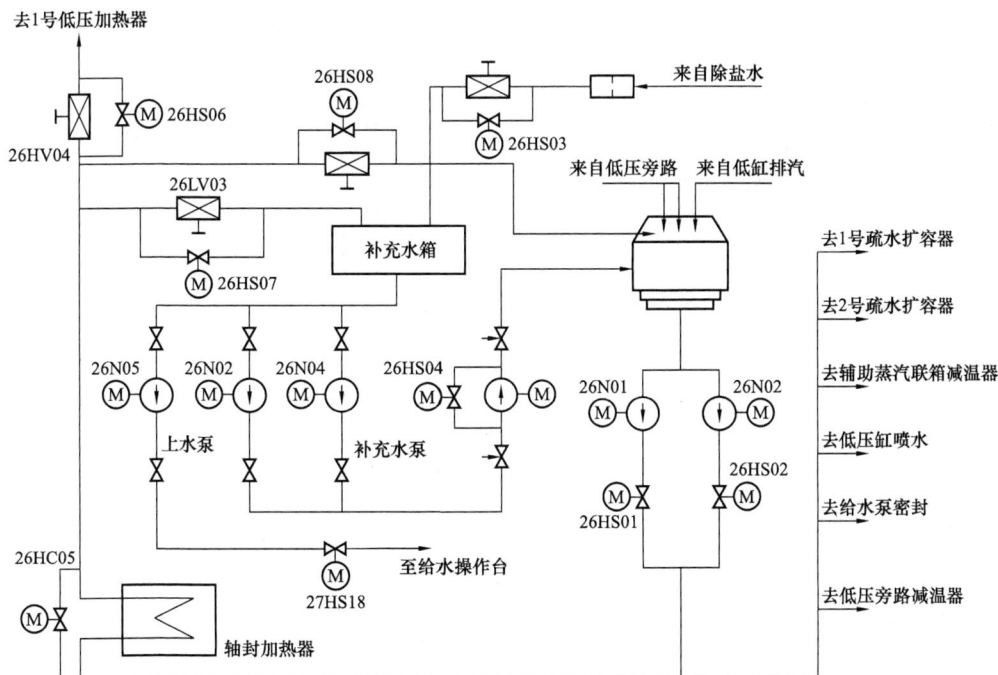

图 6-14 凝结水系统示意图

系统中共设计了如下功能子组:凝汽器 A、B 功能子组、1、2 号低压加热器功能子组、3 号低压加热器功能子组及 4 号低压加热器功能子组。其余的被控设备有的靠连锁控制,有的靠手动控制。以下将选择较典型的例子加以介绍。

二、凝结水泵启动和停止

1. 凝结水泵的 A 功能子组的被控设备

凝结水泵 A 和凝结水泵 B 两个功能子组启动、停止程序完全相同。这里以 A 侧凝结水泵功能子组为例加以介绍。凝结水泵功能子组 A 被控设备主要包括：凝结水泵 A 出口阀、凝结水泵 A 驱动电机。

2. 凝结水泵启动程序和停止程序

每个功能子组的启/停程序设计都采用了相同的控制模式。因此本节起不再重复介绍程序的监控、管理、步触发等控制逻辑，读者可参考前面的章节内容进行分析理解。

图 6-15 所示是凝结水泵 A 的启动程序示意图。程序中第一步输出命令要求检查启动/停止允许条件。当以下信号全为"0"指示条件满足时，允许程序运行：

(1) 凝汽器水位低；

(2) 凝结水泵 A 运行；

(3) 凝结水泵 A 故障；

(4) 凝结水泵 A 出口阀故障。

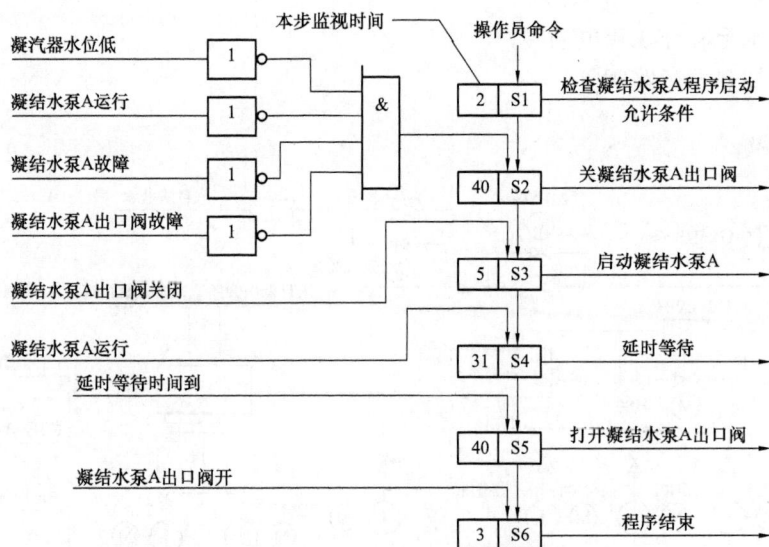

图 6-15　凝结水泵 A 启动程序

如果以上四个信号全部不成立，即为"0"，则发出第二步操作命令，即关闭凝结水泵 A 出口阀。等确认凝结水泵 A 出口阀关闭后，启动凝结水泵 A 驱动电机，电机启动运行 30s 后打开凝结水泵 A 出口阀，然后程序结束。

图 6-16 所示为凝结给水泵 A 停止程序示意图，程序共四步，这里不再叙述。

三、低压加热器系统的启动程序和停止程序

图 6-17 所示为低压加热器热控系统图，系统中共有四台低压加热器，其中 1、2 号低压加热器共用一个旁路，3、4 号低压加热器有单独的旁路管道。

1. 1、2 号低压加热器的启动和停止

(1) 1、2 号低压加热器子组被控设备。1、2 号低压加热器子组的被设备如下：

1）1 号低压加热器入口水阀；

2）2 号低压加热器出口水阀；

3）1、2 号低压加热器旁路阀。

（2）1、2 号低压加热器启动程序和停止程序。1、2 号低压加热器的启动程序和停止程序见图 6-18、图 6-19。

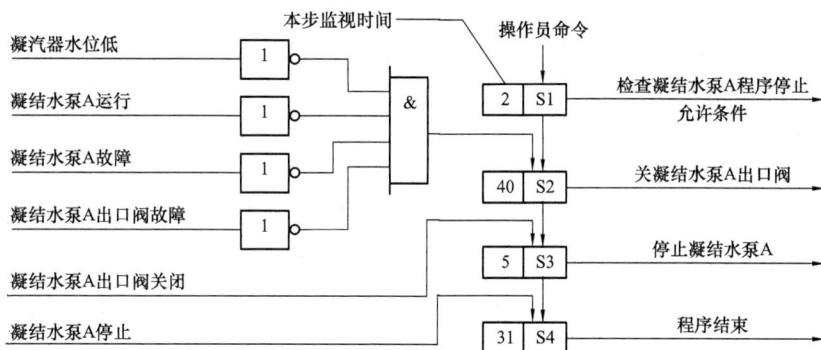

图 6-16　凝结水泵 A 停止程序

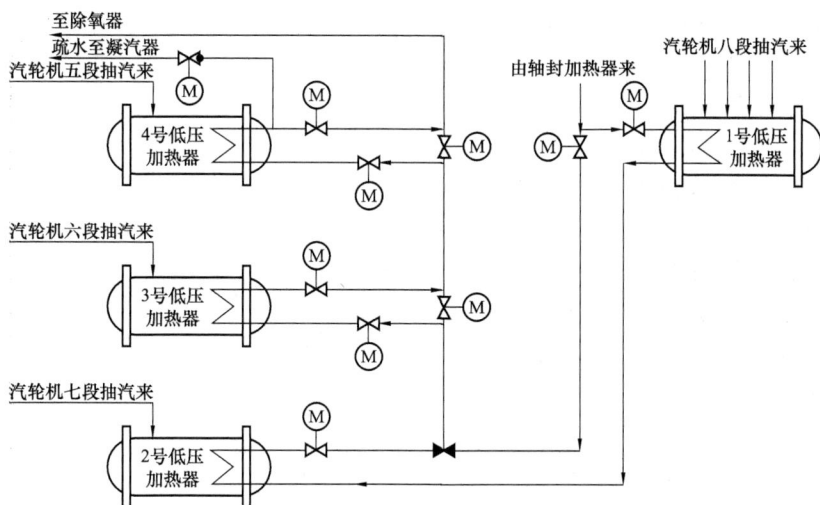

图 6-17　低压加热器热控系统图

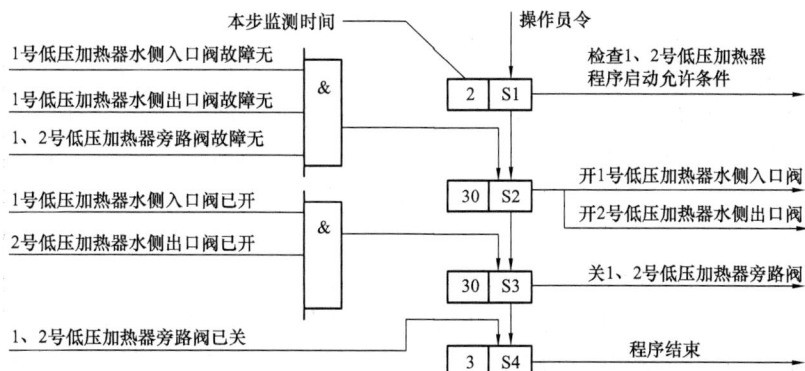

图 6-18　1、2 号低压加热器启动程序

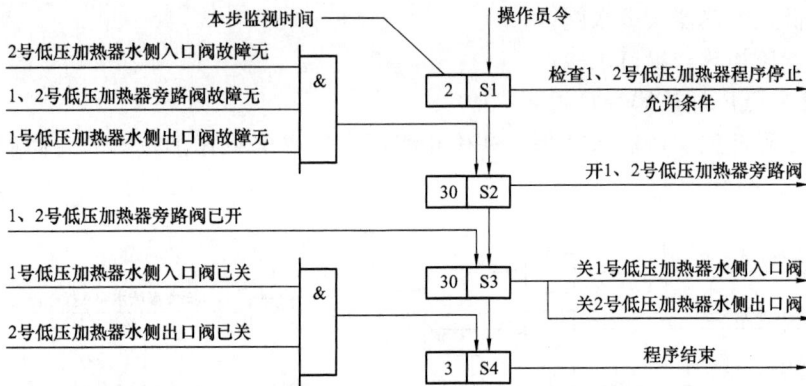

图 6-19　1、2 号低压加热器停止程序

2. 4 号低压加热器的启动和停止

（1）4 号低压加热器系统的被控设备。4 号低压加热器系统的被控设备如下：

1）4 号低压加热器水侧入口阀；

2）4 号低压加热器水侧出口阀；

3）4 号低压加热器水侧旁路阀；

4）五段抽汽管道止回阀；

5）五段抽汽管道电动阀；

6）五段抽汽管道电动阀后疏水阀；

7）五段抽汽管道止回阀前疏水阀。

（2）4 号低压加热器启动程序。4 号低压加热器启动程序如图 6-20 所示。

4 号低压加热器启动程序的第一步输出命令是内部命令，在这一步将检查如下 4 号低压加热器程序启动允许条件：

1）4 号低压加热器水侧入口阀故障；

2）4 号低压加热器水侧出口阀故障；

3）4 号低压加热器旁路阀故障；

4）五段抽汽管道止回阀故障；

5）五段抽汽管道电动阀故障；

6）五段抽汽管道电动阀后疏水阀故障；

7）五段抽汽管道止回阀前疏水阀故障。

当以上七个故障信号全部为"0"（没有）时，程序进入第二步。本着先开水侧后通蒸汽的原则，在第二步发命令开 4 号低压加热器水侧入口阀及水侧出口阀。然后第三步关闭 4 号低压加热器旁路阀，旁路阀关闭 10min 后，第五步再开五段抽汽管道疏水阀（两个）。在第六步打开五段抽汽管道电动阀及止回阀。接通抽汽后，延时等待 5min，关闭疏水阀。然后程序结束。

（3）4 号低压加热器停止程序。4 号低压加热器停止程序见图 6-21。第一步检查有无被控设备故障信号，若条件允许，则进入第二步。本着先停抽汽后关水侧的原则，第二步输出命令关五段抽汽管道止回阀和电动阀，然后开疏水阀。10min 后，打开水侧旁路阀，关闭水侧出入口阀门，确认在预计时间内回报信号产生后程序结束。

本步监视时间　　　　　　　　　操作员命令

4号低压加热器水侧入口阀故障无
4号低压加热器水侧出口阀故障无
4号低压加热器旁路阀故障无　　　　　&
五段抽汽管道止回阀故障无
五段抽汽管道电动阀故障无
五段抽汽电动门后疏水阀故障无
五段抽汽止回阀前疏水阀故障无

| 2 | S1 | 检查4号低压加热器程序启动 允许条件 |

| 30 | S2 | 开4号低压加热器水侧入口阀 开4号低压加热器水侧出口阀 |

4号低压加热器水侧入口阀已开
　　　　　　　　　　　　　　　&
4号低压加热器水侧出口阀已开

| 30 | S3 | 关4号低压加热器旁路阀 |

4号低压加热器旁路阀已关闭

| 601 | S4 | 延时等待 |

延时等待时间到

五段抽汽电动门后疏水阀已开
　　　　　　　　　　　　　　　&
五段抽汽止回阀前疏水阀已开

| 30 | S5 | 开五段抽汽电动门后疏水阀 开五段抽汽止回阀前疏水阀 |

| 30 | S6 | 开五段抽汽管道电动阀 开五段抽汽管道止回阀 |

五段抽汽管道电动阀已开
　　　　　　　　　　　　　　　&
五段抽汽管道止回阀已开

| 301 | S7 | 延时等待 |

延时等待时间到

| 30 | S8 | 关五段抽汽止回阀前疏水阀 关五段抽汽电动门后疏水阀 |

五段抽汽止回阀前疏水阀已关
　　　　　　　　　　　　　　　&
五段抽汽电动门后疏水阀已关

| 3 | S9 | 程序结束 |

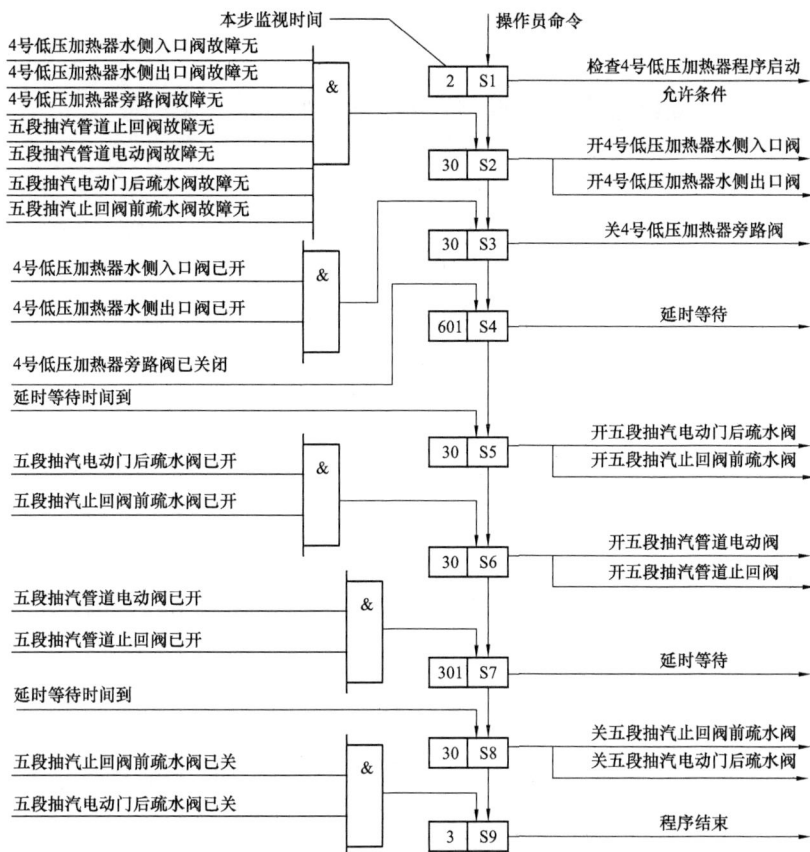

图 6 - 20　4号低压加热器启动程序

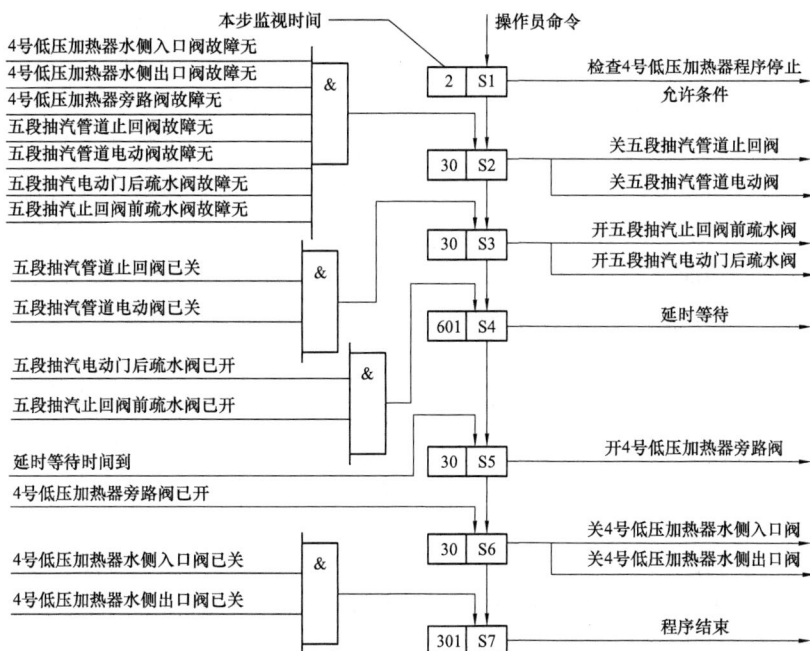

本步监视时间　　　　　　　　　操作员命令

4号低压加热器水侧入口阀故障无
4号低压加热器水侧出口阀故障无
4号低压加热器旁路阀故障无　　　　　&
五段抽汽管道止回阀故障无
五段抽汽管道电动阀故障无
五段抽汽电动门后疏水阀故障无
五段抽汽止回阀前疏水阀故障无

| 2 | S1 | 检查4号低压加热器程序停止 允许条件 |

| 30 | S2 | 关五段抽汽管道止回阀 关五段抽汽管道电动阀 |

| 30 | S3 | 开五段抽汽止回阀前疏水阀 开五段抽汽电动门后疏水阀 |

五段抽汽管道止回阀已关
　　　　　　　　　　　　　　　&
五段抽汽管道电动阀已关

| 601 | S4 | 延时等待 |

五段抽汽电动门后疏水阀已开
　　　　　　　　　　　　　　　&
五段抽汽止回阀前疏水阀已开

延时等待时间到

| 30 | S5 | 开4号低压加热器旁路阀 |

4号低压加热器旁路阀已开

| 30 | S6 | 关4号低压加热器水侧入口阀 关4号低压加热器水侧出口阀 |

4号低压加热器水侧入口阀已关
　　　　　　　　　　　　　　　&
4号低压加热器水侧出口阀已关

| 301 | S7 | 程序结束 |

图 6 - 21　4号低压加热器停止程序

第七章 汽轮机的顺序控制

启动和停机是汽轮机运行中的一个重要阶段，它不仅与其本身结构有着密切关系，而且要有一个合理的热力系统与之相配合。它影响着汽轮机的可靠性、经济性和使用寿命。因此，必须充分掌握汽轮机启停过程中主要参数的变化规律，各种可能出现的故障及其对策，了解汽轮机的各种启停方式以及在特殊条件下的启停方法。为了准确合理地启停，在不少大机组中应用了启停自动化。

第一节 概　　述

汽轮机的启动和停机过程，就是汽轮机部件的热力、应力和机械状态逐渐变化的过程，启动不当最易发生事故。因此，必须对设备的各个环节和部件所产生的物理过程有明确的概念。

蒸汽进入汽轮机，首先对汽轮机的汽缸、转子等金属部件进行加热，这是一个非稳态传热过程。随着启动的进行，蒸汽温度逐渐升高。由于金属的传热有一定速度，所以蒸汽温升速度大于金属部件的温升速度，使金属部件产生内外温差，如汽缸壁内外温差，转子表面与中心孔温差等，加上部件原有的机械应力，这时某些部件所受应力将达到很大的数值。

上述这种温差在启动过程中不断变化。当调速级蒸汽温度升高到汽轮机带满负荷时，蒸汽温度不再上升。此时，金属内壁与外壁的温差达到最大值，这一状态称为准稳定状态，热应力在这时期同样是最高值，此后汽轮机进入准稳态区运行。与蒸汽接触一侧的金属壁温接近蒸汽温度，蒸汽传给金属的换热量等于金属内部的导热量，实现稳定导热，此时，金属部件内外壁温差逐渐减小到最小值，汽轮机进入稳定工况下运行。

在启动时，传热计算的关键是换热系数的计算。启动过程中，换热系数是启动程序、地点和时间的函数，同时必须注意蒸汽流动条件。要精确计算换热系数比较困难，需要知道流经金属部件的蒸汽温度、流动条件及几何形状。汽缸本体因为有转子在内部旋转，使原来沿筒体流动的放热得到加强，其计算方法可以采用热平衡法。利用传热计算的逆问题，即从测量得到的有关温度差值、传热量来计算换热系数。对转子的换热系数，因其被隔板、汽封、轴端的汽封所封隔，各区段放热强度不同，所以其值也不同。具体计算方法可参考有关资料，有的厂家对本厂生产的汽轮机，有具体的换热系数经验计算公式。有了换热系数的值，就可以按不同部件的条件求取温度场，从而确定引起热应力的温度差和计算热应力、热变形等。这些热应力、热变形等将给汽轮机的启动造成种种困难。

1. 热应力造成的困难

金属与蒸汽的温度差使各金属部件受热不同，膨胀不均匀引起热变形。受约束的热变形就产生热应力。大型汽轮机工作环境恶劣（工质为高温高压的蒸汽），再加上体积尺寸较大，汽轮机本身就承受着较大的机械应力，因此，应该避免再发生较大的热应力。另外，还必须考虑在高温高压下部件材料的持久强度和蠕变强度的变化，使材料的强度下降。汽轮机部件在一定条件下受交变应力的作用，即汽轮机在加热时内壁面受热膨胀，此时受到较低温度的外壁面的制约，内壁面为压应力，而外壁面被内壁面的膨胀拉伸产生拉应力。在停机过程中，内壁面先冷却，内、外壁面所受应力方向与启动过程相反，因此，汽轮机每启停一次，部件就受到一次压缩与拉伸的循环的交变应力。当汽轮机启停频繁时，就形成低周率的交变应力，在高温条件下，引起材料塑性变形。时间一长，表面就会产生裂纹，使汽缸或转子表面出现热疲劳损伤，以至发生转子断裂事故。汽轮机负荷发生频繁变动时，同样会产生这种低周疲劳，影响汽轮机的使用寿命。因此，要严格控制因热不稳定使汽缸发生裂纹的情况的发生。热疲劳应力取决于温度变化率。各制造厂对该厂机组热应力和温差有一定限额，可作为制订运行规程的指导。

有些大型汽轮机高、中压转子采用整锻转子，直径较大且有较大的传热阻力，且高、中压转子受热温度较高，除主蒸汽加热外，还有端部汽封和隔板汽封漏入的蒸汽加热。所以转子各段加热条件不同，其在整个轴向温度场相差较大，但各段温差所引起轴向的温度应力相对转子径向温差却不大。转子径向温差较大，常发生在高温区，如端部汽封、进汽区和调节级区。所以，大型汽轮机温差主要监视调节级汽室和中压缸第一级处。但转子温度测量较困难，实用上往往通过内缸内壁的温度进行间接监视。控制的温度差往往采用转子表面与该截面平均温度之差，即径向有效温差。

对于大型汽轮机转子，若材料内部无缺陷，则裂纹首先出现在表面应力集中处，如汽封区段的防热槽，叶轮与转轴交界处的倒圆。当热循环频繁时，应力集中区的热应力超过材料的屈服极限，使转子发生塑性变形，严重时甚至产生裂纹。因此，要注意运行方式，避免发生过大的热冲击，在启动中加长暖机时间，对转子进行充分预热，同时要注意分段升负荷。

蒸汽进入汽缸时，因汽缸结构不同，所以不同的蒸汽换热系数就不同，使汽室及汽缸壁面所受温度情况较复杂，引起热应力较大，其中以高压缸的调节级和中压缸进汽处为最高。高压汽轮机由于其法兰厚度大于汽缸壁厚，刚性很大，法兰热阻也大，因此，在法兰上常常出现最大温差，是热应力影响较大的区域。为了防止启动时热应力过大，在法兰上常常有加热装置以预热法兰。随着机组结构的完善，有些机组取消了法兰加热装置。

汽缸在其结构上有单层缸和双层缸之分。单层缸沿蒸汽流动方向，轴向温度分布最不均匀，因此法兰厚度的温差沿轴向也不一致。双层缸则沿轴向温度分布不均匀性小，所以法兰厚度的温差沿轴向变化也小。法兰厚度最大的地方是高、中压缸的外缸。如加热不当或没有法兰预热装置，法兰厚度方向温差可能达到极限值（80～120℃）。由于法兰内外壁面温差较汽缸内外壁面温差大，在很多场合这个温差可作为控制汽轮机启动速度的主要指标。

法兰本身除受热应力外，还要加上螺栓紧力所产生的应力和法兰与螺栓之间因温度差产生的热应力，汽缸的内壁面还承受蒸汽压力，因此，应尽量减少法兰与螺栓之间的温度差，以减少其热应力。国产 N300 型汽轮机把此温差限制在 50℃ 以内。综上所述，影响汽轮机热应力的因素主要是各关键部件的温度差，必须严格限制。

2. 热变形造成的困难

汽轮机在启停过程中，金属部件受热不均匀引起热变形，造成通流部分径向间隙和轴向间隙的变化，使汽封片卡涩和摩擦，增大漏汽量，同时汽封片端部与主轴摩擦发热使主轴弯曲、主轴振动、叶片断裂。

转子本身因温度弯曲或自重弯曲，在转动时使径向间隙发生变化，在转子的凸出部分发生动静摩擦。另外，隔板和转子因加热速度不同也会引起径向间隙变化。转子弯曲最大部位通常在调节级前后，多缸机组则发生在高压转子的中部。转子的挠度可通过测量轴径的挠度，然后根据轴长、支撑点之间的长度的比例关系折算求得最大挠度。所以，一般转子的挠度可通过监视轴颈的挠度来决定，规定轴颈挠度不超过 0.05mm。

汽轮机的汽缸因为法兰较厚，内外壁温差较大，除产生热应力外，还因热变形而翘曲，使汽缸在横截面方向拱起，汽缸内截面呈椭圆形，也造成汽轮机动静之间的径向间隙变化，甚至发生碰磨现象。运行经验表明，有些机组法兰最大翘曲处发生在高、中压缸前汽封附近法兰凸缘处。由于汽轮机径向间隙较大，所以规定法兰外壁温度不超过 100℃。法兰加热装置和法兰螺栓加热装置就是为了减少启动时的热变形所采取的一种措施。

如果汽轮机左右两侧进汽的温度不均匀，或两侧进汽管道的冷却条件不一样，亦会造成汽缸左右两侧的金属温度不均匀而产生侧膨胀，使汽缸一侧弯曲，造成一侧径向间隙消失，最大侧弯曲发生在调节级处。因此，一般要求汽缸左右的法兰温差不大于 25℃。国外有些大机组汽缸两侧温差不大于 10～15℃。

当汽轮机在不稳定工况下运行时，由于上下汽缸的金属重量不同，下缸重量大，传热热阻大。下缸布置有抽汽管道等，而且上下缸保温与散热条件不同，因此往往造成下缸的温度较上缸低，上缸膨胀大于下缸，引起汽缸在轴向往上拱起，这种温差发生在调节级和中压缸第一级附近，引起轴端汽封和隔板汽封的卡涩。国产 N300 汽轮机规定上下缸温差为 35℃，所以，在启动过程中要控制温升，处理好疏水，以防止过大的热变形，并要做好汽缸保温工作。

3. 热膨胀造成的困难

汽轮机在启动过程中，汽缸和转子产生明显的热膨胀。汽轮机整个滑销系统的合理布置和应用就能引导汽缸在各方向的自由热膨胀。汽缸和转子分别以各自的死点为基准进行有规则的膨胀。由于汽缸和转子的质量与蒸汽接触的表面积之比，即质面比的不同，汽缸的质面比大于转子的质面比，且蒸汽对转子的换热系数大于对汽缸的换热系数。因此，在加热初期转子受热速度较快，使汽缸与转子产生明显的温差，从而两者产生相对膨胀，使其在轴向的动静间隙发生变化。转子轴向膨胀大于汽缸轴向膨胀之差，叫做正胀差，反之称负胀差。由于大机组汽缸的支撑方式合理，径向胀差可以被抵消。影响此类胀差的因素很多，如新蒸汽的参数高，轴端汽封内蒸汽温度的不合理，汽缸热膨胀受阻，以及暖机时真空大小等都有影响。

根据以上汽轮机在启、停中发生的种种热现象，必须对汽轮机的重要的有关指标进行监控。为简化监控参数，要找出有关指标之间的关系。

监控汽轮机的主要指标有：①汽轮机的温度状态，包括导汽管、蒸汽室的金属温度、汽缸金属温度，并要求导汽管与汽缸的金属温度相匹配，且要与相应饱和蒸汽温度相适应，以防止进汽过冷或汽缸进水；②采用转子和汽缸的相对膨胀来控制汽轮机通流部分与汽封之间的轴向间隙变化；采用汽缸绝对膨胀控制滑销系统的正常工作，防止破坏设备的同轴性引起振动；③用汽缸上下缸温差，控制汽缸热弯曲，防止造成汽封径向间隙改变；④控制汽缸壁温差和法兰宽度方向温差，防止热应力过大；⑤为了监督启动的工况，应测量蒸汽温度，包括进入阀门蒸汽室、调节级汽室，进入汽封的蒸汽和加热法兰的蒸汽等。总之，汽轮机的启动、停机和变工况运行是一个复杂的应力状态过程，必须根据制造厂对设备运行的要求和工厂运行规程进行控制运行。

第二节 汽轮机的启动

根据不同的条件汽轮机有不同的启动方式,按启动前汽轮机的温度状态来分,有冷态启动、温态启动、热态启动和极热态启动。持续停机时间较长的设备,各个部件的热温度状态处于较低水平,此时启动加热时间长,称冷态启动。有的国家具体规定汽轮机停机超过3～5天,其最热部分金属温度降到150～200℃或更低时的启动为冷态启动。我国情况也不完全一致,一般情况下机组停机75h后启动称冷态启动,也有的根据高压缸调节级处和外缸内壁温度低于200℃以下者称冷态启动。当汽轮机停机后部件温度还不甚冷时,如有的国家规定6～8h后的启动,称热态启动。在我国,有的机组(如600MW机组)规定在停机10h后启动为热态启动;有的机组(如300MW机组),当高温部件金属温度在300℃以上时的启动称热态启动;介于两者之间的启动称温态启动。上述600MW机组在停机55h后启动称温态启动,300MW机组金属部件在200～300℃之间启动称温态启动。其他尚有停机1h后启动为极热态启动,或者金属温度在400℃以上启动称为极热态启动。

不同的汽轮机,甚至同一台机组的不同部件,其自然冷却情况也是不一样的,这要视汽轮机的结构、布置和汽缸金属温度保温质量等而定。图7-1表示了它们之间不同的冷却情况。图7-2为某部件的自然冷却曲线,并给出了各种启动方式下启动前的金属温度界限。

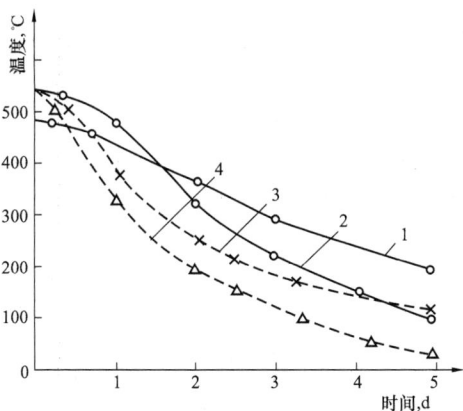

图7-1 汽轮机冷却曲线
1—300MW汽轮机高压缸;2—300MW汽轮机中压缸;
3—200MW汽轮机高压缸;4—200MW汽轮机中压缸

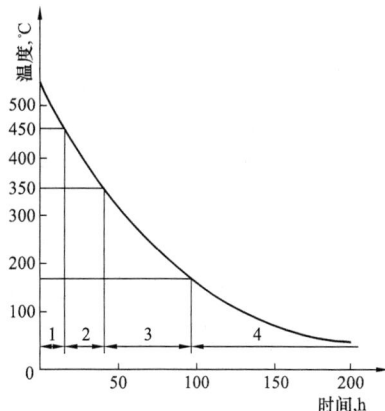

图7-2 启动前金属温度分界线
1—极热态启动;2—热态启动;
3—温态启动;4—冷态启动

汽轮机的启动方式除了按温度水平来划分以外,还有按新蒸汽参数情况来划分的。如果在启动过程中,主蒸汽门前新蒸汽的参数始终保持额定值时,称为额定参数启动。这种启动方式由于其蒸汽压力温度都相当高,对于非极热态启动,使新蒸汽与金属部件之间的温度差一直保持较大。为了保证安全,不使热应力过大,只能将调节汽门的开度,即蒸汽的流量控制在较小值,但仍不可避免有较大的热应力和热变形。为使启动时部件受热均匀,不得不延长启动时间。对于极热态启动,由于金属处于较高的温度水平,故启动时间较短。在额定参数下启动时,锅炉的蒸汽参数同样要提高到额定值,要损耗大量燃料,降低了电厂的经济性。因此目前单元机组大都采用滑参数启动。

　　滑参数启动就是指汽轮机在整个启动过程中，主蒸汽门前的蒸汽参数随机组转速、负荷的升高而滑升。在汽轮机升速过程中，用较低温度的蒸汽进行暖管、暖机。暖管、暖机过程与锅炉的升压、升温过程同时进行。在带负荷之前的启动过程中，蒸汽参数一般保持定值。因此蒸汽与金属部件的温差较小，可以避免受热冲击的危险，延长汽轮机的寿命。滑参数启动要选择好冲转汽轮机的蒸汽参数，这对机组的可靠性和经济性很重要。要掌握好蒸汽与金属的压差，冲转升速后要使锅炉的动态特性与汽轮机的升速相配合，使汽轮机升速按预定的曲线进行。目前中间再热机组一般采用 0.1～0.2MPa、250～350℃，有的 600MW 机组冷态启动时冲转参数选用 0.68MPa、365℃。

　　在滑参数启动过程中，若冲转前主蒸汽门前已经具有一定的蒸汽压力，冲转升速过程中压力保持不变，逐渐开大调速气门，直至全开，而后加强锅炉燃烧，提高主蒸汽参数，直到带满负荷，这一方法称为压力法启动。若从锅炉汽包到汽轮机调节级喷嘴前的所有阀门均开启，汽轮机抽真空、锅炉点火、汽轮机冲转、升速、带负荷全部由锅炉燃烧来控制，此种方法称为真空法启动。由于真空法启动时疏水困难，蒸汽过热度低，转速难控制，故一般很少采用这种方法。

　　滑参数启动与额定参数启动相比，可提前并网带负荷。但由于升速时汽缸温度不高，需要在低负荷下进行暖机。

　　启动时如果按启动进汽通路来分，可以分高、中压缸同时送汽启动和中压缸送汽启动。高、中压缸同时送汽启动，则高、中压缸同时受热。对高、中压缸合缸的机组可使分缸处受热均匀。有的高、中压缸分缸反向布置，为避免中压缸发生最大胀差的危险，在启动时可先对中压缸送汽，排除了高压缸胀差的影响，但为防止高压缸过热，有的设置了高压缸冷却系统。这种先从中压缸进汽的启动方式，称为中压缸进汽启动。我国曾在第一台 N125 - 13.2/550/550 型机组中试用过中参数的中压缸启动，但启动时间较长。因为高压缸在汽轮机已有一定转速之后才开始送汽，待并网后控制高压缸进汽量来增加负荷，此时高压缸进汽晚，受热尚不很均匀，必须在低负荷稳定一段时间。另外，中压缸进汽门尺寸大，冲转时转速不易控制，所以国内很少采用。中压缸启动方式已在国外引进机组中较多采用，如引进 300、600MW 机组，原制造厂规定采用中压缸启动方式。另外，也有单从高压缸进汽的启动方式，前苏联的超临界压力机组即采用了此种方法。

　　根据上述启动方法的论述，目前国内对中间再热式机组大都采用高、中压缸同时进汽，滑参数启动方式进行。下面将冷态启动、热态启动和中压缸启动三种启动方式分别进行论述。

　　1. 冷态启动

　　图 7 - 3 是一台 300MW 单元机组的冷态启动曲线图。它综合反映了汽轮机在启动过程中主蒸汽压力、温度、负荷和

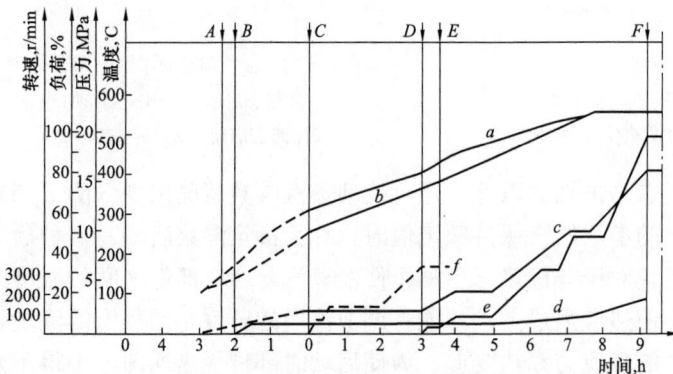

图 7 - 3　N300 - 16.17/550/550 汽轮机冷态启动曲线

a—主蒸汽温度；b—再热蒸汽温度；c—主蒸汽压力；
d—再热蒸汽压力；e—负荷；f—转速

转速对时间的变化关系。一台汽轮机投运后应根据不同的启动方式下启动试验的结果，以及制造厂提供的原始资料，作出适用该机组的启动程序，作为以后启动时控制各参数变化的根据。现将主要启动步骤说明如下。

启动前锅炉必须保证供给足够（足以保证汽轮机升速到额定转速）量的饱和蒸汽或过热蒸汽，并向轴封送汽以保证汽轮机处于密封状态，使尾部凝汽器中建立起真空。

在冷态启动时送入汽轮机的蒸汽温度比金属部件的温度高得多，所以会引起较大的热应力，为此启动前要预热金属部件，即暖管、暖机，在中间再热机组中借用旁路保证锅炉再热器的冷却，并调节和保护使得启动中不发生事故。

图 7-3 中 A 表示开始向轴封送汽，建立凝汽器真空；B 表示开启旁路系统送汽暖管、暖机；C 表示暖管结束可以开启调节汽门送汽。在此以前都是汽轮机启动前的准备工作。此阶段中主要限于锅炉方面的工作，同时对汽轮机相应管道（如主蒸汽门前后管道，中间再热管道、轴封系统管道以及法兰、螺栓加热系统管道）进行暖管。

开启调速汽门后，蒸汽开始冲动高、中压缸的转子转动，维持在 500～600r/min 下全面检查。略加停留后，逐渐开大调速汽门，提升转速，在避开临界转速条件下进行中速暖机（1200～1800r/min），然后稳定一段时间（60～90min），待高压缸调节级处内下缸内壁温度 250℃ 以上，中压缸第一级处内下缸内壁温度 250℃ 以上时，结束暖管，逐渐升速到额定转速，使汽轮机与发电机同步。在此阶段主要提高高、中压转子及汽缸温度。图 7-3 中还可以看出，冲转阶段，由于蒸汽量较少，还不足以加热厚壁部件如汽缸和转子，待到汽轮机转速升到额定转速后，由于新蒸汽温度提高，蒸汽对金属的换热系数也增大，汽轮机金属部件温升很快。而在热态启动时，若进入汽轮机的新蒸汽温度不及汽缸原先的温度高，新汽对汽缸反而起冷却作用，其产生的热应力方向与冷态启动相反，随着蒸汽流量的增大，汽缸和转子等又被加热。

D 表示汽轮机达到同步转速后开始并网。待转速稳定后关闭旁路系统，即图 7-3 中的 E，因为旁路系统只用于启动前暖管、暖机时排放锅炉中产生的多余蒸汽，汽轮机升速和加负荷由调节汽门来控制。以上 C-E 阶段是启动的第二阶段，即升速阶段。暖机、升速阶段转速的控制应注意缩短启动时间；不要在转速太低时暖机，使换热系数较低，减缓了金属加热温升速度，转速也不能选择过高，造成较大离心力，引起脆性破坏。

E-F 阶段为汽轮机加负荷阶段，从初始负荷加到额定负荷。带负荷是根据要求的负荷曲线进行的，图 7-3 中空载流量约为额定流量的 4%～5%。由图 7-3 可知，蒸汽流量是刚带负荷时才开始增大的，此时蒸汽与汽缸壁的换热系数增大，加热量也增大，但此阶段转子和汽缸仍处于较低温度水平，为防止过大的热应力，必须带一定负荷暖机，同时对蒸汽升温速度和加负荷速度有所限制。升荷率视不同汽轮机有所不同。有的 300MW 机组开始提负荷阶段，每分钟的升荷率为 0.4%～0.5% 的额定负荷，然后再以 0.5%～0.7% 的值到额定负荷。有的 600MW 机组先以 1%/min 的额定负荷升高到某一负荷，然后再以 2%/min 加负荷。为使汽轮机部件温度趋于均匀，降低热应力，常在一定负荷下稳定一段时间。应当指出，汽轮机并网后应立即带一小负荷，以防止发电机处于倒拖工况。

以上仅是汽轮机冷态启动时带负荷的主要步骤，实际情况远不止此。启动过程中要防止产生较大的热应力和热变形，还要使其他许多热力系统投入运行，例如水泵、油泵加热器和抽气器系统等。为使部件安全，需投入汽缸法兰和法兰螺栓加热系统，控制汽缸和转子的相对膨胀；为防止大轴弯曲，启动前转子要进行盘车等。机组的升负荷率与暖机时间见表 7-1。

表 7 - 1 　　　　　　　　　N300－16.17/550/550 并网升荷率与暖机时间

负荷（MW）	主蒸汽压力（MPa）	主蒸汽、再热蒸汽温度（℃）	增负荷时间（min）	稳定时间（min）
0～2	3	400	10	30
2～4	3～5	400～450	20	90
4～10	5～10	450～500	50	30
10～15	10～14	500～520	40	60
15～30	14～16.17	520～550	60	

2. 热态启动

热状态是指汽轮机金属部件的温度高于冷态启动时达到额定转速的部件最高温度的状态，一般以汽轮机的高压上缸的内壁温或中压上缸内壁温为准。此时由于其汽缸、转子等部件的温度均匀，所以启动时间可以短一些，但热状态亦有其特殊性。因停机后各部件冷却速度不同，其间亦存在一定温度差，造成动静间隙变小、大轴弯曲、汽缸变形等，对启动不利。

在热启动的初始阶段，蒸汽流经进汽管道，又经阀门节流和调节级焓降损失，温度有所降低，使转子有较大冷却，造成与启动后期相反方向的热应力，转子长度收缩。对单流程汽缸来说，停机后进汽部分的转子温度较高，它比汽缸向轴承侧散热强度大，又受较冷的汽封蒸汽冷却转子，因此使汽轮机转子收缩甚至到极限位置，当然这是不允许的。这些现象限制了汽轮机的热态启动。为了减少高压转子的缩短，在热态启动时用热蒸汽向汽封送汽。国产机组在正常情况下，汽封送汽是由除氧器供给的，温度较低。为了送热汽，可用集汽总管送新蒸汽来代替，或者将除氧器来的蒸汽经新蒸汽加热后送入汽封，或者采用电热汽等。

此外，在汽轮机运行时，转子旋转带动蒸汽流旋转，保证转子周围受热或冷却均匀。但停机后不转（停止盘车），由于上下汽缸温差，使缸内热流不对称，或向汽封送汽不对称，使转子产生热弯曲，甚至在通流部分产生动静摩擦。转子的弯曲程度可测量其晃动度，作为监视指标。如启动前转子晃动度超过规定值，应延长盘车时间，消除转子热弯曲后，才能启动。

由以上可知，热态启动时，上下汽缸的温差是最重要的影响，它会使汽缸发生弯曲、变形、翘曲、上下缸轴向发生不同膨胀等。据估算，上下汽缸温差每增大 10℃将使汽缸翘曲 0.08～0.13mm。

热态启动对主蒸汽也有一定要求，主蒸汽温度应高于金属温度，即高于高压缸调速级汽室和中压缸进汽室的温度，否则蒸汽将对金属起冷却作用，而在升速加负荷时又起加热作用，这将发生低周交变应力，缩短机组寿命。因再热器布置在低温烟气区，而且烟气流速较低，故再热蒸汽的温度在热态启动时其升高速度往往比主蒸汽温升慢。在热态冲转时，要求再热蒸汽温度也应与金属温度相适应，而且要求有 50℃的过热度，这样应要求主蒸汽温度更高一些。所以，汽轮机热态启动从寿命损耗角度出发，应根据该机组的寿命管理曲线，通过一定温升值求出合理的温差，作为启、停时的控制指标，合理地控制启动。

热态启动的特点：要根据热状态的概念，找出热态启动的初始负荷，即在冷态启动曲线上找出与之相对应的工况点，如有的机组启动工况点定位为高压上缸内壁的某特定金属温度，与该温度相对应的负荷，就作为热态启动的初始负荷。与这一点相对应的蒸汽参数，即为冲转参数。以图 7-4 所示的 600MW 机组热态启动曲线作为参考。图 7-4 中 A 开始，即主蒸汽温度 450℃ 为冲转开始。然后在低速阶段 AB 段，做好全面检查，并以较短时间（一般为 10~15min）或 200r/min 升速到同步转速 C 并网。从 C 开始以一定升荷率增加到初始负荷值，从冲转到初始负荷之间，不希望有空载下持续转动的时间，这样会使汽缸有发生冷却的机会，到初始负荷后即可按预定的程序进行加负荷。

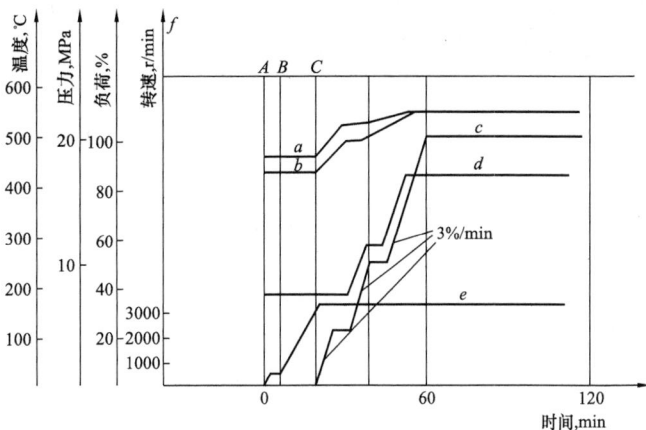

图 7-4 600MW 机组热态启动曲线
a—主蒸汽温度；b—再热蒸汽温度；c—主蒸汽压力；
d—再热蒸汽压力；e—负荷

对于没有启动曲线的机组，在热态启动时，新蒸汽温度应高于调速级上缸内壁温度 50~100℃，蒸汽过热度不低于 50℃。

热态启动为不使凝汽器真空过低（66.65kPa 以上），防止冷空气通过汽封进入缸内，应先向轴封送高温蒸汽（200~250℃）。因为主蒸汽、再热蒸汽管道疏水是经扩容后排入冷凝器的，真空高对疏水有利。但真空过高，亦会使主汽门、调速汽门漏汽而使汽缸冷却，尤其是中压缸，漏汽会更多。

3. 中压缸启动

单元大容量机组，由于锅炉散热面积大，且启动前多次吹扫，所以热惯性比汽轮机小，停炉冷却比汽轮机快。由图 7-1 中曲线 1 可知，300MW 汽轮机停机 60h 后，高压缸温度仍有 350℃，完全冷却需 6 天以上。此时锅炉已完全冷却，因此短期停机再启动时，锅炉的温度低于汽轮机的金属温度，而且锅炉升温升压需要一定时间，如果等到锅炉升到需要的温度，则延长了锅炉启动时间，影响快速启动。虽然利用旁路系统可以提高主蒸汽温度与再热汽温度，但旁路容量限制了机组热态启动的速度。尤其是低压旁路需采用大口径管道与阀门，制造工艺和成本均受限制，因此，出现了采用旁路系统配合，中压缸送汽的热态启动方式。

中压缸启动就是在热态启动时，当达到预定的启动参数后，关闭高压缸使其处于真空状态下，开启中压缸进汽阀，冲转汽轮机，升速、并网、带负荷的一种启动方式。一般情况下，启动过程由中压缸调节汽门控制，并在升负荷过程中，逐渐关小低压旁路，以保持再热器压力恒定，一直升负荷到规定数值。或者低压旁路接近关闭，切换到高压缸进汽，直到高压缸内压力增加到稍高于再热器的压力时，高压缸排汽止回阀自动打开。由于高压缸的切换操作时间很短（2~3min），内部温度场不会发生变化，当高压缸流量达到一定值时，可通过控制进汽参数和背压来保证高压缸的第一级和排汽室处的蒸汽温度和金属的温度相适应。

综合起来，中压缸启动主要步骤有：锅炉点火，投入旁路，提高主蒸汽及再热蒸汽的温度，汽轮机进行盘车，维持锅炉参数稳定，高压缸抽真空，中压缸冲转、升速、并网和带负荷等，切换到高压缸进汽。

实施中压缸启动时，对调速系统应采取相应措施，使高、中压调速汽门分别控制。对于数字电液调节系统（DEH），或电液调节系统（EH），这种控制方式不难实现，但对液压调节的机组，实现这种控制方式有一定困难。

第三节　汽轮机的停机

汽轮机停机就是将带负荷的汽轮机卸去全部负荷，发电机从电网中解列，切断进汽使转子静止。

汽轮机停机过程是汽轮机部件的冷却过程。停机中的主要问题是防止机组各部件冷却快或不均匀引起的较大的热应力、热变形和胀差等。它所处的应力状态与启动时相反。因此，停机时也应保持必要的冷却工况，以防止发生事故。

汽轮机停机一般来说可分为正常停机和事故停机。正常停机可根据停机的目的分为额定参数停机和滑参数停机。额定参数停机是当设备和系统有某种情况需要短时停机，很快就要恢复运行。因此，要求停机后汽轮机部件金属温度仍保持较高水平，在停机过程中，锅炉的蒸汽压力和温度保持额定值。停机时将在额定参数下运行的汽轮机，逐渐关小调节汽门，逐步、分段地减少负荷。减负荷的速度要根据汽轮机金属允许的温度，一般要求金属降温速度不超过 $1℃/min$，降负荷到空转，发电机解列，打闸停止进汽，在汽轮机转子停止转动时，投入盘车装置，直到汽轮机冷却为止。

额定参数停机过程中减负荷时，应注意相对胀差的变化，因为随着蒸汽量的减少，高中压缸前汽封漏汽量亦减少，轴封温度降低，转子轴封段冷却收缩，引起前几级轴向间隙减小，可能出现较大负胀差。为此，应尽量保持向前轴封送入较高温度的蒸汽。负胀差大时应停止减负荷，待胀差减小后，再减负荷。

滑参数停机是在调节阀门接近全开情况下，采用降低新汽压力和温度的方式降负荷，锅炉和汽轮机的金属温度也随之相应下降。此种停机的目的是为了将机组尽快冷却下来，一般用于计划大修停机，以求停机后缸温下降，提早开工。如果作为调峰机组，或消除设备缺陷，停机时间不长，为了缩短下一次启动时间，停机过程就应与上述情况有所区别。为了使下次启动快些，不要使机组过分冷却，应尽量使蒸汽温度不变，利用降低锅炉汽包内蒸汽压力的方法降低负荷。在减负荷时通流部分的蒸汽温度和金属温度都能保持较高的数值，达到快速减负荷停机的目的。

现以 300MW 单元机组滑参数停机为例，说明主要停机步骤。如图 7-5 所示，从 A 点开始减负荷，如果机组在额定参数下运行，先将负荷按规定速度降到 $80\%\sim85\%$ 或更多一点，本机

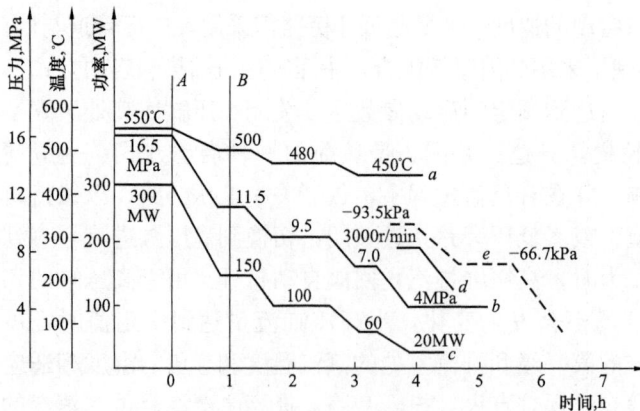

图 7-5　N300 型机组正常停机曲线

a—主蒸汽温度；b—主蒸汽压力；c—负荷；d—转速；e—排汽压力

组从 300MW 减到 150MW。这可通过减少锅炉燃料，并且以 1℃/min 左右的降温速度，将新蒸汽和再热蒸汽的参数从 16.5MPa、550℃ 降到 11.5MPa、500℃，并使机组在此条件下稳定一段时间（本机为 30min）。由于再热蒸汽降温滞后于主蒸汽降温，所以应等再热蒸汽降温后，再进行下一阶段的主蒸汽降温。在低负荷时压力和温度应下降慢些，这样可使金属降温速度比较稳定，每一阶段的温降约为 20～40℃。负荷从 150MW 在 20min 内降到 100MW，新蒸汽参数从 11.5MPa、500℃ 下降到 9.5MPa、480℃，稳定 60min；又在 20min 内减负荷到 60MW，蒸汽参数减到 7MPa、450℃，再稳定 20min；然后在此维持蒸汽温度 450℃ 不变，并在 30min 内将压力从 7MPa 下降到 4MPa；负荷从 60MW 下降到 20MW，再以同样速度将负荷减到最小，直到解列。在滑停过程中，中间再热蒸汽的温度应与新蒸汽的变化保持一致，不允许两者温差过大，同时应采取措施，合理使用旁路系统，保证高、中压缸进汽均匀。

最后使汽轮机停止转动，同时锅炉熄火，并停止向汽轮机汽封送汽。这样从额定负荷降至零负荷的全过程需时 230min，平均降压率为 5.4MPa/min，降温率为 0.43℃/min。

在滑停过程中，新蒸汽温度应始终保持 50℃ 的过热度，以避免蒸汽带水。滑参数停机过程容易出现较大的负胀差，因此在新蒸汽温度低于法兰内壁金属温度时，应投入法兰加热装置以冷却法兰（见图 7-5 中 B），冷却法兰汽源来自滑参数新汽或其他低温汽源。

滑停过程中严禁汽轮机做超速试验，因为主汽门前蒸汽参数已很低，超速就要提高压力。这样在原有压力相应的饱和温度下，当蒸汽压力提高时就会出现带水。

如果机组大修需要抢修时间，汽轮机停机时要加速机组冷却。这样，研究停机冷却方法就很重要。由图 7-1 汽轮机的冷却曲线已知，其最厚实部分要冷却到可检修条件，需要 6～7 天，这就会影响大修进度。因此，要采用机组强制冷却方法，常用冷却方法有蒸汽冷却和空气冷却。

在电厂发生某些重大事故时，需要事故紧急停机。这种事故停机事前没有什么准备，一旦发生事故，只能采取紧急安全措施，打掉危急保安器的挂钩，并从电网中解列。在危急情况下，为加速汽轮机停止转动，可以打开真空破坏阀破坏汽轮机的真空。这样使冷空气进入汽缸，它使叶轮的摩擦鼓风损失增加，对转子增加制动力，减少转子惰走时间，可加速停机。但一般不宜在高速时破坏真空，以免叶片突然受到制动而损伤（有些厂规定在 400r/min 后）。进入汽轮机的冷空气会引起转子表面和汽缸的内表面急剧冷却，产生较大的热应力，一般较少采取这种措施。

汽轮机的停机就某种意义上说，也是下次汽轮机启动的准备，所以应当为下次启动做好准备工作。为防止汽轮机转子在停机中的热弯曲，保证其挠度在一定范围内，必须在转子静止瞬间投入盘车装置，连续盘车可以防止转子热弯曲和减少上下汽缸的温差，达到随时可以启动的条件。例如，有些机组盘车一直进行到汽轮机金属温度达到 250℃ 以下才停止，然后进行定期盘车，直到汽缸内壁温度达到 150℃ 以下为止。在机组重新启动前，有的资料表明，盘车装置还应投运 4h。如果转子必须在很热的状态下停止转动，则最重要的是保证轴承润滑油的供应，以免烧坏轴承金属，此时，轴承润滑油泵不能立即停。实践证明，轴承金属的温度超过 149℃ 极易损坏，因此当汽缸温度为 260℃ 或更低时，如果停止轴承润滑油供应，则轴承金属温度不得超过 149℃，在盘车的同时应控制真空的变化。

第四节　汽轮机启动、停止中的几个特殊问题

汽轮机由于其热力特性及结构上的一些特点和电网中工作的需要，在启、停中相应出现一些重要问题，影响汽轮机的安全和经济，如启动参数的决定、启动时间的缩短、停机后快冷等。为进一步掌握这些问题，下面分别对其机理和采取的措施作进一步讨论。

1. 启动参数的选择

启动参数的选择关系到汽轮机的安全，启动温度太高，使蒸汽和金属部件，尤其是较冷部件（主汽门、调节汽室和导气管）的温差大，温升率高。在热态启动时，蒸汽温度不当，启动后使汽缸温度剧烈冷却，转子发生明显负胀差。这些都与蒸汽的换热系数有关，因为启动时蒸汽流量较少，在滑压过程中，只要求蒸汽压力能使汽轮机升速到额定转速和做超速试验。

蒸汽参数变化受流通管道的加热速度和调节汽门的节流程度的影响，所以主要蒸汽参数应该指进入汽轮机时的参数值。当冷态启动时，开始蒸汽与较冷的壁面接触，发生凝结换热。凝结换热系数较大，约为 $6000W/(m^2 \cdot K)$，金属被剧烈加热，温升率大。一旦壁面形成水膜后，因水膜热阻较大，凝结换热减缓。当蒸汽压力为饱和压力时，在饱和温度下进行对流换热，此时换热系数的大小决定于饱和温度值，高参数下的换热系数大，热交换较强。在通常的汽轮机内流速大小情况下，同等大小的速度的高压过热蒸汽和湿蒸汽的换热系数较大，前者约为 $1700 \sim 2300W/(m^2 \cdot K)$，后者约为 $3500W/(m^2 \cdot K)$；而低压的稍有过热的蒸汽，其换热系数较小。在相同条件下，仅为高压过热蒸汽的 1/10。所以低压稍有过热的蒸汽的温度水平对汽轮机部件的加热较安全。启动后开始加负荷阶段蒸汽流量增加，温升率也与蒸汽流量有关。因此，上述条件确定了选择进入汽轮机前的蒸汽温度界限。

启动时应尽可能做到蒸汽参数与金属相匹配，并注意转子内部热应力的分布，随时调整升速率，使热应力尽可能减小，避免过大热冲击。

中压缸前再热蒸汽温度较低，但必须有一定的过热度。由于有些机组有时Ⅰ、Ⅱ级旁路的开度不一样，再热器有时为正压，压力提高后使蒸汽带水，引起机组振动。因此，再热蒸汽的温度也不能很低，而且要保持 50℃ 的过热度。表 7 - 2 列举了几台大型机组的冲转参数。

表 7 - 2　　　　　　　　　　　启 动 冲 转 参 数

机组类型	启动状态	推荐的冲转参数			
		主蒸汽参数		再热蒸汽参数	
		$p(MPa)$	$t(℃)$	$p(MPa)$	$t(℃)$
国产 N300 - 165/555/550	冷　态	0.98~1.47 2.45~2.94	250~300 高于缸温 50 过热度不低于 50		>200 不低于中压缸缸温 不低于中压缸缸温
	温　态				
	热　态				
国产 N200/130/535/535	冷　态	1.37~1.56	240~300 高于缸温 50~100 过热度不低于 50		>120 高于缸温 30~50 过热度不低于 50
	温　态				
	热　态				

续表

机组类型	启动状态	推荐的冲转参数			
		主蒸汽参数		再热蒸汽参数	
		p(MPa)	t(℃)	p(MPa)	t(℃)
日本产 三菱 350MW 机组	冷 态	5.88	360		
	温 态	7.84	360		
	热 态	11.76	430		
	极 热 态	13.72	480		
法国产 300MW 机组	冷 态	4.9	350		
	温 态	4.9	400		
	热 态	7.84	450		
N600/170/537/537	冷 态	6.8	365		
	温 态	6.8	365		
	热 态	6.8	450		
	极 热 态	6.8	450		

在启动时要建立真空。若真空过低，则当冲转时大量蒸汽进入汽轮机，可能使凝汽器内出现正压，造成真空破坏并向大气排出蒸汽，或造成铜管膨胀，严重时使胀口松脱而漏水。如果真空过高，建立真空需要时间，且在相同转速下，蒸汽流量比低真空时要小，因此，真空过高延长了暖机时间，增加了启动时间。所以应选择好冲转时的真空，一般来说以 $72\sim73.3$kPa 较为适宜。

2. 缩短启动时间

缩短汽轮机的启动时间，减少启动损失，提高可靠性，这是合理、经济启动所要求的。一台大型汽轮机的启动要消耗大量能源，因此应当重视启动时间的缩短。同时，缩短启动时间也是对调峰机组的要求。

限制汽轮机启动速度的主要因素之一是部件的热应力状态和热变性造成的间隙变化，间隙的变化又与汽缸变形和转子相对伸长等有关，它与金属温升率有密切关系，而金属的温升率又与蒸汽的温升率有关系。归根结底，汽轮机的启动、停机过程应严格控制蒸汽温升率，使间隙变化和转子相对伸长控制在允许范围内。

在控制金属温升率方面，对汽轮机的结构采取一些措施。根据分析，对于不同的机件，结构对热应力状态有程度不同的影响。例如汽轮机的水平法兰连接处，因为法兰宽度方向温差较大，具有较大热应力，因此减少启动时间的措施，可以对汽轮机高、中压缸的法兰和螺栓进行加热，即缩小沿法兰宽度的温差以及缸壁和法兰的温差，在加热法兰连接时必须同时加热螺栓，以避免法兰和螺栓之间出现过大的温差。

加热法兰的蒸汽，不宜用主蒸汽，因为温度太高，加热速度太快，会引起法兰内侧表面的热冲击，同时引起法兰温度不均匀，在有些内侧加热不充分区，螺栓温度可能高于法兰温度，从而使螺栓紧力减小，造成法兰水平结合面漏气。因此，加热法兰所用蒸汽可采用调节级汽室或高压缸内外的夹层空间来的蒸汽，中间再热式汽轮机的中压缸法兰加热用汽可取自再热蒸汽管道。这种蒸汽的温度和流量随着负荷的增长能自动增长，与加热过程的工况变化相适应。投入这种加热系统可以较大地缩短启动时间。

另一个限制汽轮机启动速度的因素是转子的相对膨胀。相对膨胀过大，使轴向间隙发生较大的变化，法兰加热也能减少高压缸转子的相对伸长。对于中压缸，由于中压汽缸的质量比该区段的转子质量要小，所以加热中压缸法兰时，可能出现中压缸转子的相对收缩，这种负胀差不是很大，对启动不会发生很大的影响。

转子在启动时承受很大的应力。缩短启动时间应考虑其使用寿命问题。现在常用数字模拟方法，计算转子的温度分布，根据金属低周疲劳计算转子寿命损耗，根据寿命管理曲线决定温升率和温降率以及部件最大允许温差，作为启动暖机的主导指标，再配合其他因素全面确定合理的温升率。蒸汽温升率对金属温升率的影响取决于蒸汽换热系数，已知蒸汽的换热系数随蒸汽的参数提高而增大，在冲转时蒸汽参数较低，换热系数较小，一般只有额定负荷时的 0.1～0.7，此时温升率可大些。随着蒸汽温度提高，温升率可小些。一般情况主蒸汽温升率在 2～2.5℃/min。但在低换热系数情况下，可快到 3～4℃/min；温降时比温升时应慢一些，速率为 1～1.5℃/min。因为降温时蒸汽使金属表面承受拉伸应力，它比压应力允许极限要低。拉伸应力是造成裂纹的主要危险因素。

实际上，单元机组的启动不是一个单纯的汽轮机启动问题，应与锅炉密切配合。冷态启动时，应考虑汽轮机冲转时所要求的最低蒸汽参数。热态启动时，要注意锅炉动态特性能否适应汽轮机升负荷的速度要求。其他还有蒸汽管道的热惯性、辅助设备的投运等等。此外，除了设备的条件以外，还应考虑操作方法和操作经验等。要合理、安全启动，最好的办法是进行最优化启动的自动控制。

3. 启动自动化

在汽轮机运行中，要求快速启动，即要求最大可能的速度改变汽轮机的工作状态，迅速达到稳定状态，并在这一过程中各部件具有较高的可靠性。要实现此目标，必须依靠启动自动化。随着计算机技术和自动控制技术的迅速发展，汽轮机的自动启动（停机）已成为现实。目前，国外大容量机组的启、停均已实现计算机空置，我国也有不少电厂实现了汽轮机的自动启动和停机。

计算机控制汽轮机的启动是利用预先编好的程序，在启动（停机）过程中随时计算出主要部件的热应力或部件的寿命损耗，以此来调整启动过程中参数变化的速度，达到蒸汽与金属温度最佳的配合，在允许的寿命损耗率范围内达到快速启动的目标。

实现计算机控制汽轮机启动的关键问题是热应力计算，一般以热应力作为控制对象。在启动过程中，限制转子热应力不超过允许值，就可继续提高启动速度。不少制造厂对本厂汽轮机都设计出可用的自动控制程序。图 7-6 为某汽轮机的自动控制系统的流程。

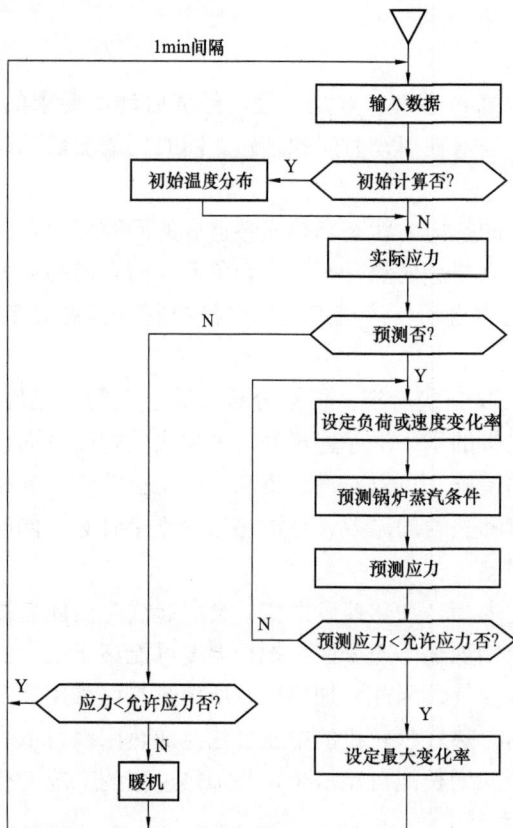

图 7-6　汽轮机自动控制方案流程

第五节　600MW 汽轮机启动程序

汽轮机的启动过程包括了从盘车运行直到带负荷运行的整个过程，涉及的被控设备及工作介质种类较多，操作步骤很复杂，大体上可以分为五个阶段，即不带旁路盘车阶段、带旁路盘车阶段、汽轮机空载运行阶段、投入励磁装置、带负荷阶段。根据机组热状态的不同，分为冷态、温态、热态和极热态四种启动方式，启动曲线如图 7-7～图 7-10 所示。

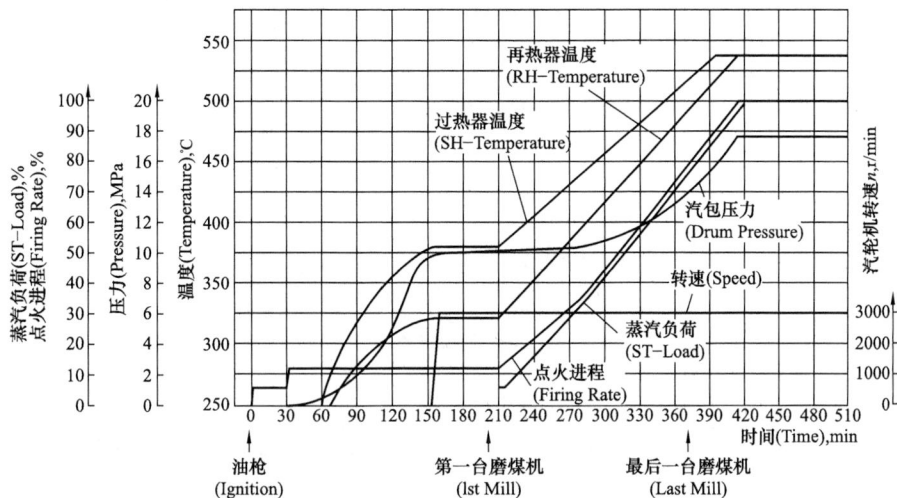

图 7-7　600MW 汽轮机冷态启动曲线

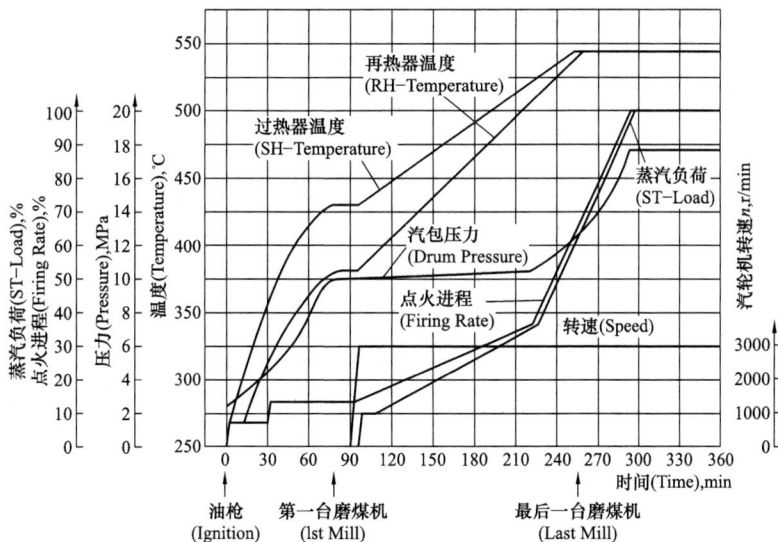

图 7-8　600MW 汽轮机温态启动曲线

汽轮机的启动程序中，考虑到机组启动前可能的几种状态，如初始状态启动，启动中断后重新启动，或在汽轮机空转状态下启动等，在程序中设计了许多需判断的条件。在不同的情况下，启动程序有所不同，故有时需要跳步。

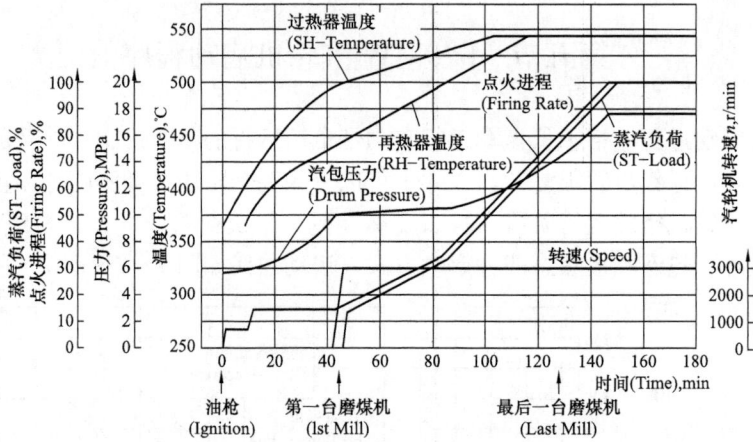

图 7-9　600MW 汽轮机热态启动曲线

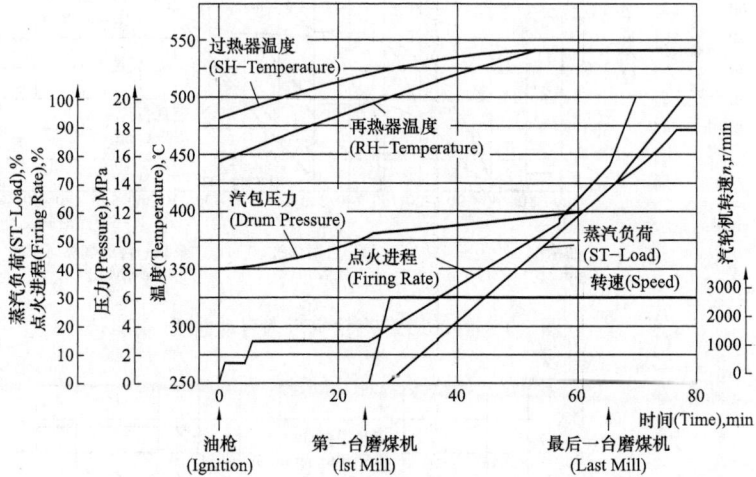

图 7-10　600MW 汽轮机极热态启动曲线

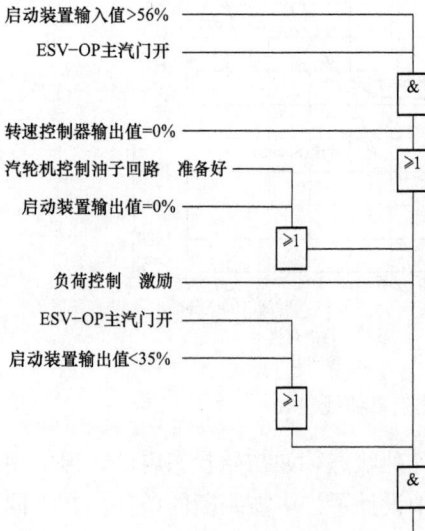

图 7-11　汽轮机程序启动允许条件

运行启动程序前首先判断程序启动允许条件（见图 7-11）。包括检查循环冷却水泵、闭式冷却水泵、闭式冷却水子回路是否已经投运。汽轮机启动程序见图 7-12～图 7-20，共有 35 步，图的左侧为各步的允许条件，右侧为各步发出的操作命令。首先启动汽轮机供油系统功能子组，由下级功能子组启动汽轮机供油系统。经检查确认凝结水系统及凝结水泵投入运行后，启动抽真空系统，待凝汽器绝对压力小于 80kPa 后，执行第 4 步，汽轮机电—液执行器（EHA）及旁路阀电—液执行器的控制油供应系统投入运行（包括控制油冷却器在内），高/低压旁路压力控制投自动，检查真空系统的工作情况，将凝汽器压力作为回报信号。第 5 步，汽轮机控制器转为定压控制，在汽轮机速度控制器启

启动命令

&
S01

1号闭式冷却水泵 运行
2号闭式冷却水泵 运行
凝汽器A侧循环水出入口差压 >0.02MPa
凝汽器B侧循环水出入口差压 >0.02MPa
1号开式冷却水泵 运行
2号开式冷却水泵 运行

≥1

≥1

≥1

&

&
S02 —— 汽轮机供油功能组控制 启动

汽轮机供油功能组控制 启动
1号凝结水泵 运行
2号凝结水泵 运行

凝结水母管压力 >1.0MPa

≥1

&

&

&
S03 —— 汽轮机抽真空功能组控制 启动

汽轮机抽真空功能组控制 启动
凝结器绝对压力 <80kPa(a)

&

300s &
S04 —— 汽轮机控制油功能子组 启动
—— 汽轮机高/低旁路控制 投自动

汽轮机控制油子回路 准备好
汽轮机控制油子回路 投自动
汽轮机控制油冷却子回路 投自动
汽轮机控制油冷却子回路 准备好
汽轮机高/低压旁路控制 自动
1号高压主汽门控制 启动
1号高压调节汽门控制 启动
2号高压主汽门控制 启动
2号高压调节汽门控制 启动

&

&

1号中压主汽门控制 启动
1号中压调节汽门控制 启动
2号中压主汽门控制 启动
2号中压调节汽门控制 启动

&

&

≥1

≥1

&

5s &
S05 —— 初始压力切换为限制压力模式

限制压力模式 投入
汽轮机转速 >2940r/min
发电机负荷实际值 >66MW

&

下接图7-13

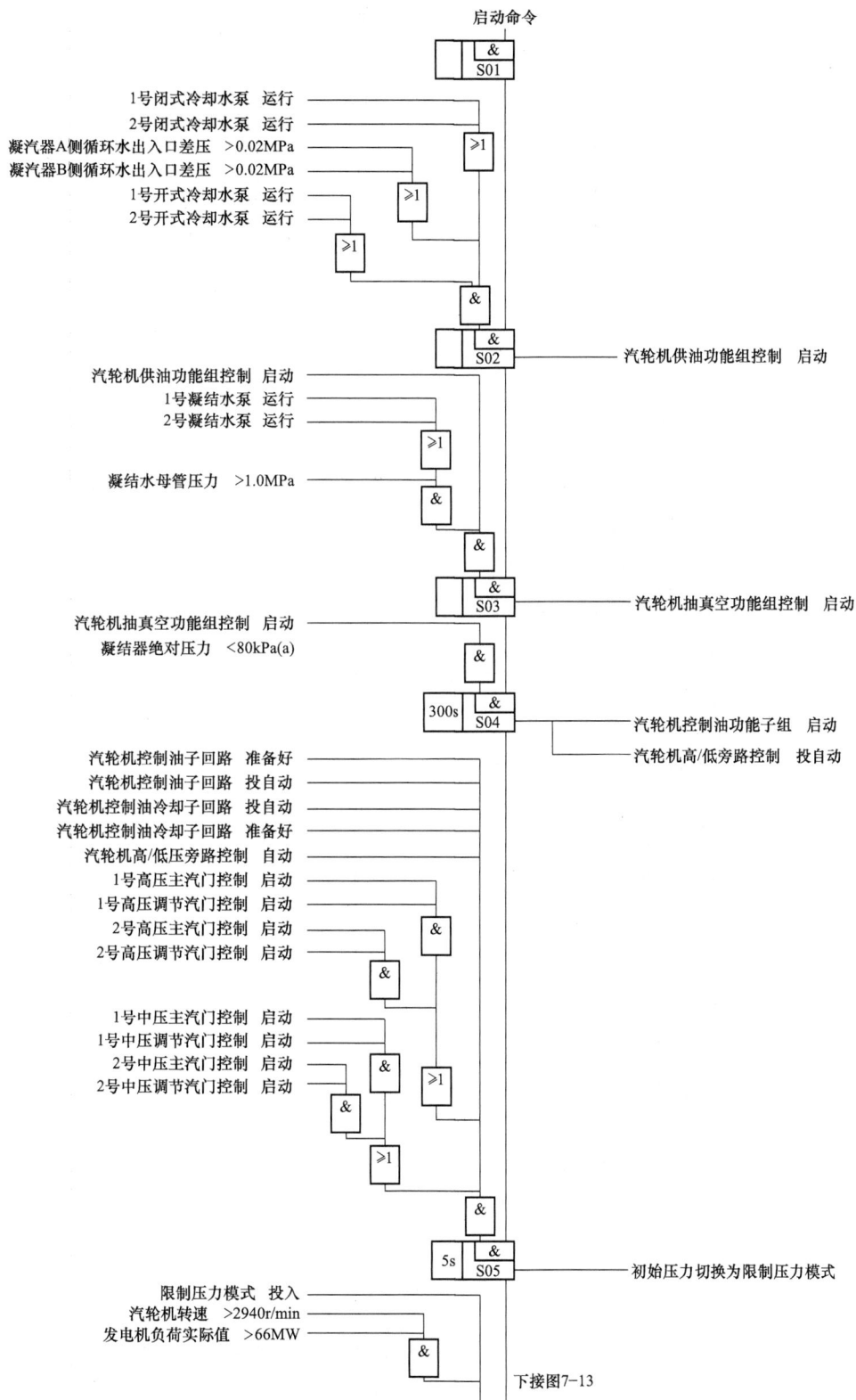

图 7-12 汽轮机自动启动程序逻辑图（1）

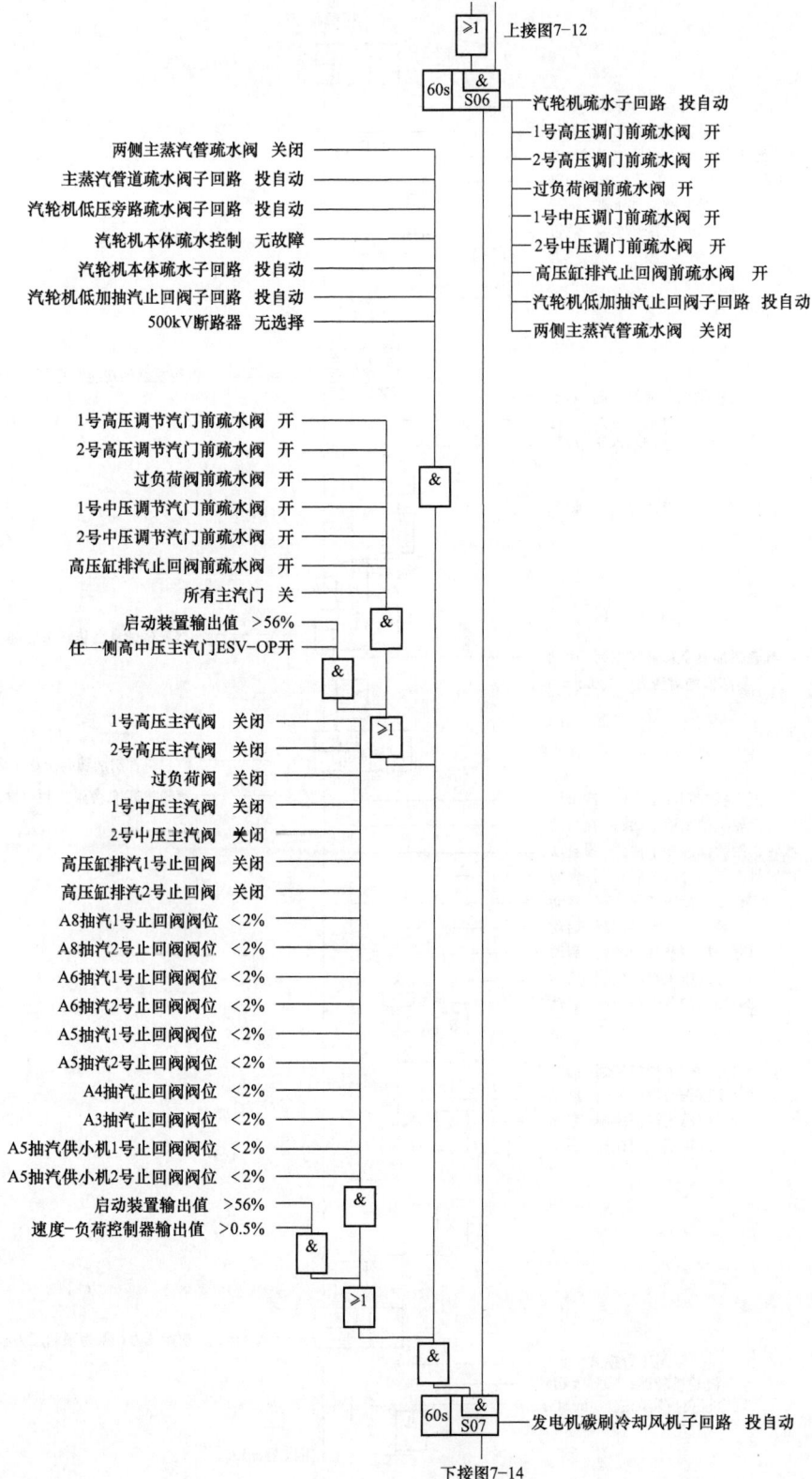

图 7-13　汽轮机自动启动程序逻辑图（2）

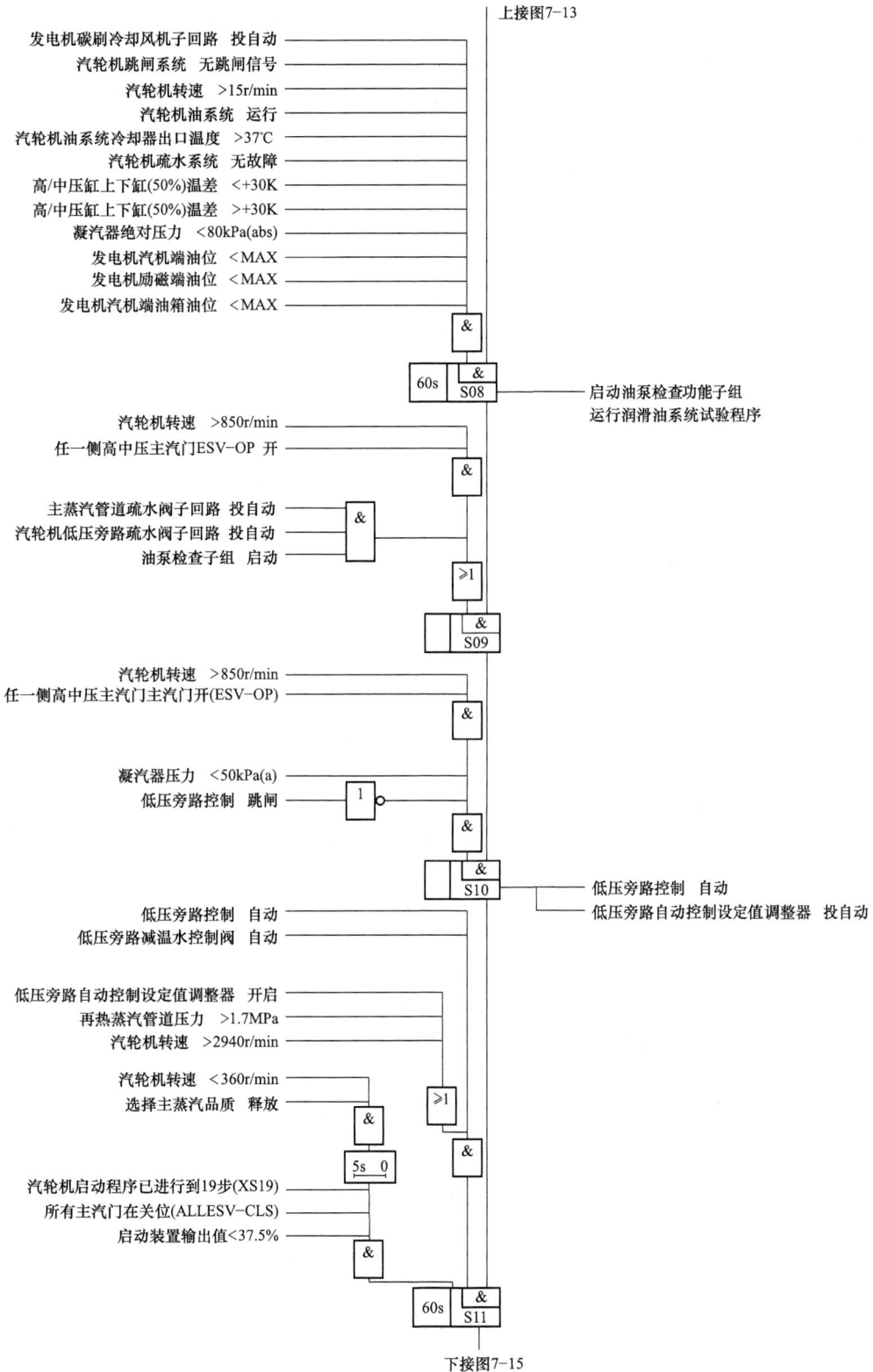

图 7-14 汽轮机自动启动程序逻辑图（3）

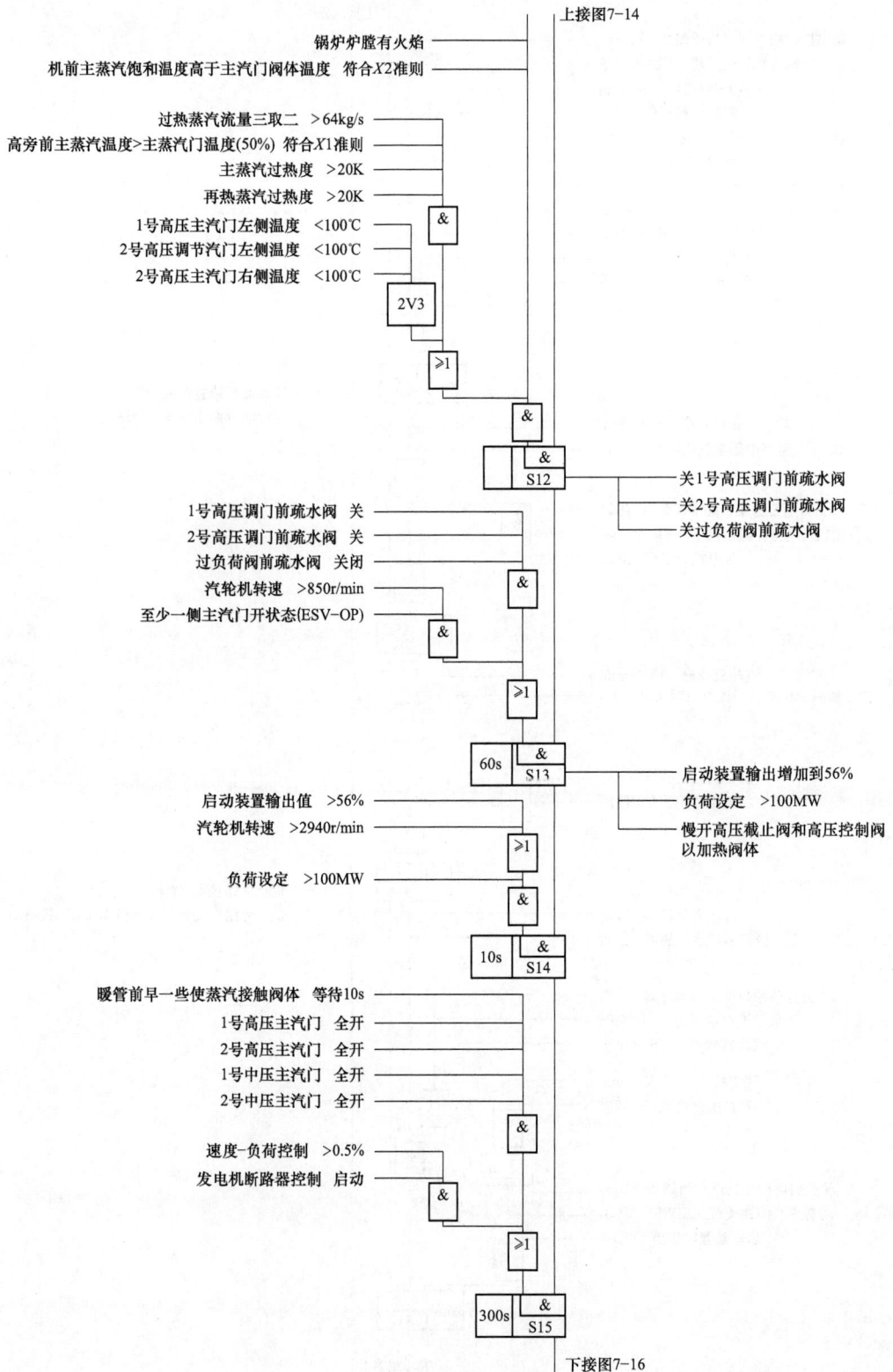

图 7-15　汽轮机自动启动程序逻辑图 （4）

上接图7-15

等待300s

所有主汽门全开(ALLESV-OP)

高压转子中心孔温度　>200℃
主蒸汽的流量三取二　>64kg/s(15%)
高压缸转子中心孔温度　<400℃

主蒸汽的流量三取二　>42.6kg/s(10%)
高旁前主蒸汽温度>主蒸汽门阀体温度符合X1准则
上限温度裕度　>30K
主蒸汽过热度　>20K
再热蒸汽过热度　>20K
汽轮机转速　>360r/min
任一侧主汽门全开状态(ESV-OP)

任一侧主汽门全开状态(ESV-OP)
任一侧主汽门全开状态(ESV-OP)
高压缸内缸温度　<180℃
高压蒸汽压力　>2MPa
主蒸汽品质　无释放
汽轮机转速>850r/min

180s S16
开1号高压调门前疏水阀到>30%开度
开2号高压调门前疏水阀到>30%开度
开主汽管道疏水阀
开主汽管道疏水阀
开过负荷阀前疏水阀到>30%开度
开汽机进汽室疏水阀

等待180s
1号高压调门前疏水阀开度　>30%
2号高压调门前疏水阀　关
2号高压调门前疏水阀开度　>30%
1号高压调门前疏水阀　关
过负荷阀前疏水阀开度　>30%
过负荷阀前疏水阀　关

主汽管道疏水阀　开
主汽管道疏水阀　开
汽轮机转速　>850r/min
任一侧高中压主汽门开(ESV-OP)

任一侧主汽门全开状态(ESV-OP)　15min0
任一侧主汽门全开状态(ESV-OP)　5min 0
高压缸内缸温度　<180℃
高压蒸汽压力　>2MPa
主蒸汽品质　无释放
汽轮机转速　>850r/min

30s S17
开1号高压调门前疏水阀到100%开度
开2号高压调门前疏水阀到100%开度
开过负荷阀前疏水阀到100%开度

下接图7-17

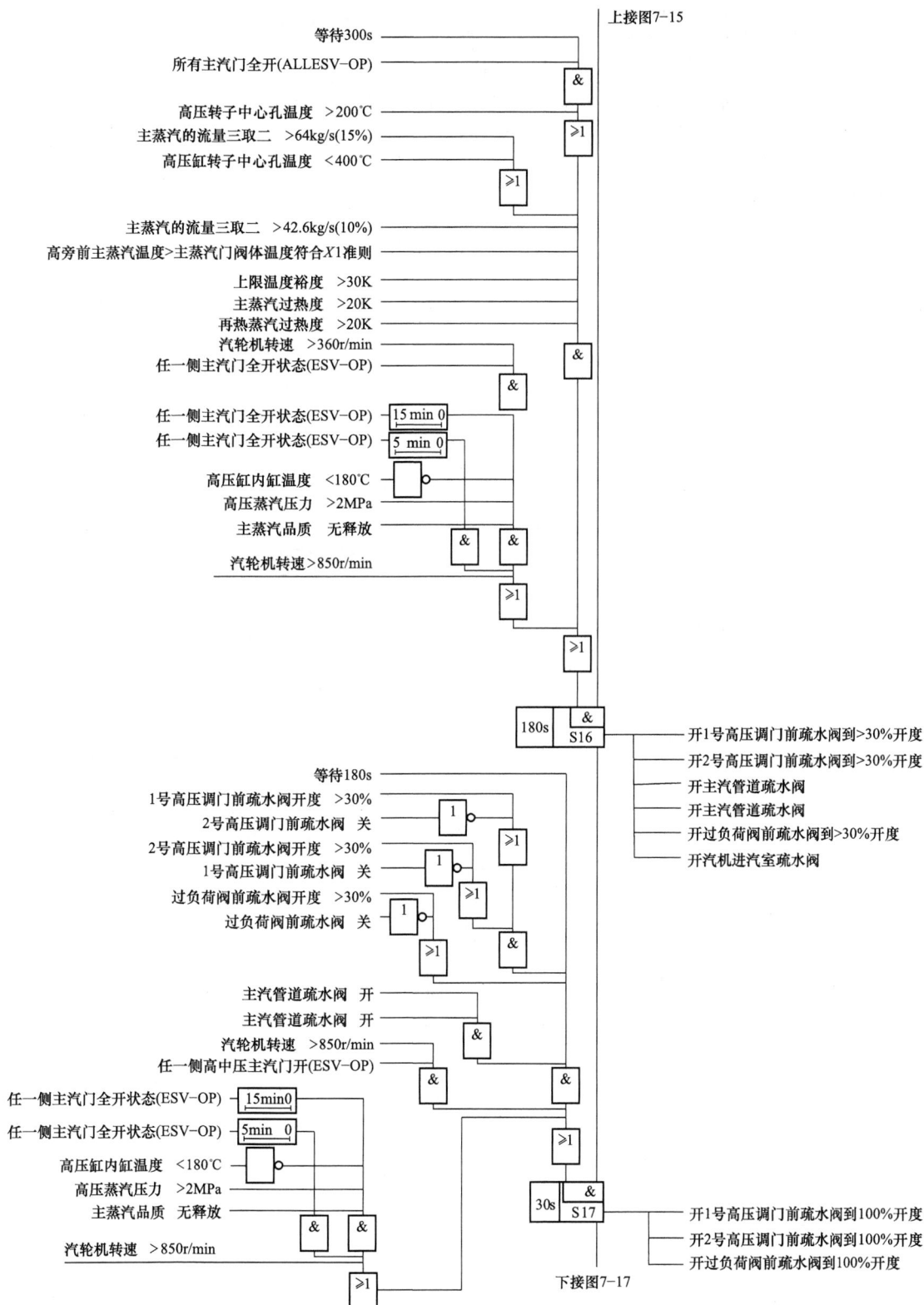

图7-16　汽轮机自动启动程序逻辑图（5）

1号高压调门前疏水阀开度>98%
2号高压调门前疏水阀　关
2号高压调门前疏水阀开度>98%
1号高压调门前疏水阀　关
过负荷阀前疏水阀开度　>98%
过负荷阀前疏水阀　关
汽轮机转速　>850r/min
任一侧中高压主汽门开ESV-OP

上接图7-16

任一侧主汽门全开状态(ESV-OP) 15 min 0
任一侧主汽门全开状态(ESV-OP) 5 min 0
高压缸内缸温度　<180℃
高压蒸汽压力　>2MPa
主蒸汽品质　无释放

任一侧主汽门全开状态(ESV-OP) 15 min 0
任一侧主汽门全开状态(ESV-OP) 5 min 0
高压缸内缸温度　<180℃
高压蒸汽压力　>2MPa
主蒸汽品质　无释放
汽轮机转速>850r/min

30s　S18
汽轮机转速>850r/min

油系统　无故障
汽轮机疏水系统　无故障
汽轮机供油系统　运行
高中压缸上下缸温差(50%)　>-30K
高中压缸上下缸温差(50%)　<+30K
汽轮机轴封系统控制　自动
发电机准备好GEN-OK

S19

启动装置输出值　>37.5%
发电机主断路器　断开

1号高压调门　关闭
2号高压调门　关闭
3号高压调门　关闭
4号高压调门　关闭
过负荷阀　关闭

主蒸汽的流量三取二　>64kg/s
高压缸转子中心孔温度　<400℃

汽轮机轴封控制　自动
汽轮机转速　>15r/min
启动装置输出值　>56%
所有主汽门开状态ALLESV-OP

降低启动装置输出值到0%

1号高压调节汽门前疏水阀开度　开
1号高压调节汽门前疏水阀　关
2号高压调节汽门前疏水阀开度　开
2号高压调节汽门前疏水阀　关
过负荷阀前疏水阀　开
过负荷阀前疏水阀　关
汽轮机转速　>850r/min
任一侧高中压主汽门开ESV-OP

S20

下接图7-18

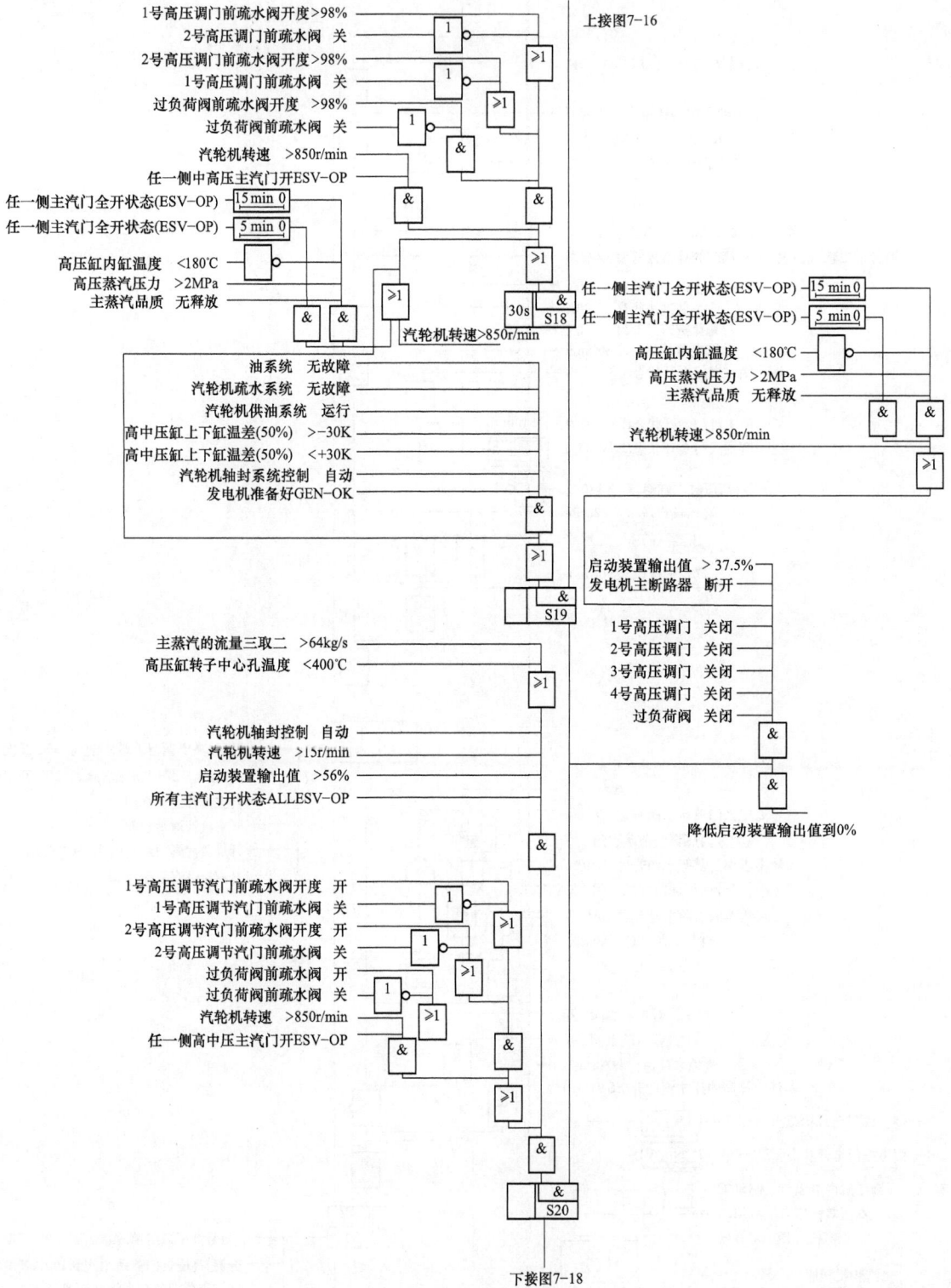

图7-17　汽轮机自动启动程序逻辑图（6）

汽轮机侧主蒸汽温度>汽轮机前主蒸汽饱和温度 >X4

汽轮机前主蒸汽温度>高压缸转子温度(50%) >X5

低旁前再热蒸汽温度>中压转子温度(50%) >X6

1号高压主汽门前蒸汽温度 >380℃

2号高压主汽门前蒸汽温度 >380℃

主蒸汽过热度 >30K

再热蒸汽过热度 >30K

高中压缸上下缸温差(50%) >−30K

高中压缸上下缸温差(50%) <+30K

汽轮机跳闸

汽轮机疏水(本体)无故障

发电机准备好(GEN−OK)

汽轮机供油系统 运行

1号高压主汽门阀位限位 >102%

2号高压主汽门阀位限位 >102%

1号中压主汽门阀位限位 >102%

2号中压主汽门阀位限位 >102%

主蒸汽温度上限裕度 >30K

主蒸汽温度保护 高

热再热蒸汽温度保护 高

高压叶片温度保护 高

主蒸汽温度 <最大值

再热蒸汽温度 <最大值

凝汽器压力 p<13kPa(a)

汽轮机转速 >2940r/min

转速设定 >850r/min

发电机组主断路器控制 启动

汽轮机转速 >2940r/min

汽轮机转速 >360r/min

上接图7-17

转速设定到>850r/min,打开控制阀升到暖机转速进行暖机,然后由TSE控制

关闭主汽管道疏水阀
关闭汽机室疏水阀

下接图7-19

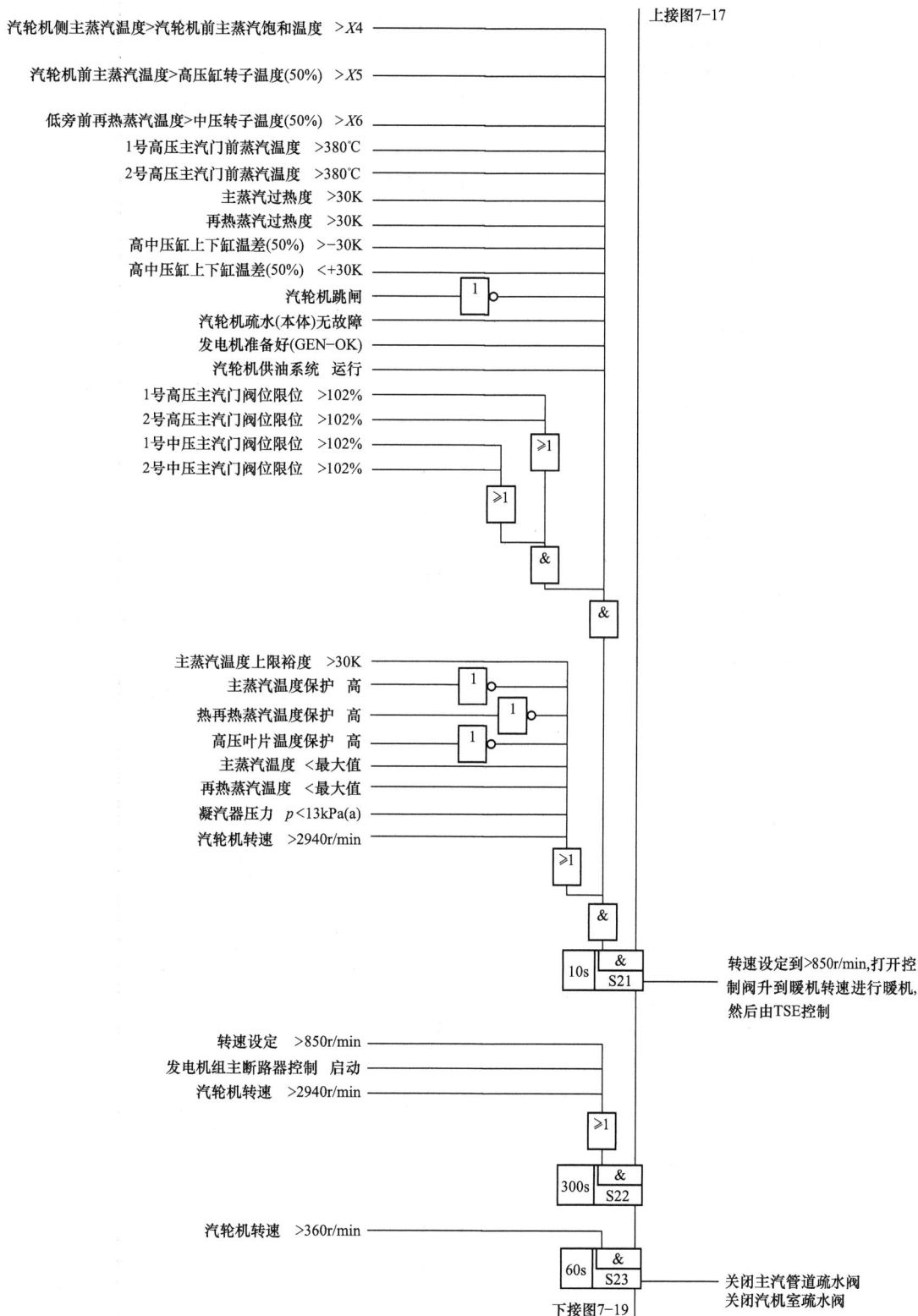

图 7-18 汽轮机自动启动程序逻辑图 (7)

上接图7-18

主蒸汽管道疏水阀子回路控制　投自动
汽轮机低旁疏水阀子回路控制　投自动
主汽管道疏水阀　关闭
汽机室疏水阀　关闭

&

180s ── & S24

等待180s
高压转子中心温度　>200℃

≥1

选择正常转速　选择
1号高压主汽门前蒸汽温度　>380℃
2号高压主汽门前蒸汽温度　>380℃
主蒸汽温度上限裕度　>30K
1号中压主汽门前蒸汽温度　>380℃
2号中压主汽门前蒸汽温度　>380℃

汽轮机主汽门前主蒸汽
温度>高压缸体温度(50%)<$X7$

发电机准备好GEN-OK
凝汽器压力　<13kPa(a)

&

汽轮机转速　>2940r/min

≥1

10s ── & S25 ── 目标转速设定值提高到3015r/min

转速设定　>3012r/min
发电机主断路器　启动

≥1

& S26

汽轮机转速　<2940r/min

60s ── & S27 ── 关闭1号高压调门前的疏水阀
关闭2号高压调门前的疏水阀

1号高压调节汽门前疏水阀　关闭
2号高压调节汽门前疏水阀　关闭

&

5s ── & S28 ── 励磁电压控制器　自动
同期前投入发电机自动调节电压装置

励磁电压控制　自动
发电机主断路器　启动

≥1

& S29

下接图7-20

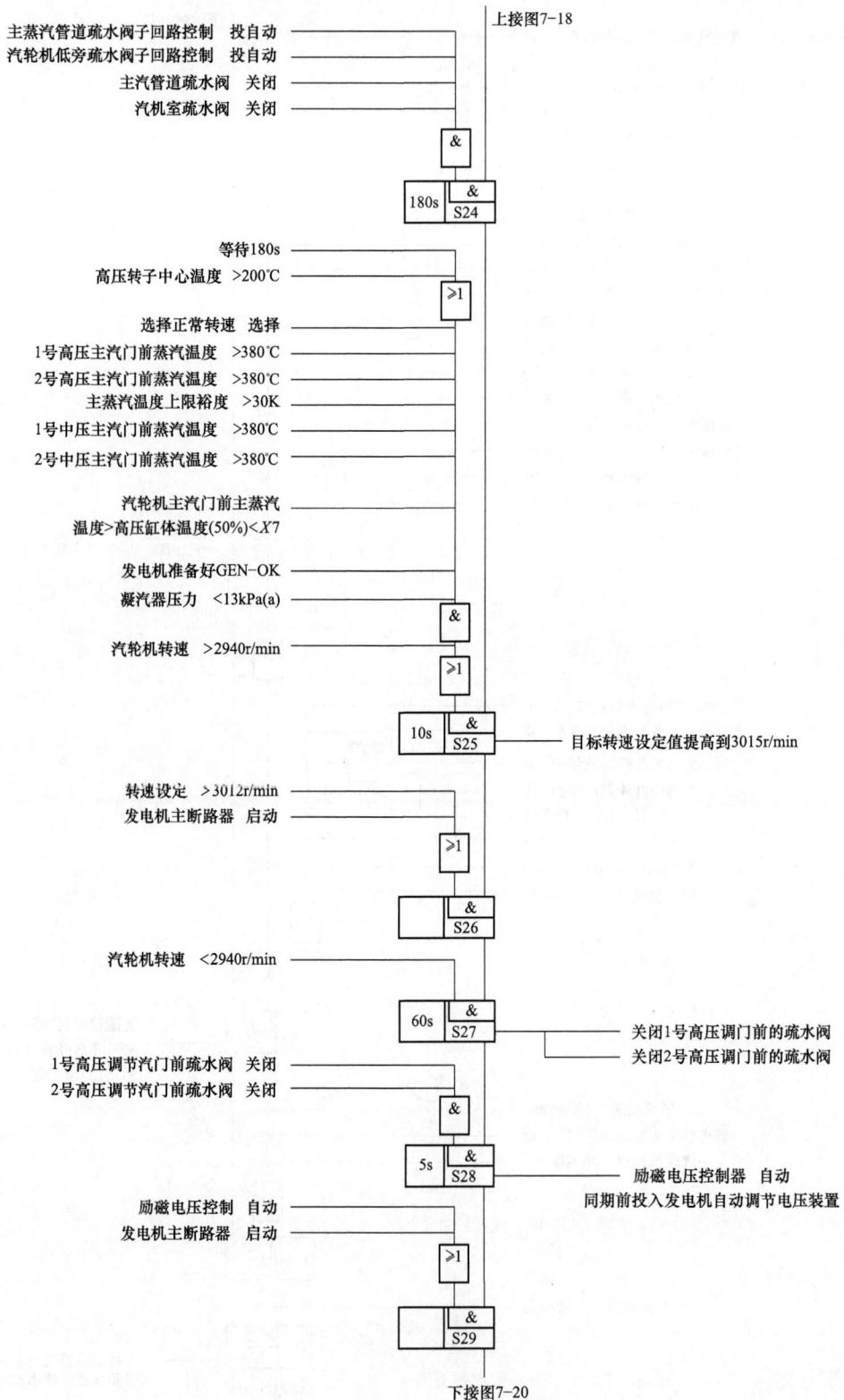

图 7-19　汽轮机自动启动程序逻辑图 (8)

上接图7-19

励磁装置启动 报警 —— [1]o ——

发电机冷却器出口氢气温度 高 —— [1]o ——

发电机准备好(GEN-OK) ——

旁路前再热蒸汽温度<中压缸缸体温度(50%)<$X8$ ——

1号高压主汽门前主蒸汽温度 >440°C ——

2号高压主汽门前主蒸汽温度 >440°C ——

最小温度上限裕度 >15K ——

&

20s | & / S30 —— 励磁装置 启动

等待20s ——

发电机电压 >90% ——

励磁装置 投入 ——

发电机冷却器出口氢气温度 高 —— [1]o ——

&

发电机主断路器 启动 ——

≥1

& / S 31 —— 500kV断路器 自动

—— 自动同期并列装置投入

500kV断路器 自动 ——

发电机主断路器 启动 ——

≥1

& / S32 —— 启动装置增加到100%

启动装置输出>99% ——

& / S33

主蒸汽流量>64kg/s ——

高压旁路关闭 ——

机组负荷实际值>100MW ——

中低压控制阀开度>1% ——

&

& / S34 —— 机组切换至外部负荷给定方式

机组负荷外部给定方式 ——

& / S35 —— 启动结束,启动信号返回

—— OM画面汽轮机子组块由红色闪光变为红色平光

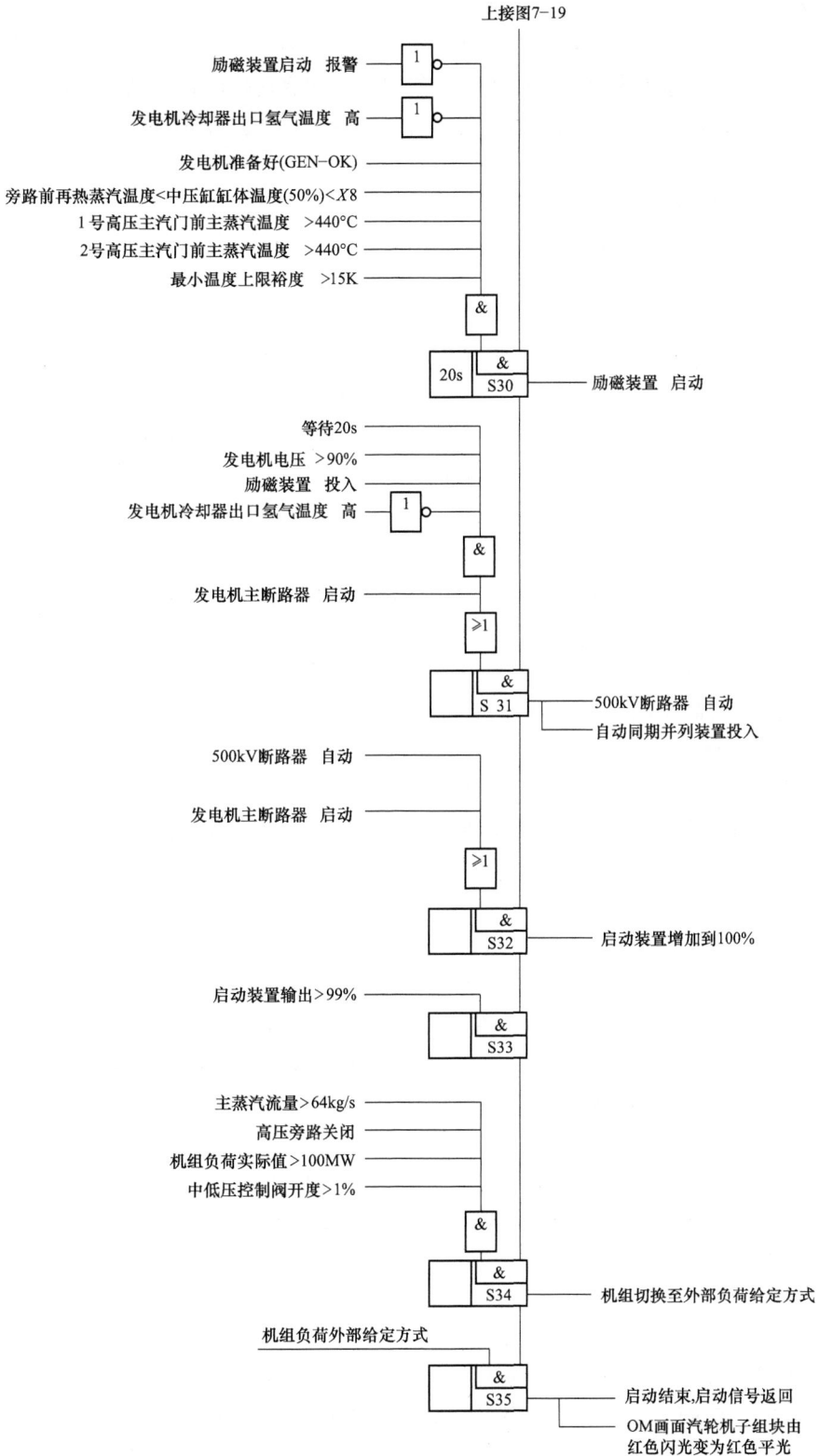

图 7-20 汽轮机自动启动程序逻辑图（9）

动时主蒸汽压力保持在设定的压力限值范围。

第 6 步，完成以下几个任务：①启动汽轮机疏水子回路，确保聚积在汽轮机的凝结水很快被排走，尽可能早地关闭疏水以避免蒸汽的浪费；②启动抽汽止回阀子回路，使之在得到指令时关闭止回阀，以避免蒸汽从加热器倒流进汽轮机；③打开高、中压截止阀与控制阀之间的疏水，以排掉可能存在的凝结水。

第 7 步，检查疏水阀开度是否在 100%，检查高、中压控制阀阀位开度是否小于 0.5%（关闭状态），抽汽止回阀是否关闭，高、中压截止阀（ESV）是否全关等，启动轴承室排烟风机子回路。

第 8 步，检查汽轮机掉闸系统是否有解除命令，汽轮机是否在盘车运行，凝汽器压力是否已小于 80kPa，若超限则会引起旁路紧急掉闸，检查冷油器出口油温是否大于 37℃，汽轮机疏水系统是否正常等。以上条件合格时，启动检查润滑油供应功能子组，运行润滑油供应系统的试验程序，检查在油压传感器动作时，能否投入事故油泵，使用同样的方法检查主油泵和顶轴油泵，与这些泵有关的压力传感器的动作导致泵的切换。

第 9 步，检查汽轮机高、中压截止阀是否在全关状态，检查"润滑油供应系统"功能子组是否启动。

为避免凝汽器真空保护误动作，在第 10 步检查凝汽器压力是否小于 50kPa，然后将低压旁路控制投入自动，低压旁路控制器的自动设定值调节器投入自动，以便提高汽轮机低压部分根据不同压力特性启动时的压力。

在打开汽轮机截止阀之前，要检查主蒸汽参数和温度准则 $X1$、$X2$。例如，要求主蒸汽流量经三选二确认大于 64kg/s；为了避免用冷的蒸汽暖管，要求主蒸汽温度比阀体温度大一定值，即符合 $X1$ 准则；为了避免高压控制阀（CV）产生过大的温度变化，要求蒸汽温度与阀体温度相差不能过大，即符合 $X2$ 准则；过热蒸汽和再热蒸汽过热度大于 20K。

疏水至满足要求后，在第 12 步关闭高压截止阀与高压控制阀间的疏水阀，检查其回报信号后，第 13 步将启动装置增加至 56%，负荷设定值被设置在 100MW。高、中压截止阀打开状态维持 60s，以便在暖管之前早一些使阀体接触蒸汽。

第 15 步，汽轮机截止阀打开状态继续维持 5min，或等到高压转子中心孔平均温度大于 200℃，除了汽轮机应力估算器有 30K 自由（温度）裕量外，还需检查锅炉要有 15%（热态启动）或 10%（冷态或温态启动）的蒸汽量输出（64kg/s），并检查 $X1$ 准则必须满足，过热、再热蒸汽过热度大于 20K。

满足上述条件后，第 16 步实际暖管开始，将高压截止阀与控制阀间的疏水阀开到大于 30% 开度，通过这个疏水，主蒸汽管线和阀体被加热。3min 后，在第 17 步高压截止阀和控制阀之间暖管疏水开到 100%。另外，检查汽轮机供油系统是否正常运行，疏水系统有无故障，密封蒸汽系统应在自动状态，检查汽缸各部分温度是否满足要求，密封油系统无故障，氢纯度是否大于 95% 以及发电机冷却系统等。

第 19 步设置了一个转移步，当蒸汽参数没有达到要求，且蒸汽压力大于 2MPa 时，汽轮机截止阀在该步关闭，并经过程序（STEP11～STEP19）再次打开。紧接着要进行多项检查，如打开加热阀后，应使过热蒸汽过热度大于 20K，再热蒸汽过热度大于 50K，使主蒸汽管道压力满足要求，这时一边暖管一边检查蒸汽管道参数。

在程序启动汽轮机过程中，要始终保持"发电机系统准备好（GEN-OK）"信号，否则启动程序将中断，"发电机系统准备好（GEN-OK）"信号代表的含义见图 7-21。

在第 21 步，检查如下指标：汽轮机前的主蒸汽和再热蒸汽过热度大于 30K；汽缸各部分温度是否满足要求；汽轮机跳闸系统、疏水系统、供油系统是否正常；检查暖机准则，为了避免湿蒸汽进入汽轮机，要求主蒸汽有一定的过热度，即满足 $X4$ 准则；为了避免高压汽轮机被冷却，要求主蒸汽温度高于缸壁温度和转子平均温度一定值，即满足 $X5$ 准则；为

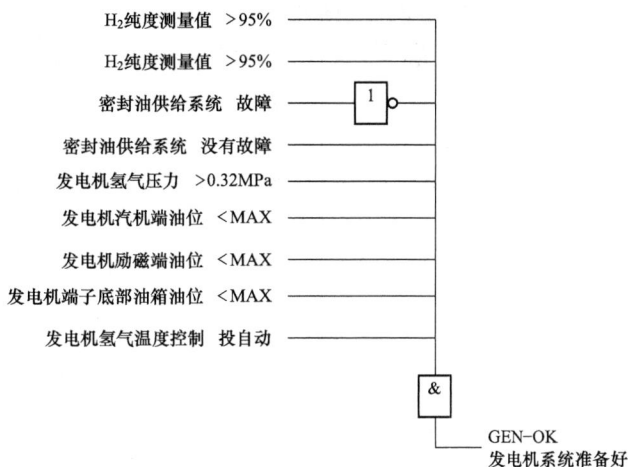

图 7-21　发电机系统准备好条件

了避免中压汽轮机被冷却，要求再热蒸汽温度高于缸壁和中压转子平均温度一定值。另外，还应检查凝汽器压力是否小于 13kPa（a）。程序运行过程中，当出现图 7-22 所示的条件时，为了保证安全，立即关闭主汽门（CLSESV）。

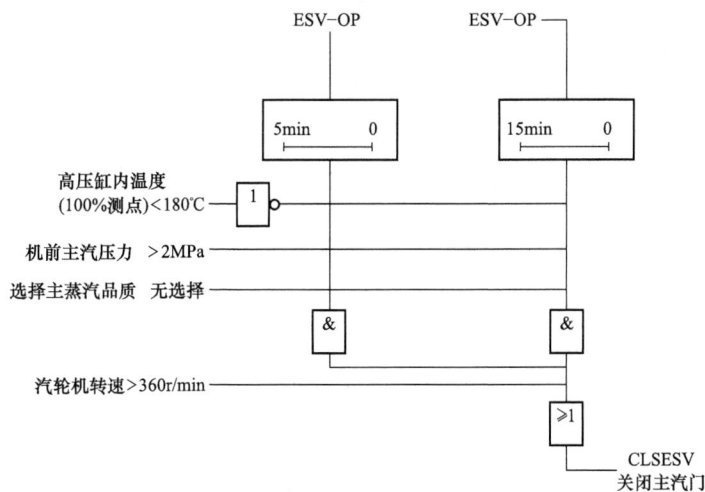

图 7-22　汽轮机关闭主汽门条件

在第 21 步检查确认各项条件后，将汽轮机目标转速设置在大于暖机转速，打开汽轮机控制阀，开始冲转。高压汽轮机在暖机转速下暖机，直到能够快速通过临界转速到达预定转速的状态。汽轮机的暖机状态以 TSE 的自由（温度）裕量、高压汽轮机部分与主蒸汽之间的温度差表示。

在第 23 步，当汽轮机实际转速大于 850r/min 时，关闭疏水加热阀并检查高、中压及低压蒸汽管道疏水阀。第 24

步检查 TSE 自由（温度）裕量大于 30K，为了使高压汽轮机充分暖机，主蒸汽温度与高压缸及高压转子温差应满足 $X7$ 准则。

第 25 步，设置新的目标转速（略高于额定转速即 50.25r/s），汽轮机开始升速直到额定转速。当汽轮机达到额定转速即大于 2940r/min 后，关闭暖管疏水（第 27 步）。在额定转速下，汽轮机被加热到能带最小负荷，发电机可以完全并网的状态。中压汽轮机部分的实际加热在额定转速下开始并将在并网后继续进行。汽轮机的暖机状态以 TSE 的自由（温度）裕量、低压汽轮机部分与再热蒸汽之间的温差来表示。

在同期前发电机电压控制器投入自动当 1、2 号高压主汽门前主蒸汽温度大于 440℃，

再热蒸汽温度与中压缸缸体温度之差满足 $X8$ 准则，最小温度上限裕量大于 15K 时，在第 30 步投入励磁系统，并使发电机断路器从预位到自动位（并网）。在第 31 步投入同期装置，并发出准备并网信号。发电机断路器闭合后，启动装置增加到 100%。因此，汽轮机控制阀的全开范围被释放（第 32 步）。

为保证中低压缸部分的直接流动，在进行第 34 步前检查中压控制阀开度是否大于 1%，同时检查高压旁路站已关闭及机组带初始负荷运行。之后，汽轮机负荷控制切换到机组负荷设定，汽轮机开始服从于机组控制。

当出现图 7-23 所示的条件时汽轮机的启动将由程序自动启动变为手动方式启动。

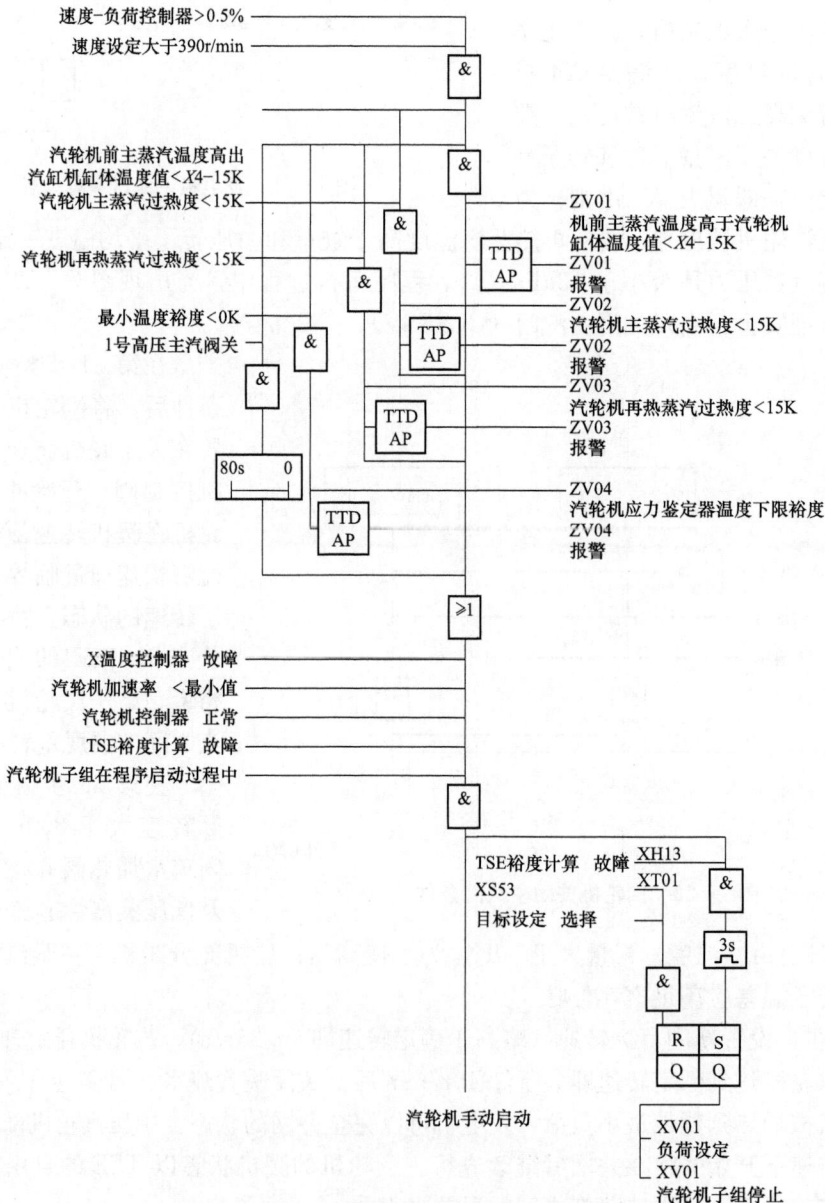

图 7-23　汽轮机启动变为手动启动条件

第八章　热工保护概述

现代大型机组的特点是大容量、高参数、单元制机组运行，锅炉、汽轮机、发电机及各种辅机之间的关系十分密切。此外，现代大型机组具备一套为控制这些主设备的相当复杂的控制系统及装置。这些主辅设备及控制装置在生产过程中组成了一个有机的整体，其中某些环节一旦发生故障时，就会不同程度地影响整个机组的正常运行，严重的故障还会导致机组停止运行，甚至危及设备和人身的安全。

第一节　热工保护的基本概念

热工保护是通过对机组的工作状态和运行参数进行监视和控制而起保护作用的。当机组发生异常时，保护装置及时发出报警信号，必要时自动启动或切除某些设备或系统，使机组仍然维持原负荷运行或者减负荷运行。当发生重大故障而危及机组设备安全时，停止机组（或某一部分）运行，避免事故进一步扩大。热工保护有时是通过连锁控制实现的。所谓连锁控制就是指，将被控对象通过简单的逻辑关系连接起来，使这些被控对象相互牵连，形成连锁反应，从而实现自动保护的一种控制方式。例如引风机因故障跳闸，引起送风机、排粉机、给煤机、磨煤机等相继依次跳闸；又如汽轮机润滑油压力低时，自动启动交流油泵，油压继续降低时，启动直流油泵并停止交流油泵的运行等。

总之，热工保护是一种自动控制手段。在主、辅设备或电网发生故障时，热工保护装置使机组自动进行减负荷，改变运行方式或停止运行，以安全运行为前提，尽量缩小事故的范围。

一、汽轮机组的热工保护

当汽轮机组发生故障危及机组的安全运行时，或锅炉、发电机发生故障需要汽轮机跳闸时，保护系统应能自动迅速地使汽轮机跳闸。

汽轮机保护系统由监视保护装置和液压系统组成。当汽轮机超速、真空低、轴向位移大、振动大、润滑油压低等监视保护装置动作时，电磁阀动作，快速泄放高压动力油，使高、中压主汽门和调节汽门迅速关闭，紧急停止汽轮机运行，达到保护汽轮机组的目的。另外，还有汽轮机进水保护、高压加热器保护及旁路保护等自动保护系统，以保障汽轮机组的正常启停和安全运行。

二、锅炉机组的热工保护

锅炉机组的热工保护主要包括：炉膛安全监控、主燃料跳闸、锅炉快速切回负荷、机组快速切断等自动保护。

1. 炉膛安全监控保护

当锅炉启动、点火、运行或工况突变时，保护系统监视有关参数和状态的变化，防止锅炉或燃烧系统煤粉的爆燃，并对危险状态作出逻辑判断和进行紧急处理，停炉后和点火前进行炉膛吹扫等保护措施。实现炉膛安全监控的系统称为炉膛安全监控系统（Furnace Safeguard Supervisory System，FSSS）。

2. 主燃料跳闸保护

当锅炉设备发生重大故障，如送、引风机全部跳闸，汽包压力超过限值，锅炉水循环不正常，汽包严重缺水，炉膛压力过高或过低，锅炉灭火，再热蒸汽中断等，以及汽轮机由于某种原因跳闸或厂用电母线发生故障时，保护系统立即使整个机组停止运行，即切断供给锅炉的全部燃料，并使汽轮机跳闸，这种处理故障的方法，称为主燃料跳闸（Master Fuel Trip，MFT）保护。

3. 锅炉快速回负荷保护

当锅炉的主要辅机（如给水泵、送风机、引风机）有一部分发生故障时，为了使机组能够继续安全运行，必须迅速降低锅炉的负荷。这种处理故障的方法，称为锅炉快速切回负荷（Run Back，RB）保护。

4. 机组快速切断保护

当锅炉方面一切正常，而电力系统或汽轮机、发电机方面发生故障引起甩负荷时，为了能在故障排除后迅速恢复发送电，避免因机组启停而造成经济损失，采用锅炉继续运行，但迅速自动降低出力，维持在尽可能低的负荷下运行，以便故障排除后能迅速重新并网带负荷，这种处理故障的方法，称为机组快速切断（Fast Cut Back，FCB）保护。

三、炉机电大连锁保护

大型单元机组的特点是炉、机、电在生产中组成一个有机的整体，其中某些环节出现故障时，必然会不同程度地影响整个机组的正常运行。因此需要综合考虑故障情况下炉、机、电三者之间的关系，通常称为炉机电大连锁保护。例如在机组发生异常工况时，保护系统可以使机组继续运行或紧急停止。又如，当机组外部负荷突然甩去，或者机组内部重要辅机跳闸时，分别通过 FCB 或 RB 进行自动减负荷。当发生汽轮机超速、推力瓦磨损、真空低、润滑油压低等故障时，汽轮机自动停机，同时连锁控制发电机跳闸，使锅炉转入点火状态或停炉。当锅炉灭火、送风机或引风机全停、炉膛压力过高或过低时紧急停炉，同时连锁控制汽轮机和发电机跳闸。

随着机组容量的不断增加，处理事故的过程更为复杂，热工保护装置也在不断发展和完善。20 世纪 60 年代以前，大多采用电气式保护仪表和继电器控制电路。20 世纪 70 年代开始，逻辑控制电路大多由半导体逻辑元件构成，这些保护装置制造完成后，其功能就固定不变了。如要修改程序或改变功能，就必须改动逻辑卡件或逻辑线路。20 世纪 80 年代以来，随着微处理器技术的发展，产生了可编程序控制器（PLC），它取代了继电器及半导体逻辑元件，从而使保护装置的可靠性大大提高。近年来，集散型微机控制系统在过程控制领域得到迅速发展，我国很多电厂都引进了这一先进技术。集散型微机控制系统是以微处理器为基础，集中了数据采集、模拟量连续控制、开关量程序控制和机组保护等功能的计算机综合控制系统，其特征是信息和操作管理集中化而控制分散化。例如，某电厂引进的美国贝利（Bailey）公司生产的集散型微机控制系统 Network - 90，在热工保护中可用作炉膛安全监控，即进行炉膛压力保护，全火焰丧失保护，炉膛吹扫，油、煤燃烧器的自动启停等操作控制。该微机控制系统还可进行汽包水位保护、蒸汽流量受阻保护等，并且在机组发生故障跳闸时还能进行事故顺序记录。该微机控制系统投入运行以来，避免了多次锅炉事故的发生。此外，集散型微机控制系统还用于自动调节，包括燃料、送风、引风、汽温、汽压、给水、旁路等系统的自动调节，还具有数据采集和通信功能，包括模拟量、开关量、脉冲量的信号采集、报警、记录和控制功能。总之，集散型微机控制系统是控制技术、计算机技术和通信技术迅速发展的产物。

第二节 热工保护系统的组成及特点

一、热工保护系统的组成

热工保护系统（下称保护系统）一般由输入信号单元、逻辑处理回路（或专用保护装置）以及执行机构等组成，如图 8-1 所示。保护系统输入信号 x_1、x_2 由测量传感器取得，并与其相应的给定值 x_{10}、x_{20} 相比较，当输入信号超过其限值时，事故处理回路或跳闸回路动作，输出信号 y_1 或 y_2 使保护系统的执行机构动作。

热工保护可分为两级保护，即事故处理回路（包括进行局部操作和改变机组的运行方式）及事故跳闸回路的保护。例如，锅炉主汽压力过高时，切除部分燃烧器，投入旁路系统；汽轮机轴承润滑油压过低时，自动启动辅助油泵，这些事故处理的目的是维持机组继续运行。但是，当

图 8-1 保护系统的组成框图
x_1，x_2—保护输入信号；x_{10}，x_{20}—给定值；S_1—事故处理回路；S_2—事故跳闸回路；y_1，y_2—保护输出信号

事故处理回路或其他自动控制系统处理事故无效，致使机组设备处于危险工况下，或者这些自动控制系统本身失灵而无法处理事故时，只能被迫进行跳闸处理，使机组的局部退出工作或整套机组停止运行。跳闸处理的目的是防止机组产生机毁人亡的恶性事故，所以跳闸处理是热工保护最极端的保护手段。

二、热工保护系统的特点

热工保护是以保障设备和人身的安全为首要任务的。如果保护系统本身不可靠，就会造成不必要的停机，或保护系统起不到应有的保护作用，造成不堪设想的严重后果。为此，必须精心设计一整套安全可靠的保护系统。

热工保护系统的特点如下所述。

（1）输入信号可靠。输入信号来自各种被测参数的传感器或反映设备工作状态的开关接点。一般采用独立的传感器，对重点的保护项目，其输入信号采用多重化设计。

（2）保护系统动作时能发出报警信号。当被监视参数超限时，发出预报信号，使运行人员在事故处理前采取必要的应急措施。当保护系统动作时发出事故处理或跳闸信号。

（3）保护命令一般是长信号。命令能满足保持到被控对象完成规定动作的要求。

（4）保护动作是单方向的。保护系统动作后，设备的重新投入在查出事故原因和排除故障后进行，由运行人员人工完成。

（5）保护系统能进行在线试验。在进行保护动作试验时，不会影响机组的安全经济运行。

（6）确定保护系统的优先级。当两个以上的保护连锁动作或相继动作时，如果它们之间动作不一致，则应确定它们的优先级，并采取必要的闭锁措施，优先保证处于主导地位的高一级保护和连锁动作的实现。

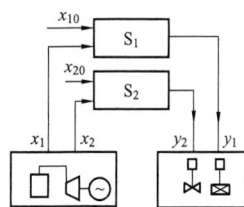

（7）保护系统有可靠的电源。保护装置能绝对避免因失电而引起拒动或误动，重要的保护连锁控制电源和执行机构电源一般采用不停电电源供电，以便在设备故障时有效地起保护作用。

（8）保护系统中设置了切换开关。自动保护系统不可能达到绝对的安全可靠，检测元件、控制回路或执行机构有时也会出现故障，这时保护系统能从"投入"位置切换到"解列"位置，以便进行检修。

（9）由计算机对保护系统进行监视。在计算机系统中有监视保护装置投入、切除的状态信号，在保护装置动作时，能通过 CRT 屏幕和记录仪自动地显示和记录保护系统的动作顺序、继电器动作和延时情况，工艺设备的工作状态等，使运行人员及时了解保护系统的动作情况，甚至对保护信号回路也进行必要的监视，以便及时处理和分析事故原因。

（10）保护系统具有独立性。保护系统不受其他自动化系统投入与否的影响，任何时候都能独立进行控制。

第三节　热工保护信号的摄取方法

热工保护系统能否可靠动作，先决条件是摄取的保护信号是否真实可靠。如果输入信号不能正确反映被监视的参数或设备状态，热工保护系统就无法正常地动作。本节将讨论如何提高信号单元的动作可靠性，以提高整个保护系统的可靠性。

热工保护系统的完好状态是由"正确动作"和"正确不动作"两部分组成，相对于这两种完好状态，有两种故障状态，即"不正确动作"和"不正确不动作"。换句话说，保护系统不应该动作而动作，称为误动作；保护系统应该动作而不动作，称为拒动作。

对保护系统可定义为双重双状态单故障模式，用状态变量表示为

$$x_1(t) = 1 \quad \text{正确动作，} \quad x_1(t) = 0 \quad \text{误动作（不正确动作）}$$

$$x_2(t) = 1 \quad \text{正确不动作，} \quad x_2(t) = 0 \quad \text{拒动作（不正确不动作）}$$

用总的公式表示为

$$x(t) = 1 \quad \text{正确作用（正确动作和正确不动作）}$$

$$x(t) = 0 \quad \text{不正确作用（误动作和拒动作）}$$

因此，可以用"1"、"0"状态对信号单元进行可靠性分析。

可靠性（Reliability）指的是系统在规定的工作条件下和预定的时间内持续完成规定功能的概率。可靠性可以用多种度量指标予以表达，这里用动作次数故障率来表述。用 p、P 分别表示检测元件和信号单元的误动作故障率（误动作率），指在单位时间内（通常为一年）误动作次数的数学期望。用 q、Q 分别表示检测元件和信号单元的拒动作故障率（拒动作率），指在单位时间内（如一年）拒动作次数的数学期望，即

$$P（\text{或} p）= \text{误动作次数 / 实际动作次数}$$

$$Q（\text{或} q）= \text{拒动作次数 / 应当动作次数}$$

其中，实际动作次数为正确动作次数与误动作次数之和；应当动作次数为实际动作次数与拒动作次数之和，再扣除误动作的次数。

一、单一信号法

单一信号法是指用单个检测元件组成信号单元的方法。显然，检测元件误动作时，信号单元也误动作；反之，检测元件拒动作时，信号单元也拒动作。信号单元与检测元件的误动作率、拒动作率相等，即

$$P_1 = p, \quad Q_1 = q$$

下面的可靠性分析，都是以单一信号法为基础进行的。单一信号单元保护系统虽然元件少，结构简单，但系统的可靠性太差，因此，有以下几种信号摄取法：串联、并联、串并联、"三取二"及其他信号摄取法。

二、信号串联法

在某些保护系统中，为了减少信号单元的误动作率，将反映同一故障的检测元件触点进行串联。例如，为了使轴向位移保护装置的动作可靠，在国产机组中使轴向位移检测元件的输出触点与推力瓦温度检测元件的触点相串联，这些参数都能直接或间接地反映机组的轴向位移大小。在引进美国西屋（Westinghouse）公司的机组中，采用双选轴向位移监测装置，它由两套传感器监测同一轴向位移参数。当两套传感器均发出危险信号时，轴向位移保护装置动作，即两者为"与"逻辑，逻辑表达式为

$$y = A \cdot B$$

式中　A、B——检测元件（传感器）的输出信号；

　　　y——信号单元的输出信号。

由于信号串联，所以在每个检测元件都误动作时，信号单元才会误动作。换句话说，只有一个检测元件误动作时，不会造成信号单元的误动作。

设两个检测元件的输出信号 A、B 是相互独立的，即一个事件的出现并不影响另一事件出现的概率，则两事件同时出现的误动作概率，即为信号单元的误动作率，其计算式为

$$P_\wedge = p_A p_B$$

设两个检测元件的误动作率为 $p_A = p_B = 1 \times 10^{-2}$，则两个检测元件的输出信号串联后，信号单元的误动作率为 $P_\wedge = 1 \times 10^{-4}$，比单一信号的误动作率减小很多。在考虑拒动作情况时，两个事件并非不能同时出现（非互斥），即一个检测元件拒动作时，另一个检测元件可能也发生拒动作。所以，信号单元拒动作率可写成

$$Q_\wedge = 1 - (1 - q_A)(1 - q_B) = q_A + q_B - q_A q_B$$

设两个检测元件的拒动作率 $q_A = q_B = 1 \times 10^{-3}$，则两个检测元件的输出信号串联后的拒动作率比单一信号时增加了约一倍。因此，信号串联法只适用于特别强调减小保护系统的误动作率，并且对拒动作率要求不高的场合。

三、信号并联法

在有些保护系统中，为了减少装置的拒动作率，将几个检测元件输出信号并联。因而，只要有一个检测元件能正常工作，信号单元就能可靠工作。或者说，只有当所有检测元件都拒动作时，信号单元才发生拒动作。例如，为了防止高压加热器水位过高而引起汽轮机进水，采用两个水位表的触点并联成一个高压加热器水位信号。只要有水位过高信号时，即将高压加热器切除。又如主蒸汽压力高保护，采用两只主蒸汽压力表触点并联电路控制电磁安全阀动作。

信号并联的逻辑表达式为

$$y = A + B$$

拒动作率为

$$Q_V = q_A q_B$$

误动作率为

$$P_V = 1 - (1 - p_A)(1 - p_B) = p_A + p_B - p_A p_B$$

显然，信号触点并联后，拒动作率大大下降，而误动作率却增加了近一倍。所以信号并联法只能用于要求拒动作率小，而对误动作率要求不高的场合。

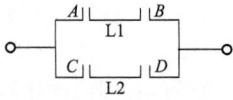

图 8-2　信号串并联法

四、信号串并联法

为了综合信号串联后误动作故障率降低和信号并联后拒动作故障率降低的优点，将两个信号先进行串联，然后进行并联，如图 8-2 所示。

信号串联的逻辑表达式为

$$y = A \cdot B + C \cdot D$$

误动作率为

$$P_{\wedge V} = P_{L1} + P_{L2} - P_{L1} \quad P_{L2} = p_A p_B + p_C p_D - p_A p_B p_C p_D$$

拒动作率为

$$Q_{\wedge V} = q_{L1} q_{L2} = (q_A + q_B - q_A q_B)(q_C + q_D - q_C q_D)$$

如果检测元件的结构和性能完全相同，则

$$p_A = p_B = p_C = p_D = p, \quad q_A = q_B = q_C = q_D = q$$

当 $p = 1 \times 10^{-3}$ 时，$P_{\wedge V} \approx 2 \times 10^{-6}$；

当 $p = 0.618$ 时，$P_{\wedge V} \approx 0.618$；

当 $p = 0.8$ 时，$P_{\wedge V} \approx 0.87$；

当 $q = 5 \times 10^{-4}$ 时，$Q_{\wedge V} \approx 1 \times 10^{-6}$；

当 $q = 0.382$ 时，$Q_{\wedge V} \approx 0.382$；

当 $q = 0.5$ 时，$Q_{\wedge V} \approx 0.562$。

上述数字说明，单个检测元件的误动作率 p 或拒动作率 q 很小时，四信号串并联后的信号单元的误动作率或拒动作率均大大减小。当 $p = 0.618$ 或 $q = 0.382$ 时，四信号串并联法与单一信号法的误动作率或拒动作率相等。如果单个检测元件的 $p > 0.618$，$q > 0.382$，则四信号串并联法反而比单一信号法的误动作率或拒动作率增加了。因此，关键问题是提高单个检测元件的可靠性，以减小信号单元的误动作率和拒动作率。

五、"三取二"信号法

为了既减小误动作故障率又减小拒动作故障率，在引进机组中广泛采用"三取二"信号法。如元宝山电厂引进的法国 600MW 机组中，给水流量、过热器出口温度、炉膛压力等参数，均分别采用三个检测元件测量。当其中两个或两个以上检测元件触点闭合时，信号单元就有输出。"三取二"信号法的逻辑图如图 8-3 所示。由图 8-3 可见，信号系统有三条最小路径，用最小路集表示的结构函数为

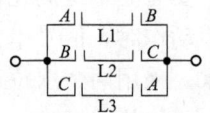

图 8-3　"三取二"信号法的逻辑图

$$f_{AB} = 1 - (1 - A)(1 - B) = A + B - AB$$

$$f_{BC} = 1 - (1 - B)(1 - C) = B + C - BC$$

$$f_{CA} = 1 - (1-C)(1-A) = C + A - CA$$

"三取二"信号单元的误动作概率为

$$P_{2/3} = p_A p_B + p_B p_C + p_C p_A - 2 p_A p_B p_C$$

拒动作概率为

$$Q_{2/3} = q_A q_B + q_B q_C + q_C q_A - 2 q_A q_B q_C$$

设 $\qquad p_A = p_B = p_C = p,\ q_A = q_B = q_C = q$

则 $\qquad P_{2/3} = 3p^2 - 2p^3,\ Q_{2/3} = 3q^2 - 2q^3$

当单个检测元件的误动作率和拒动作率很小时，"三取二"信号单元的故障率将大大低于单一信号法。当单个检测元件的 $p=0.5$ 或 $q=0.5$ 时，则"三取二"信号单元的误动作率或拒动作率反而比单一信号法的还要大。当然，实际检测元件的误动作率和拒动作率不可能这样高，否则就不能用作保护装置的检测元件了。因此，为了提高整个保护系统的可靠性，必须提高每个检测元件的可靠性。

六、信号表决法

在某些热工保护系统中装设多个检测元件，如炉膛安全监控保护系统，在炉膛的四个角装有火焰检测器。当每层四个火焰检测器中有两个或两个以上检测到火焰时，则逻辑电路表决为"有火焰"；当三个或三个以上未检测到火焰时，则逻辑电路表决为"无火焰"。这种逻辑判断电路称为 2/4 或 3/4 表决电路，或称为逻辑门槛单元。图 8-4 为 3/4 表决逻辑图。其逻辑表达式为

$$y = A \cdot B \cdot C + B \cdot C \cdot D + A \cdot C \cdot D + A \cdot B \cdot D$$

图 8-4 3/4 表决逻辑图

还有多种表决电路，如 3/5 等，这些表决电路都能有效地防止信号单元的误动作或拒动作。因为一个检测元件的误动作或拒动作可能性较大，但几个检测元件同时误动作或同时拒动作的机会将大大减小。

七、信号的多重化摄取法

在引进机组和国产大型机组中，为了提高重要参数的测量准确度和保护系统的可靠性，普遍采用了信号多重化摄取法，如"二取一"、"二取均"、"三取中"、"三取均"等信号摄取法。例如在测量烟气含氧量等参数时，由于炉膛很宽，往往采用"二取均"的方法，即取其平均值能较正确地反映烟气含氧量。在测量汽包水位时，一般在汽包的两侧和中间适当的位置取三个信号，在三个信号中取其中值。在另外一些场合也可采用"三取均"的测量方法。这些多重化摄取法，虽然增加了变送器的数量，增加了投资，但对提高测量准确度，增加系统的可靠性，是很有必要的。

对热工保护系统，除了要求其检测信号必须正确可靠外，还要求保护装置和执行机构也必须正确可靠地动作，才能使热工保护系统正常投入运行。

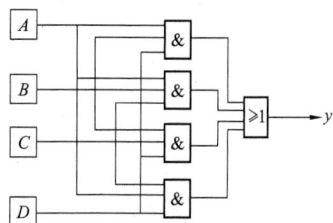

第九章　锅炉机组的热工保护

锅炉机组是一个十分复杂的保护对象，除锅炉本体外还包括许多辅助设备，如给水泵、风机和制粉设备等。在正常的生产过程中，通过自动检测、自动调节或手动操作，使运行参数维持在规定值，或按一定的规律变化，保持整个锅炉机组的正常运行。但是燃料品种的变化或某些设备的运行异常、运行人员的操作失误、汽轮机突然甩负荷使运行方式剧烈改变等，都有可能造成锅炉机组运行参数超过规定值，甚至发生设备损坏和人身事故。锅炉机组的结构、容量、参数、运行方式和热力系统的不同，其热工保护系统也有差异。锅炉机组一般设有主汽压力、汽包水位、炉膛安全、再热汽温高、断水、减负荷、紧急停炉、给水泵连锁、炉机电大连锁等各种保护措施，以防锅炉机组发生事故和防止事故扩大。本章介绍主汽压力、汽包水位、再热汽温高及断水保护。

第一节　主汽压力高保护

主汽压力高保护是指主汽压力高至超出规定值时，汽压保护装置动作，使主汽压力迅速恢复到允许范围内，防止因汽温升高而产生事故。

一、基本原理

锅炉中的各承压部件，如汽包、蒸汽母管、过热器等在通常情况下承受很高的压力，温度一般也很高。以国产 300MW 机组汽包锅炉为例，主汽压力为 16.67MPa，主汽温度为 555℃。在这样的压力和温度的作用下，有关部件的强度余量较小。尤其是出口汽温高达 555℃的过热器，是在接近材料蠕变的极限状况下进行工作，若继续增加压力就有爆炸的危险。为了避免在煤种变化、操作失误或汽轮机甩负荷时锅炉压力过度升高，在锅炉上必须装设足够数量的（一般不得少于两只）安全门（又称安全阀）。

除汽轮机突然甩负荷引起的锅炉超压外，一般可以观察到的压力升高，可以通过手动操作使其恢复正常。因此，并非锅炉超压就一定要动作所有安全门。由于所有安全门并不能完全复归原位，常发生泄漏，所以安全门尽量少动。必要时控制安全门先动作，放掉部分蒸汽，在某些情况下可以控制压力不再升高，并同时向司炉发出超压报警。当压力连续升高时，工作安全门动作。由于工作安全门和控制安全门总的流量是按锅炉最大流量设计的，安全门同时动作时锅炉压力保证不会超过限度。

对于具有旁路系统的单元机组，当汽轮机突然甩负荷造成锅炉主汽压力升高超过规定值时，高压旁路快速将锅炉蒸汽从旁路系统排出，经减温减压后的蒸汽进入汽轮机的凝汽器，所以，高压旁路系统不但有节能经济性作用，还具有安全保护作用。

就控制主汽压力这一作用而言，安全门装在汽包上完全可以达到目的。但当蒸汽大量从汽包上的安全门排出时，流经过热器的蒸汽量下降，极端情况下甚至没有蒸汽流过，这对保护过热器是不利的，因为安全门动作时并不意味着锅炉灭火，此时过热器可能因得不到蒸汽冷却而烧毁。对于再热器也是如此。故安全门应分别装在汽包、过热器和再热器上。为了保证设备和人身安全，锅炉监督部门对锅炉安全门有严格的规定。

安全门的种类很多，如重锤式安全门、杠杆式安全门、弹簧式安全门和脉冲式安全门。为了保证设备和人身安全，必须对锅炉安全门作严格规定。下面是安全门启动过程中的一些专门术语：

（1）排放压力。安全门开启后，设备中的压力继续上升，当达到设备允许超过的最高压力时门芯全开，排出额定排汽量。此时阀门进口处的压力为排放压力。

（2）关闭压力。安全门开启，排出部分介质后，设备中压力逐渐降低，当降至小于设备压力的预定值时，门芯关闭，介质停止流动，此时阀门进口压力叫关闭压力。关闭压力通常由阀门厂规定，一般为工作压力的 95%。

（3）工作压力。锅炉正常工作时的介质压力。

（4）开启压力。当介质压力上升到安全门安装调整的预定压力时，门芯自动开启，介质明显排出。此时阀门进口处的压力为开启压力。

锅炉正常运行时，其工作压力应比安全门开启压力低。若锅炉的工作压力与安全门开启压力近乎相等，则安全门易反复跳动，并使阀门密封面腐蚀或产生凹槽，从而引起泄漏。安全门开启压力也有严格规定，各种安全门的整定参数如表 9-1 所示。

表 9-1　　　　　　　　　　　安 全 门 动 作 压 力 值

锅炉工作压力（表压）	安全门名称	安全门动作压力值
9.8MPa 以上	过热器安全门	1.02 倍工作压力
	汽包控制安全门	1.05 倍工作压力
	汽包工作安全门	1.08 倍工作压力

不同安全门的整定参数不同，但各种安全门控制电路的原理基本相同。一般以改变压力表的触点位置的方法整定安全门的启动参数。

图 9-1 所示为主汽压力高保护系统框图。由图可见，当主汽压力高到Ⅰ值和发电机失磁时，两触点相串联构成"与"门条件，去停部分给粉机；主汽压力高到Ⅰ值后又继续升高Ⅱ值时，进一步去停部分给粉机；当电气出故障，主汽压力升高时，为了能在故障排除后迅速恢复送电，避免因机组启停而造成经济损失，可使锅炉暂时不停而迅速降低出力，维持低负荷运行，所以只停部分给粉机。同理，当只有一台给水泵运行（来自减负荷保护信号）时，也需要停部分给粉机。

当主汽压力高到Ⅰ值与Ⅱ值时，除停部分给粉机，降低燃料强度以减少蒸发量，迫使汽压回降外，还应自动打开向空排汽门（工作安

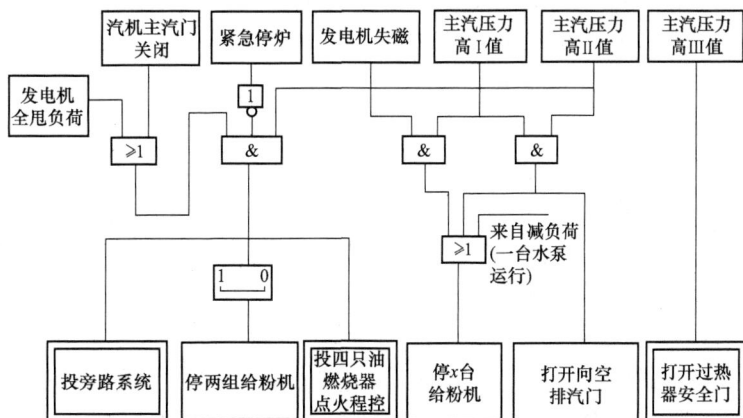

图 9-1　主汽压力高保护系统框图

全门）放掉部分蒸汽，这也使主汽压力回降。

当汽轮机主汽门关闭或发电机全甩负荷，主汽压力高到Ⅱ值时，一是自动投入旁路系统，多余的蒸汽通过旁路经再热器由中压安全门排放；二是经时间环节 t（1～2min）延迟后，停两组给粉机；三是投四只油燃烧器的点火过程控装置以稳定燃烧。但紧急停炉时，应通过闭锁系统投旁路、投油，由主汽压力高Ⅲ值自动打开过热器安全门，对空排汽，防止设备损坏。

二、主汽压力高保护控制系统

图9-2所示为锅炉主汽压力高保护控制电路。K1为电源监视继电器，保护装置电源接通时，继电气吸合。当继电器释放时，K1常闭触点闭合，发出电源监视信号。

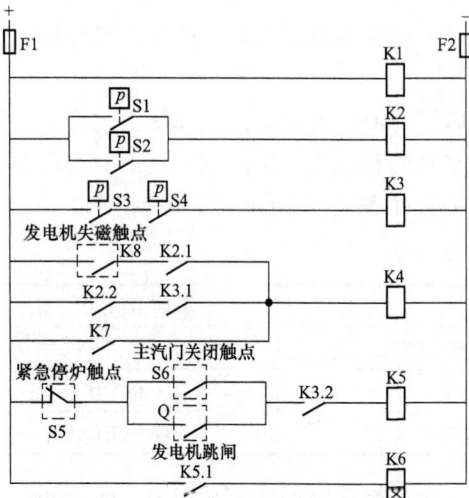

图9-2　主汽压力高保护控制电路

S1和S2分别为甲、乙侧主汽压力高Ⅰ值的压力信号触点。当压力高至Ⅰ值时，S1或S2触点闭合，K2动作。S3和S4分别为甲、乙侧主汽压力高Ⅱ值的压力信号触点，当压力高至Ⅱ值时，S3、S4触电闭合，K3动作。继电器K2的输入信号触点并联构成"或"逻辑关系，继电器K3的输入信号触点串联构成"与"逻辑关系，其目的是提高信号的可靠性，减少系统拒动和误动的可能性。

继电器K2和K3的K2.3、K2.4、K2.5、K2.6和K3.3、K3.4、K3.5、K3.6等常开触点闭合，使甲、乙侧的4个过热器向空排汽门打开（这几对触点图9-2中未画出）。

当发电机失磁，K8常开触点和K2.1常开触点闭合或K2.2和K3.1常开触点闭合，或一台给水泵运行、K7常开触点闭合时，继电器K4吸合，停 x 台给粉机，降低锅炉热负荷。

当汽轮机主汽门关闭、S6触点闭合，或发电机跳闸（全甩负荷）、Q触点闭合时，继电器动作，投4只油燃烧器点火程控，向炉内投油，以稳定燃烧。当紧急停炉（S5常闭触点断开）时，继电器无法吸合，即闭锁此项保护，K5.1动作后，时间继电器S6吸合，停两组给粉机，并且K5.2、K5.3常开触点（图9-2中未画）闭合，自动投入高压旁路系统。

三、电磁安全门结构及控制电路

大型锅炉常使用的安全门有两种，一种是脉冲式电磁门，另一种是气动安全门。这两种安全门的启动，前者使用电能，后者使用压缩空气，它们的电气控制线路大同小异，下面就较常用的电磁安全门为例予以介绍。

1. 电磁安全门的结构

脉冲式电磁安全门由脉冲门和主安全门组成，分重锤杠杆式和弹簧式两种，图9-3所示为重锤式安全门结构示意。由图中可以看出，它是通过改变重锤的重量和在杠杆上的位置来整定主汽压力保护动作值的。起座线圈11和回座线圈12由电接点压力表来控制，它们产

生一个起座和回座的附加力作用在杠杆上，当锅炉主汽压力正常时，重锤10的重力通过杠
杆9使脉冲门芯向下，从而关闭脉冲门，为了使脉冲门关闭严密，回座线圈12通电流，使门芯受到一个附加的向下的作用力，此时，主安全门门芯由于压缩弹簧6及蒸汽的向上作用力而紧紧地压在门座2上，主安全门被关闭。

当主汽压力超过允许时，压力开关的高限触点闭合，回座线圈12释放，起座线圈11吸合，电磁线圈对杠杆9向下的附加力失去，而向上的驱动力产生，加上蒸汽对脉冲门芯的作用力加大，使脉冲门打开，于是，蒸汽通过脉冲管道13进入伺服活塞4的上部对活塞产生一个向下的作用力，使主安全门打开，这时锅炉进行对空排汽。

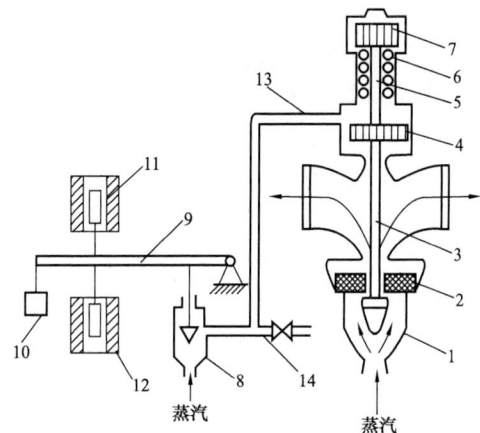

图9-3　重锤式电磁安全门结构示意图
1—主安全门；2—门座；3—门杆；4—伺服机活塞；5—活塞杆；6—压缩弹簧；7—缓冲器；8—脉冲门芯；9—杠杆；10—重锤；11—起座电磁线圈；12—回座电磁线圈；13—脉冲管道；14—支气管

2. 电磁安全门的控制电路

图9-4所示为电磁安全门控制电路。图中S3为控制开关，放在"0"为自动位置，触点2接通。放在右"1"为手动起座位置，触点1接通。放在左"1"为手动回座位置，触点3接通。K3和K4为起座和回座的接触器，Y1和Y2分别为安全门起座和回座的电磁线圈。由于流过线圈的电流较大，电磁线圈的吸合和释放利用接触器控制，控制原理简述如下。

（1）控制开关放在自动位置时，触点2接通，当汽压由高向低正常恢复时，电接点压力表的触点S1.2闭合，继电器K2线圈被短路，常闭触点K2.3闭合，回座接触器K4吸合，安全门关闭，绿灯HG亮。

当主汽压力超过允许值时，压力表的触点S1.2已断开，S1.1闭合，继电器K2吸合，使回座接触器K4释放，起座接触器K3吸合，吸合后将产生如下动作：①K3.1闭合，Y1电磁线圈带电，安全门起座，红灯HR点亮。②K3.2断开，此时回座位置开关S2也断开，绿灯HG灭。③K3.3闭合，信号继电器K5吸合后，K5.1闭合，发信号；K5.2闭合，闭锁水位保护。

向空排汽后，压力回降到正常值，S1.1已断开，S1.2又闭合，继电器K2线圈被短路，K3释放，K4吸合，电路恢复原状。

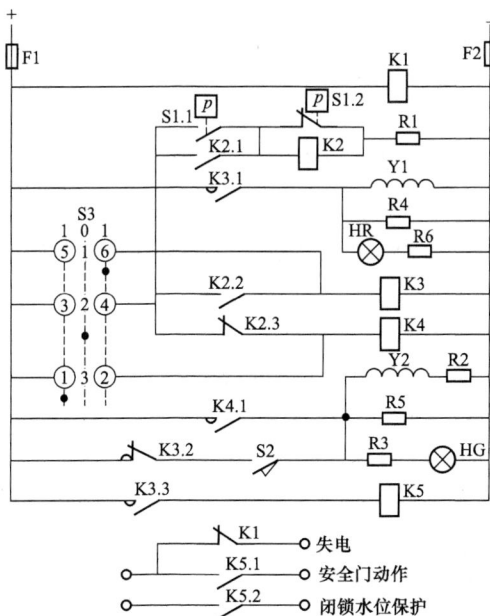

图9-4　电磁安全门控制电路

（2）手动操作时，控制开关S3可直接使

安全门起座和回座。例如 S3 放在手动回座位置时，触点 3 接通，K4 带电，Y2 回座线圈吸合。

上述控制线路的优点是使安全门关闭可靠；缺点是在正常情况下回座线圈 Y2 长期带电，所以要加 R2 降压电阻，否则 Y2 线圈容易发热而烧坏。

R4、R5 分别为 Y1 和 Y2 线圈内提供一放电回路，防止烧坏触点。

回座电磁线圈 Y2 长期带电方式并不是必需的，也不完全恰当，因为脉冲门关闭后，借助重锤或弹簧的力量即可保持在关闭状态，不必继续依靠电磁铁的牵引力。另外，安全门进行机械整定时，一方面要求电磁铁都不带电；另一方面，为了安全起见，又要求有控制电源，以便必要时能操作电磁线圈 Y1 和 Y2，强行将安全门打开或关闭，这样的要求是回座电磁线圈长期带电方式难以适应的。

图 9-5 所示是投入主汽压力高保护时，回座电磁线圈 Y2 只是短时带电的锅炉安全门控制电路。在正常情况下，中间继电器、回座接触器均释放，因此回座电磁线圈也释放。

当压力升高超过允许值时，压力高常开触点 S1.1 闭合，继电器 K5 吸合，K5.2 常开触点闭合，K3 吸合使安全门打开。同时，继电器 K1 也吸合，其常开触点 K1.1、K1.2 闭合，一对做自保持，一对为回座接触器 K4 吸合准备条件，这时因继电器 K5 吸合，所以接触器 K4 为释放状态。当压力下降到正常值时，常开触点 S1.1 断开，压力低常闭触点 S1.2 闭合，继电器 K5 释放，K5.3 闭合，K4 吸合，其常开触点 K4.3 闭合，电磁线圈 Y2 带电使安全门关闭。同时常开触点 K4.4 闭合，延时继电器 K2 吸合，它的常闭触点 K2.1 延时打开的时间就是回座电磁线圈通电时间，一般整定为 10s，也就是说，当压力回

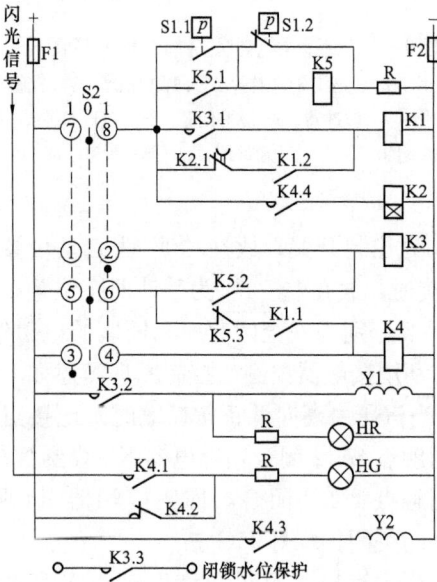

图 9-5　回座电磁线圈短时带电的安全门控制电路

到正常值，回座电磁线圈 Y2 通电，产生一个电磁吸力帮助安全门关闭。10s 后，K2.1 触点断开，K1 释放，K1.1 触点断开，K4 释放，其常开触点 K4.3 断开，Y2 电磁线圈释放，这样就保证了回座电磁线圈 Y2 在正常时不带电。

该电路无论在自动或手动状态，Y2 总是短时通电，不必加降压电阻。

信号灯回路的特点是，有关闭信号时，绿灯 HG 通过 K4.1 接入闪光信号而闪光，提醒操作者及时撤销人工关闭操作信号，以防电磁线圈 Y2 在额定电压下带电时间太长而过度发热。鉴于锅炉主汽保护的重要性，安全门起座和回座线圈都要由 220V 直流蓄电池供电。

第二节　锅炉水位及断水保护

一、汽包锅炉水位保护

汽包锅炉在运行中，只有很好地维持汽包水位正常才能保证机炉安全。水位过高将减少

蒸汽重力分离行程，破坏汽水分离效果，使蒸汽带水造成过热器中盐类沉积，恶化过热器工作条件，严重时还可能引起汽轮机水冲击，造成汽轮机断轴等恶性事故；水位过低时，锅炉水循环将遭破坏，水冷壁安全受到威胁。所以水位保护的功能是，在锅炉缺水时能及时保护，避免"干锅"和烧坏水冷壁管；当出现满水时能自动打开放水阀；当水位变化达到±250mm时便停炉、停机、关闭主汽门，防止设备损坏。一般把水位偏差分为三个值，称为高Ⅰ、Ⅱ、Ⅲ值（＋50、＋150、＋250mm），反之称为低Ⅰ、Ⅱ、Ⅲ值（−50、−150、−250mm）。高、低Ⅰ、Ⅱ值为报警值，高、低Ⅲ值是停炉值。

　　在锅炉汽压过高致使安全门开启时，由于蒸汽压力急剧下降，汽包水位出现瞬时增高，这时不应送出水位高的保护信号。为此，通常在安全门动作时要送出信号闭锁水位保护信号，一般延时60s左右闭锁该信号。

　　保护回路对水位的测量信号要求高度可靠，其实只要对高低Ⅰ、Ⅱ、Ⅲ值六个点进行可靠监视即可。可选用电接点水位计发送水位开关信号。经现场测试，炉水电阻为46~60kΩ，饱和汽电阻为120~160kΩ。利用二者相差很大的特点，水位开关由电接点电路和继电器组成是比较可靠的，但其薄弱环节是电接点，工作条件恶劣，易出现泄漏、断路、连水导通现象。

　　为提高保护信号的可靠性，在逻辑上采取两个措施，其一是对每个水位值取自三个不同水位开关，构成"三取二"的逻辑系统；其二是采取步进式鉴别方式，如第Ⅲ值最重要，担心它不可靠，则可在紧急停炉回路（见图9−6）上串取Ⅱ值信号，在Ⅱ值信号中又串取Ⅰ值信号，这样组合后的信号也提高了可靠性。

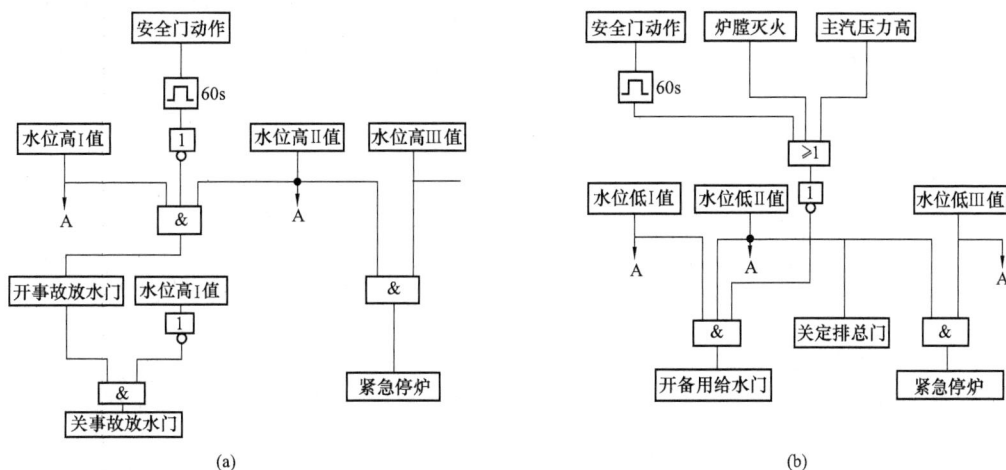

图9−6　锅炉汽包水位保护系统框图
(a) 水位高保护；(b) 水位低保护

　　为了试验保护系统能否正常动作，要求在汽包水位测量筒上能模拟发出水位高低Ⅰ、Ⅱ、Ⅲ值信号。因此，对汽包水位保护测量筒有特殊要求，即在测量筒上部加装排汽阀，下部加装排水阀，以便进行满水、缺水时的动态试验。

　　图9−6所示为某锅炉汽包水位保护系统框图，其中（a）为水位高保护，（b）为水位低保护。由图9−6（a）可以看出，当水位在高Ⅰ、Ⅱ、Ⅲ值时均向信号系统发出报

警信号 A。当安全门未动作或动作并闭锁 60s 之后，在水位高 I 值、高 II 值同时存在时，开事故放水门。而在水位恢复到高 I 值以下（且事故放水门开信号存在），则关事故放水门。若水位继续上升达到高 III 值，在水位高 II、III 值信号作用下，实行紧急停炉。

图 9-6（b）说明，当水位在低 I、II、III 值时均向信号系统发出报警信号 A。当安全门动作 60s 内、炉膛灭火、主汽压力高三个闭锁指令不存在的情况下，水位低 II 值信号存在，关定期排污总门，并在水位低 I、II 值相继出现时，开备用给水门。当水位低 II 值、III 值相继出现时，说明严重缺水，应紧急停炉。

图 9-7 所示为汽包水位保护控制电路。图中 Y 为安全门动作信号，K2 为 60s 延时继电器。各继电器常开触点输出至外部电路，其作用为：K3、K4、K5、K7、K8、K10 发出报警信号，K6 开事故放水门，K9 至定期排污子回路，关定期排污总门，K11 开备用给水门，K12 控制紧急停炉，此外，K6 的常闭触点还用于关事故放水门。该电路工作原理较简单，可对照框图自行分析。

二、直流锅炉断水保护

在直流锅炉上，水的加热、汽化和过热过程是在受热面内连续进行的，没有中间的储存环节（汽包），因此对于供水要求很严。供水中断会引起受热面超温而损坏，在断水后几秒钟内未能恢复供水时，必须停止锅炉运行。

供水中断信息可以使用全部给水泵停止信号，该信号由电动给水泵断路器的辅助触点和汽动给水泵的主汽门阀位开关提供。

供水中断信息也可以使用总给水流量过低的信号，目前一般用给水流量 1/3 额定流量 Q_H 来表示断水。为可靠起见，每个汽水流程的给水流量用两块检测仪表发信号，两块仪表的信号触点可以分别整定在同一值或不同值。

断水保护需要经一定的延时才能动作。时间的下限应大于备用给水泵自投和建立压力的时间，而上限主要取决于受热金属材料的性能，图 9-8 所示为直流锅炉断水保护系统的框图。

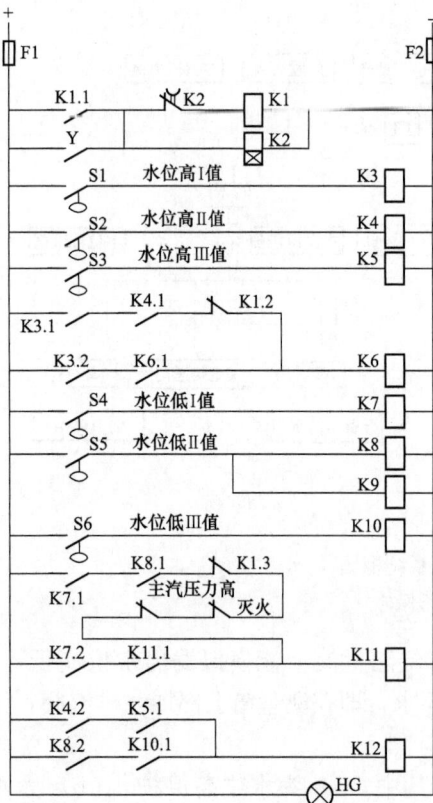

图 9-7　锅炉汽包水位保护控制电路

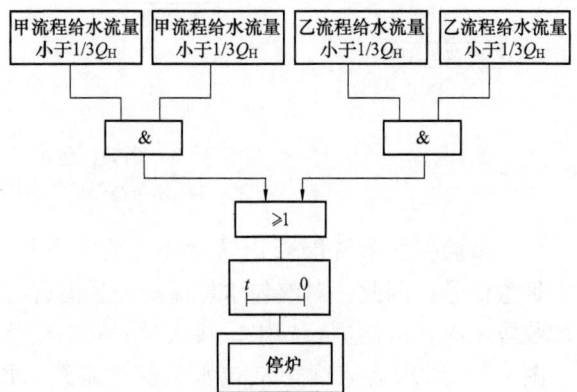

图 9-8　直流锅炉断水保护系统框

第三节　屏式再热器壁温高保护

　　锅炉点火后，受热面加热，积水逐渐被蒸发。锅炉升压后，部分管内积水亦被流过的蒸汽所造成的受热面进出口压差所排除，此时过热器和再热器内全部或部分的管子几乎没有蒸汽流过，而仅仅受到微量蒸发出来的蒸汽所冷却，其冷却能力是很低的，所以管壁温度接近烟气温度。

　　此外，在汽轮机冲转前，过热器、再热器通汽量受到旁路系统容量的限制。汽轮机冲转后，又受到汽轮机通汽流量限制，故蒸汽在管内的流量还是很小的。在启动升压阶段，一般锅炉蒸发量小于额定值的 10%，为此，必须进行超温保护。图 9-9 所示为屏式再热器超温保护系统框图。

　　采用限制受热面入口烟温的方法来防止过热器、再热器管壁超温。由于启动阶段只投少量的燃烧器，烟气侧会存在较大的热偏差，同时管内蒸汽流量的分配也不均匀，所以管间就存在壁温差，进口烟气温度控制值应比金属材料最高允许温度还要低些，尤其是屏式再热器所用材料较差，在锅炉启动时更要严密监视。

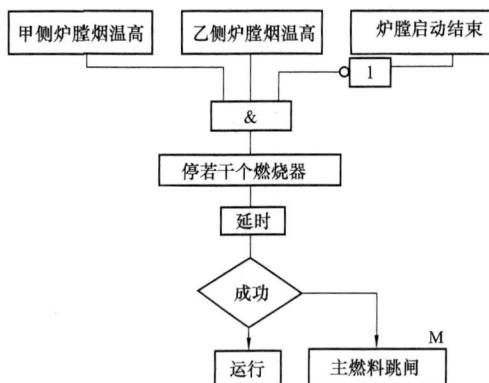

图 9-9　屏式再热器壁温高保护系统框图

　　为了掌握启动时屏式再热器管壁温度的变化规律以及取得有效地防止管壁超温的运行操作的方法，在锅炉两侧设能伸缩的烟温检测装置，在启动时测温探针伸进炉膛，监测炉膛烟温，而正常运行时测温探针退出，以免烧坏。

第十章　炉膛安全监控系统

第一节　概　　述

随着锅炉机组容量的增大，锅炉设备及所属设备的结构变得复杂，影响锅炉安全运行的因素也随之增多，要监控的项目也大大增加。从实际锅炉的运行情况看，锅炉事故时有发生，就大型锅炉机组而言，有些事故可能在极短的时间内发生，以至运行人员来不及作出正确的判断和操作，造成事故的扩大，甚至出现锅炉爆炸事故，造成巨大的经济损失。为此，国家电力行业标准化技术委员会要求已投产机组应加装锅炉灭火保护装置，对大型机组应设置锅炉安全监控系统，以确保锅炉的安全运行，简化运行人员的操作，有效避免误操作，一旦事故发生后，有效抑制事故的扩大。

炉膛安全监控系统（Furnace Safeguard Supervisory System，FSSS）也可称为燃烧器管理系统（Burner Management System，BMS），目前已成为我国大型电站锅炉必不可少的组成部分。BMS 作为大型火电机组自动保护和自动控制系统的一个重要组成部分，其主要功能是保护锅炉炉膛，避免发生爆炸事故，对气、油、煤燃烧器进行遥控（程控）等管理。它在锅炉正常运行和启停等各种运行方式下，密切监视燃烧系统的大量参数和状态，防止在锅炉的任何部位积聚可爆的燃料和空气混合物而引发炉膛爆炸。通过逻辑运行和判断，当某一运行状态对设备和人身产生危险时发出主燃料跳闸信号（MFT），同时利用各种连锁和顺控装置使燃烧系统中的有关设备严格按照一定的逻辑顺序进行操作和处理，以保证锅炉燃烧系统的安全。另外，当产生 MFT 时，提供首次跳闸的有关信息，以便事故查找和分析。

FSSS 在锅炉运行中起着重要作用，它通过一系列必要的安全连锁顺序来动作。这些动作要先制订顺序，每一步都有合理的严格的安全连锁。FSSS 对燃烧设备的大量参数和状态进行严密和连续的监视，并按照预定的安全顺序对它们进行判断和各种逻辑运算，发出动作指令，自动动作有关设备或报警，提示运行人员通过手操去动作有关设备。在锅炉的启动、机组正常运行和停炉（包括紧急情况下发出紧急停炉指令自动停炉或停某些设备）时，FSSS 都在起作用，以此来防止在炉膛和尾部烟道及燃烧系统内形成危险的可燃物，从而达到确保机组安全运行，提高机组运行可靠性的目的。

虽然 FSSS 不参加燃料量和风量的调节，但是它的安全连锁功能都有着超越运行人员和过程控制系统的作用。例如，如果燃料控制系统把风量降低到启动期间允许风量的最低值以下（典型的为 30% 全负荷风量，NFPA 法定此值不低于 25% 的全负荷风量），系统就将自动地切除燃料，同时也不允许运行人员在不遵守上述安全顺序的情况下启动设备。若违背了上述安全顺序的话，设备将被自动停掉。

FSSS 的安全连锁条件要根据燃烧系统和燃料种类不同及燃烧方式等来确定，但是必须包括下述安全功能：

（1）点火前吹扫；

（2）点火前要有适当的允许条件；

（3）炉膛引进主燃料的允许条件；

（4）连续监视燃料条件和其他运行状态；

（5）当需要时紧急停下部分或全部燃料设备；

（6）停炉后的吹扫。

FSSS 的吹扫功能是防止锅炉爆炸的有效手段。吹扫的目的是将炉膛和燃烧系统管道中沉积的未燃烧的燃料清除掉。根据美国 NFPA 防爆标准，炉膛吹扫时，用全负荷的30％风量，连续吹扫 5min。在吹扫前，MFT 记忆器处于置位状态，MFT 信号闭锁住一切可操作的程序。当一个完整的 5min 吹扫过程完成后，才能使 MFT 复位，方可进行程序操作。

吹扫完成后，可进行锅炉准备点火，锅炉点火条件满足后，就可点火了。在锅炉负荷达到 30％MCR 之前必须保持这个 30％的最低风量，以确保在整个启动阶段炉膛内的风量能有富裕。对每个点火器都要进行火焰检测，如果同时把燃料量信号也综合起来，就可以确定是否已有了足够的点火能量。根据所选的主燃料和燃烧系统的配置，主燃料可直接从点火器或点火层获得点火能量。

FSSS 应具备以下功能：

（1）切除主燃料后，炉膛点火前进行炉膛吹扫并监视吹扫过程；

（2）在集控室操作盘上，对单个或几个成组的点火器进行启动和停止程序，并监视执行情况；

（3）连续监视点火器的火焰，监视点火器燃油阀是否打开，点火器是否全部伸进或退出。总之，监视点火器的运行情况；

（4）若某点火器点火失败，失去火焰，打火杆没有进到位或者点火燃油阀有故障，则自动切除此点火器；

（5）连续监视预定的锅炉跳闸条件，一经出现，则立即发出 MFT 跳闸信号；

（6）提供锅炉"首次跳闸原因"指示，把引起锅炉跳闸的第一原因显示在操作控制盘上，并且闭锁由此跳闸条件而引起的其他跳闸条件指示；

（7）报警指示系统用来监视整个控制系统，并给出适当的输出信号来提醒运行人员和其他需要的系统，如中央计算机或事故记录装置等；

（8）控制某些辅助设备如探头冷却风机等，并且应包括必要的安全连锁。

第二节　炉膛爆燃分析

一、炉膛内火焰形成的机理分析

炉内燃烧过程实质上是燃料与氧化合反应的过程，同时放出热和光。这种燃烧反应过程在很复杂的条件下进行，与一系列过程有关，如传热过程、流动过程、扩散过程等。这些物理过程与化学反应过程同时进行并相互影响，因此，炉内过程是很复杂的，但我们可以从化学反应的最终结果和物质平衡关系来了解一下炉内的燃烧过程。

无论是煤、油还是气体燃料，它们的主要组成成分是碳和（或）氢化物，对煤等固体燃料来说，还含有氢、氧、氮、硫等。炉内燃烧过程是燃烧中的碳或氢化物与空气中的氧进行剧烈的化学反应，见下面化学平衡式：

$$2C+O_2 \overline{\qquad} 2CO+Q$$

$$2CO+O_2 \overline{\qquad} 2CO_2+Q$$

$$2H_2+O_2 \overline{\qquad} 2H_2O+Q$$

$$CH_4+2O_2 \overline{\qquad} CO_2+2H_2O+Q$$

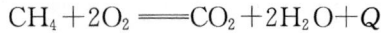

这些可燃物被氧化、还原、再氧化直至告终。在剧烈燃烧的化学反应过程中，将释放包括紫外线、红外线、可见光、热辐射和声波等电磁波能量。在火焰监视中，所有这些能量又构成了火焰是否存在的检测基础，电磁波能量中各成分的强度构成又与燃料的种类不同、甚至同种类不同品质的燃料有关。如氢含量较高的气体和液体燃料燃烧火焰具有高能量紫外线辐射，因此，以紫外光敏管检测燃烧火焰有较大技术发展。而紫外线辐射的能量是同燃料中的氢、碳比成比例的。碳氢化合物中，甲烷（CH_4）中氢碳的比例为4：1，煤却小于2：1。煤燃烧时，碳与氧形成CO过程需要吸收一部分紫外线能量，因此，检测煤燃料的火焰检测不能以紫外线能量检测为基础，而要选择其他电磁波能量作为检测基础。

煤粉炉中，煤粉空气混合物进入炉膛后，卷吸炉膛内的高温烟气产生对流换热，另外还有炉膛高温火焰辐射换热。通过这两种热交换，进入炉膛的煤粉气流温度迅速提高，而后着火，开始强烈燃烧，形成火焰。煤粉着火后从局部开始传播开去，其快慢由火焰传播速度即着火速度决定，并影响着火的稳定性。

保证煤粉气流喷入炉膛后能连续稳定着火，是燃煤炉安全运行中的一个重要问题，尤其在燃用挥发分较低的无烟煤或贫煤时，保证在低负荷下着火的稳定性更为重要。

影响煤粉气流着火和着火稳定性的因素有以下几个：

(1) 一次风量。减少煤粉气流中的一次风量，使煤粉气流加热到着火温度所需要的热量（称为着火热）显著降低，因而在同样卷吸烟气量的前提下，可将煤粉气流加热到更高温度，加速着火过程，但一次风量不能过低，否则着火初期得不到足够的氧气而使化学反应速度减慢。

(2) 一次风速。若一次风速过高，则通过单位截面积的气流流量过大，温度提高速度慢。但一次风速不能太低，否则容易烧坏燃烧器喷口。一般讲，煤中挥发分越高，火焰传播速度越快，相应一次风速可选择高些。

(3) 一次风煤粉气流的初温。一次风温度越高，着火热越少，着火速度越快，但一次风温过高时，对于挥发分较高的煤种，着火区离喷口太近，易烧坏喷口。对于挥发分较低的无烟煤或贫烟，为了保证着火的稳定性，通常采用热风送粉，而且要求热风温度较高（350～400℃）；对于挥发分较高的煤，如烟煤，可以不采用热风送粉，要求空气预热器出口热风温度也较低（250～300℃）。

(4) 燃料性质。燃料性质中对着火过程影响最大的是挥发分。在相同的气粉条件下，挥发分降低，火焰传播速度显著降低，燃烧稳定性下降。燃料中灰分增加，火焰传播速度降低；而燃料中水分增加，着火热增加，炉内温度水平降低，这些情况于着火均不利。

(5) 煤粉细度。煤粉越细，煤粉总的表面积越大，煤粉吸热量越多，同时火焰传播速度越快，有利于着火，但过细的煤粉，会增加磨煤机的耗电量。

影响煤粉炉气流着火和着火稳定性的因素还与燃烧器形式、着火区域炉膛温度水平等有关。

二、炉膛爆燃原因

炉膛是指锅炉炉膛到烟囱的整个烟气通道部分，包括有关的锅炉部件、烟道、风箱和风机。燃料在炉膛内燃烧，进行能量转换。燃烧不稳易灭火，如进一步操作不当，则易发生爆燃。

炉膛爆燃是指在锅炉的炉膛、烟道和通风管道中积存的可燃物突然同时被点燃，释放出大量的热能，生成烟气后容积突然增加，一时来不及由炉膛排出，因而使炉膛压力骤增，这种现象称为爆燃，严重的爆燃即为燃炸。爆燃所产生的爆炸力量，据现场记录，压力可达150kPa，远远大于炉墙所能承受的压力，故爆燃对锅炉本体的损坏有时是毁灭性的。在锅炉炉膛内产生爆燃，炉内气体猛烈膨胀，使烟气侧压力升高，其作用力将炉墙推向外侧，称为外爆。

当炉膛内突然灭火，炉内气体由于火焰熄灭，温度剧烈下降而猛烈收缩，炉外大气压力将炉墙推向内侧，称为内爆。在采用平衡通风的机组上，当主燃料点燃之前或燃料突然中断时，送风机突然停转，而引风机还在抽吸，因而使炉内空气及烟气量陡减，在10～20s之内烟气量减少到额定值的50%，因而燃气侧压力急降，使炉膛负压在7～8s之内降到-3050～6860Pa，造成炉膛、刚性梁及炉膛墙壁的破坏。

为了防止锅炉内爆，在燃烧控制系统的设计中应注意以下几点：

（1）锅炉甩负荷时，向炉膛的送风量必须维持在甩负荷前的数值；

（2）机组甩负荷后，应尽可能减少炉膛中燃烧产物的流量；

（3）若能在5～10s的期限内（不是立即地）消除掉炉膛中燃料，则机组甩负荷后，炉膛压力偏离的幅度就可能缩小。

炉膛爆燃可分冷态爆燃、热态爆燃、穿透性爆燃和局部爆燃，其中危害最大者为冷态爆燃和穿透性爆燃。

在正常情况下，进入炉膛的燃料立即被点燃，燃烧后产生的烟气也随之被排出，炉膛和烟道内没有可燃混合物积存，因而也就不会发生爆炸。如果运行人员操作顺序不当，设备或控制系统设计不合理，或者设备和控制系统出现故障等，都有可能发生爆燃。从理论分析可知，只有在符合下列三个条件时才能产生爆燃：

（1）炉膛或烟道内有燃料和助燃空气积存；

（2）积存的燃料和空气混合物是爆炸性的并达到爆炸浓度；

（3）具有足够的点火能源。

三个条件中如有一个不存在时，就不会发生爆燃。所谓爆炸性混合物也就是炉膛中可以点燃的混合物。在锅炉运行时不可能没有可燃混合物，也不可能没有点火能源，因此，主要是设法防止可燃混合物积存在炉膛和烟道中。

燃料与空气按一定比例混合时才能形成可燃混合物。正在燃烧的火焰如果熄灭，则将有燃料和空气混合物积存在炉膛，持续的时间越长，炉内积存的可燃物就越多。当积存的可燃混合物被点燃时，由于火焰的传播速度很快，可燃混合物同时点燃，烟气容积突然增大，又来不及由炉膛出口排出，因而炉膛压力骤增。为了说明问题，假定瞬间的爆燃为定容绝热过程，大体上可以用理想气体方程来说明。

设 V_r 和 Q_r 表示积存的可燃混合物的容积和单位容积的发热值，V 表示炉膛容积，也表示爆燃后炉膛介质的总容积，瞬间爆燃放出的热量增多用以加热炉膛介质，在定容绝热过程

中炉膛介质的温升 ΔT 为

$$\Delta T = \frac{V_r Q_r}{V c_V} \tag{10-1}$$

式中　c_V——炉膛介质的平均比定容热容。

理想气体的定容变化式为

$$\frac{p_2}{p_1} = \frac{T_2}{T_1} = \frac{T_1 + \Delta T}{T_1} = 1 + \frac{\Delta T}{T_1} \tag{10-2}$$

式中　p_1、T_1——爆燃前炉膛介质的压力和热力学温度；

　　　　p_2、T_2——爆燃后炉膛介质的压力和热力学温度。

由式（10-1）和式（10-2）得

$$p_2 = p_1 \left[1 + \frac{\dfrac{V_r}{V} Q_r}{c_V T_1} \right] \tag{10-3}$$

容积比值 V_r/V 是一个相对值，只有当容积比大到一定数值时，爆燃压力才会升高很多，大炉膛积存少量的可燃物，即使爆燃也不会引起破坏。

单位容积的发热量 Q_r 越大，爆燃后压力升高越多，爆燃产生的破坏力越大。因此，对燃用石油及天然气的锅炉，应更加注意防止炉膛的爆燃。

炉膛介质的热力学温度 T_1 越低，爆燃后压力越高，这是因为容积压力一定时，绝对温度越低，介质的质量就越多。在锅炉点火期间，炉膛温度低，突然着火以后，ΔT 温升较大，气体的容积膨胀也较大，故低温冷态爆燃时产生的破坏力较大，爆炸时往往损坏炉膛中下部，一般形成穿透性爆燃。炉膛介质温度高时，比如运行中突然灭火，这时炉膛的温度仍然较高，进入炉膛的介质随热气流不断上升和气化，上升到炉膛顶部，遇到高温过热器而产生爆燃，这种爆燃形成的温差 ΔT 较小，其破坏力低于前者，破坏区域大多在炉膛的顶部及水平烟道，简称热态爆燃。

在推导式（10-3）时曾假定爆燃为定容过程，实际上烟气膨胀时总有些气体由出口排出。爆燃能量越大，瞬间的烟速增加将使烟道阻力增加许多，这时排烟降压的作用是有限的。炉墙上装设的防爆门也只能对局部不大的爆燃起降压作用，在曾经发生过大爆燃的锅炉炉墙上均装有防爆门，这证明防爆门对大能量爆燃是无能为力的。因此，最好是设法防止爆燃的发生，关键是防止可燃混合物的积存。

三、可能造成炉膛爆燃的危险情况

（1）锅炉燃烧煤种的多变。在燃烧优质煤时，由于发热量高，炉温也较高，要求从燃烧器喷出的风速要求较高。对于烟煤，大约要求风速为 $20 \sim 25\text{m/s}$，可保持整个炉膛的稳定燃烧从而保证喷入锅炉的煤粉不会造成聚积而是即刻被烧掉。只要能保持炉膛稳定高温燃烧，是不会造成锅炉灭火的。如果煤种多变而又不能很好地保证风煤比例，结果造成炉膛燃烧不稳而导致喷燃器熄灭。如变为烧无烟煤时，应相应降低风速。由于风机挡板的可调性差，造成运行人员无法根据煤种变化及时改变风煤比例，引起燃烧不稳而导致喷燃器熄灭。这种灭火若又未被运行人员发现，熄灭了的喷燃器仍旧向炉膛内喷射煤粉和相应的一、二次风，从而造成了炉膛内可燃物的聚集，当达到一定煤粉浓度而炉膛的高温又为这种可能性提供了点火源，这时将引起炉膛爆燃。

（2）燃料、空气或点火能量中断，造成炉膛内瞬间失去火焰，形成可燃物堆积，而接着再点火或火焰恢复时，就可能引起爆燃和打炮。

（3）在多个燃烧器正常运行时，一个或几个燃烧器突然失去火焰，造成可燃混合物的堆积。

（4）整个炉膛灭火，造成燃料和空气混合物的积聚，随后再次点火或者存在其他点火源时，使这些可燃混合物点燃。

（5）在停炉检修过程中，燃料漏进停用的炉膛。

（6）排粉和给粉不均匀，时断时续造成喷燃器火焰瞬间消失又重新点火，造成爆燃。

（7）主设备的严重缺陷。如喷燃器布置不合理，风机挡板可调性差等，无法形成火焰中心。油枪雾化不好也可能造成火焰瞬时中断后又重新燃烧。

（8）燃料中含有大量不可燃杂质。如油中含水、煤中含灰引起火焰瞬时消失，产生爆燃。

上述危险情况，对于燃用不同燃料的锅炉都是相同的。

四、炉膛爆燃的防止

理论和实践证明，炉膛火焰和压力的变化是炉膛内燃烧不稳定和炉膛产生爆炸的主要表现，所以通过正确检测炉膛火焰，确定炉膛压力整定值，采取相应的炉膛防爆措施，就能防止炉膛爆炸。经验证明，大多数炉膛爆燃发生在点火和暖炉期间，在燃料品质低劣、低负荷运行时也常发生灭火后的爆燃，对于不同运行情况要采用不同的防止爆燃的方法。

防止炉膛爆燃的原则，一是防止可燃物积存，即点火前进行吹扫，熄火后要立即停燃料；二是保证一定的炉膛温度，一般的矿物燃料着火的温度都不大于 650℃，由于燃料燃烧时送入的可燃混合物有一定的流速，所以要求有更高的温度才能点燃，一般认为 750℃即可保证点燃。

1. 防止炉膛爆燃的原则性措施

（1）在主燃料与空气混合物进口处要有足够的点火能源，点火器的火焰要稳定，具有一定的能量而且位置要恰当，能把主燃料点燃。

（2）当有未点燃的燃料进入炉膛时，未点火时间应尽可能缩短，使积存的可燃物容积只占炉膛容积的极小部分。

（3）对于已进入炉膛的可燃混合物应尽快地冲淡，使之浓度不在可燃范围，并不断地把它吹扫出去。

（4）当进入的燃料只有部分燃烧时，应继续冲淡，使之成为不可燃混合物。

（5）注意燃料品种的变化，及时地调整风速和风煤比例，对于四角喷燃锅炉，应保持燃烧中心的稳定和各角火焰的稳定。

（6）有良好的制粉系统来保证煤粉细度，也是防止炉膛燃烧不稳和灭火的重要条件。

（7）安装锅炉炉膛安全监控装置，加强对炉膛火焰、压力、温度等参数的监视，提高锅炉的自动控制水平。

（8）设计并安装主燃料跳闸（MFT）后炉膛负压的保护控制系统，以实现 MFT 后炉膛负压的自动调整，避免炉膛压力超出允许范围。

因此，防止爆燃的发生，关键是防止可燃混合物的积存。

2. 在点火、暖炉期间防止爆燃的措施

（1）点火前，吹扫炉膛和烟道，换气量大于等于炉膛容积的四～五倍，空气流量大于等于 25%～40%额定负荷空气量，吹扫时间约 5min。

（2）在此期间送的燃料量不大于 10%额定负荷的燃料量。

（3）在点火和暖炉期间，要求燃烧器要少，要集中使用，但在此同时应考虑炉膛加热的均匀，燃烧器要对称使用。

（4）要尽量缩短主燃烧器点火时间（如不大于 10s），若超过时，应果断切断燃料，再吹扫后，重新点火。

（5）严禁利用所谓的"余热"再点火（在炉膛熄火后，再次投油投粉利用炉膛熄火瞬间的余热进行再次点火）。

（6）在点火初期要保证一定的混合物浓度及流量，而且流量应由小到大逐渐增大，以保证炉膛压力稳定（炉膛压力不稳说明存在小的局部燃烧）。

3．火焰中断时，防止爆燃的措施

（1）只要熄火，立即切断燃料（哪个喷燃器灭，切哪个的燃料供应）。

（2）锅炉在设计时尽量缩短燃料阀至喷燃器之间的管道长度。

（3）要经常维护燃料阀，保持严密性。

通过安装锅炉连锁和保护装置，设计合理的控制系统，运行人员进行正确的操作，就能有效避免炉膛爆炸事故，减少锅炉实际运行中发生事故。

4．设备缺陷问题

炉膛漏风、煤粉自流、煤粉系统堵塞、给粉机下粉不均、油雾化不良、燃油泄漏、喷燃器烧损、热控设备失灵等，都会导致燃烧恶化甚至炉膛熄火，当炉膛熄火 30～60s 内不中止燃料供应，炉膛的煤粉浓度足以达到危险的爆燃浓度时（如煤粉、空气比为 $0.05kg/m^2$），一遇到足够的点火能量，将引起爆炸，因此，检修人员应及时消除设备缺陷。

5．改进炉墙结构

目前，国产锅炉炉墙多数为光管轻型炉墙，炉墙的承压强度和刚性梁的强度都较差，因此，炉膛爆炸时，一般撕开炉膛四角并揭开顶棚，造成炉膛的极大破坏。今后的发展方向是全膜式全焊接气密式炉膛以增加抗爆能力，锅炉刚性梁强度也应加强。过去刚性梁计算承载能力仅为 2～3kPa（如 SG400t/h 炉按 2.5kPa 设计），目前多数按 3kPa 设计，今后必要时要提高到 5～6kPa（国外一般按 5kPa 计算），以提高抗爆强度。

6．安装锅炉炉膛安全保护装置

过去国产锅炉很少考虑安全保护问题，被称为"赤膊锅炉"，锅炉启停和运行中很可能发生事故。根据美国 CE 公司提供的资料，在 1969 年间美国发生的燃油、燃气锅炉炉膛爆炸事故中，有 80%是由于缺少防爆措施——连锁、报警和跳闸保护。对国产锅炉来说，装设必要的炉膛安全保护装置更为重要。

第三节　燃烧器管理系统组成及功能

一、系统组成

燃烧器管理系统（BMS）主要由操作控制设备、逻辑控制设备及现场设备三大部分组成（见图 10-1）。

BMS 将锅炉的燃烧控制与安全保护融于一体，既向运行人员提供全部燃烧系统的操作手段，又可以在锅炉运行的各个阶段进行监视、报警和跳闸。

1. 操作控制设备

操作控制设备是 BMS 人机联系的重要接口，操作控制设备可分为三种。一是运行与维护人员操作监视系统，二是系统模拟盘，三是就地操作盘。

(1) 运行或维护人员操作监视系统。运行人员操作监视系统（OM）位于集中控制室内，其主要功能是操作、监视和控制，并为操作与监视采集信息。机组在正常运行时，运行人员在集控室

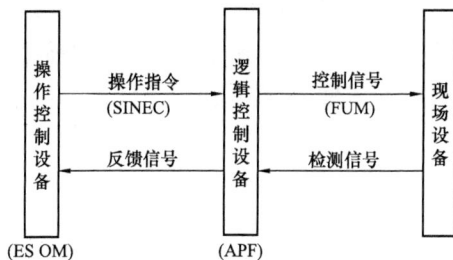

图 10-1 BMS 示意图

内通过 CRT 和鼠标就能自动地进行机组的启停和正常的运行控制。CRT 画面上设有操作图标（按钮、开关），可对燃烧设备的安全运行进行必要的操作。燃烧设备的运行状态由反馈信号返回到 CRT，由 CRT 画面上的指示灯表示阀门、挡板的开或关，电动机的启或停。此外，CRT 上还设有逻辑系统的控制开关，如"吹扫开始"、"开启油跳闸阀"、"点火器启动"等。以点火前吹扫为例，在吹扫许可条件满足后，CRT 画面上的"吹扫准备"指示灯点亮，运行人员按"吹扫开始"按钮，使逻辑系统按预定的程序进行吹扫。"吹扫进行"指示灯点亮。5min 后，"吹扫进行"指示灯熄灭，"吹扫完成"指示灯点亮，表明吹扫过程结束。

维护人员操作系统也叫工程师站（ES），除具有运行人员操作盘（OM）的功能外，还可以设计或修改逻辑控制设备的控制策略。

(2) 系统模拟盘。系统模拟盘位于 BMS 逻辑柜内，可对各层燃烧设备及总体功能进行模拟操作试验，检查相应的逻辑功能是否正常。它是 BMS 调试和寻找故障的有力工具。在进行模拟试验前，应停运有关的燃烧设备。如做总体功能模拟试验，应在机组停运后进行。此外，在各模拟板上装设现场设备的状态指示灯。

(3) 就地控制盘。就地控制通常限制在最低程度，主要用于维修、测试和校验现场设备。如设有给煤机就地盘、磨煤机液力和润滑油系统就地盘、就地油枪维护开关（遥控、吹扫、切除）等。在正常运行时，所有现场控制开关均放置在遥控位置，这样使得这些设备处在逻辑系统的控制之下。

2. 现场设备

现场设备可分为敏感元件和驱动装置两部分。

(1) 敏感元件。敏感元件用于监控炉膛的燃烧情况及燃料、空气系统的压力和温度。主要由以下部件组成：

1) 压力开关。用于反映燃料、空气、炉膛压力。例如，当炉膛压力超过规定允许值时，使机组跳闸。

2) 温度开关。用于反映燃料、空气温度。例如，当磨煤机出口温度过高时，发出信号关闭热风门，或将信号送入磨煤机热风管道上的温度控制挡板，或单纯作为报警信号。

3) 流量开关。用于指示燃料空气系统的流量，或指示通过对流管束、空气预热器、风机的差压提示。

4) 火焰检测器。用作燃烧器的火焰鉴别或炉膛的火球监视。

5) 限位开关。用于限制阀门和挡板的行程，以保证运行在规定的安全限度之内，或提

供一个证实信号，证实阀门或挡板是开的，还是关的。

敏感元件通常与一些反馈装置，如控制盘上的指示灯、光字牌相连。显然，保持敏感元件的良好工作状态极为重要，敏感元件的故障将导致事故的发生或不必要的停炉跳闸。敏感元件投入使用前应进行严格的检查，以满足运行要求，投入使用后，要定期进行检验。

（2）驱动装置。驱动装置用以控制进入炉膛的燃料（油、煤）和空气。主要部件如下：

1）电动和气动的阀门、挡板驱动机构；

2）给煤机、磨煤机、风机电动机的启动器；

3）油枪伸缩机构及控制进入油枪的油和蒸汽（空气）的三位阀（运行、冲洗、停运）。

由于 BMS 是逻辑控制系统，因此，逻辑系统给这些驱动装置的指令，不是开便是关；不是投入便是退出。它们的驱动装置有的采用交流电驱动，有的采用直流电驱动。它可以设计成给予能量动作或不给予能量动作两种类型。对于大型机组的安全装置，一般采用给予能量动作。这种类型的系统打开阀门时需要提供能量，关闭阀门时也需要提供能量，不提供能量时阀门位置不变，从而防止了电源消失而跳闸，保证系统的安全。

由于 BMS 的指令和安全连锁动作要依靠这些驱动装置执行和实现。因此，这些驱动装置的工作状态良好与否，直接影响机组的安全运行。为此，必须对所有现场设备进行定期检验和测试，并保持这些设备的清洁，设备停运后，要定期维护阀门和挡板。

3. 逻辑控制设备

逻辑控制设备是 BMS 的核心部分，它接受操作控制盘发来的各种操作指令，接受现场设备送来的状态信号，经过逻辑系统的运算，按程序向各燃烧装置发出一系列控制信号，以驱动各执行机构，并将大量状态信号送至操作控制系统，进行 CRT 画面和状态灯光显示。逻辑控制设备的逻辑控制功能主要有四部分。

（1）总体控制部分。这一部分是 BMS 的中央管理系统，包括的主要逻辑系统有：炉膛吹扫、主燃料跳闸、火焰监视判断、燃油启动许可、投粉许可、快速返回（RB）、快减负荷（FCB）、燃料跳闸阀和再循环阀控制等。总体控制部分接受运行操作盘发出的指令信号和现场输入的状态和反馈信号，管理全部燃料层控制系统，并与 CCS 等系统连接。

（2）油层控制系统。在 BMS 中，共有若干个完全相同的油层控制系统，该系统包括油层控制逻辑系统和油角（油枪、油枪三位阀、高能点火器）控制逻辑系统，每一个油层控制逻辑系统管理几个完全相同的油角控制系统，此外，还设有油层监视系统。

（3）煤层控制系统。煤层控制系统包括煤层自动控制系统、磨煤机控制系统、给煤机控制系统、热风门控制系统。煤层控制系统管理着整个一个制粉系统的全部设备，通过运行人员发出的启动指令，自动完成设备的启、停和设备间的协调，磨煤机、给煤机、热风门控制系统接受煤层控制系统的自动控制，也可接受操作人员的单独控制，完成单个设备的全部启、停操作和安全监控。

（4）火焰检测系统。用于全炉膛火焰监视和油枪火焰的监测。

二、基本功能

按系统分，BMS 或 FSSS 可分为燃烧器控制系统（BCS）和燃烧安全系统（FSS）。BCS 包括高能点火器、油燃烧器、煤燃烧器和制粉系统（磨煤机、给煤机）的控制，它将对燃烧系统进行连续地监测及顺序控制，并提供远方操作，同时提供状态信号到 CCS 和厂级监测计算机系统（DAS）、全厂报警系统及旁路系统等。FSSS 的功能是，在锅炉运行的各个阶段，包括启停过程中，预防在锅炉任何部分形成可爆燃料和空气的混合物，同时监测锅炉和汽轮发电机组的运行情况。当发生对设备或人身有危险的事故时，产生主燃料跳闸（MFT）信号，并提供锅炉"首次跳闸原因"报警信息，将引起锅炉首次跳闸的原因送到主控制室CRT上显示，并闭锁由此跳闸条件而引起的其他跳闸条件指示。MFT 动作后需维护炉膛内通风进行吹扫，以清除炉膛及尾部烟道中的可燃气体，在吹扫结束之前，有关允许条件未满足的情况下，不允许再送燃料至炉膛。FSS 将不允许运行人员在不遵守安全程序下启动设备，如果违反安全程序强行启动，设备将自动停运。

BMS 的基本功能主要通过以下五个方面来实现。

1. 炉膛点火前吹扫及跳闸后吹扫

吹扫是机组投运前必须首先进行的操作。锅炉停炉以后，尤其是长时间停炉以后，炉膛必然会积聚一些燃料，给锅炉运行带来不安全因素。因此，系统设置了点火前炉膛吹扫功能。在吹扫许可条件满足后，由运行人员启动一次为时 5min 的吹扫过程。吹扫风量不小于25％～40％额定风量，同时系统设置了大量吹扫闭锁逻辑，锅炉不经过炉膛吹扫，就不允许点火，另外，吹扫 5min 时间必须满足。如果因为吹扫许可条件失去而引起吹扫中断，必须等到条件重新满足后，再启动一次 5min 吹扫，否则锅炉也无法点火。5min 吹扫完成以后发出"吹扫完成"信号，将 MFT 信号复位。

锅炉紧急跳闸后，炉膛在一瞬间灭火，必然残留大量燃料/空气可燃混合物，而且温度很高，很可能引起炉膛爆燃。所以，系统在锅炉跳闸的同时，启动炉膛吹扫，吹扫时间也是5min，吹扫风量一般不小于 25％～40％。与点火前吹扫不同的是，吹扫启动许可条件大大减少，5min 吹扫后，才能将风机跳闸。若是由送、引风机引起的锅炉跳闸，系统将全部烟、风挡板开到最大，利用自然通风吹扫。

2. 燃油投入许可及控制

系统完成点火前吹扫后，炉膛具备了点火条件，BMS 即开始对投油点火所必备的条件进行检查，如 MFT 信号解除（吹扫完成）、油源条件、雾化蒸汽条件、油枪、点火器机械条件等，上述条件经确认后，系统才能发生"允许点火"信号。一旦运行人员发出点火指令，系统即对将要投入的燃油系统自动进行顺序控制，主要有油源、汽源打开，油角控制（启动油角，高能点火器向炉膛推进，油枪三用阀控制），点火时间控制，点火成功与否判断，点火完成后油枪吹扫，油层点火不成功跳闸，跳闸阀和再循环阀控制等。

3. 煤粉投入许可及控制

系统成功地进行了锅炉点火和燃油低负荷运行后，即开始对煤粉投入所必备的条件进行检查，如锅炉负荷、煤粉点火能源、燃烧器工况、制粉系统工况、有关挡板风门工况，等上述条件都满足后，系统向运行人员发出"允许投粉"。当运行人员发出投粉指令后，系统即对煤粉层进行顺序控制，内容包括：煤粉层启动顺序控制、启动相关设备、启动时参数监测、启动成功与否判断、启动不成功跳闸等，另外，系统还对磨煤机、给煤机的自动启停进行控制和保护。

4. 持续运行监视

当锅炉进入稳定运行工况后，系统进行全面安全监控，有大量的参数及设备状态需要进行连续监视，如汽包水位、炉膛压力、全炉膛火焰及各种辅机工况等。如果发生某些参数越限或设备状态超过安全许可范围，系统将发出声光报警，直至启动 MFT。同时，还要完成某些辅机或系统的自动启、停的控制，如磨煤机出口温度、入口负压控制，给煤机转速控制，二次风挡板控制，炉膛压力控制和记录等。

5. 特殊工况监控及主燃料跳闸（MFT）

机组在运行过程中若出现某些影响正常运行的工况时，需要快速将负荷降低，甚至跳闸。变工况的过渡过程往往要求很短，BMS 将在这种危险工况下与 CCS 配合实现 RB 或 FCB。RB 是由锅炉或汽轮机的部分辅机故障引起的快速减负荷工况。发生这种情况时，CCS 迅速将锅炉负荷减到 RB 减负荷目标值，故障的辅机不同，RB 减负荷目标值不同，RB 减负荷速率也不同，同时 BMS 将锅炉燃料调整到相应工况，保留对应层煤粉运行。FCB 是当汽轮机或发电机侧出现瞬时故障时，将机组在一个很短时间内从满负荷甩到零或只带厂用电负荷运行。在这种甩负荷过程中，对锅炉的要求是快速从最大负荷减到 30% MCR，并在汽轮机旁路系统的配合下，继续运行一段时间以便在故障排除后机组可以短时间内恢复原负荷运行，避免锅炉熄火后再重新点火。在这种大幅度变负荷的动态过程中，锅炉切除燃烧的过程要比 RB 复杂，BMS 将保留最少层煤粉运行，并投入一定油枪以保证稳定燃烧，即在 FCB 过程中，BMS 不但要跳闸一些磨煤机，而且要根据磨煤机的现行运行工况选择应投入的油枪，完成投油过程。如果在一定时间内未能投入油枪，BMS 将 FCB 转 MFT。

锅炉在运行过程中若出现不允许继续运行的紧急情况，如汽包水位高/低，炉膛熄火，燃烧全部中断等，系统将进行紧急跳闸，产生 MFT，同时记录和显示故障原因以便处理。另外，系统还向运行人员提供紧急跳闸启动手段。

第四节　炉膛火焰监视概述

炉膛火焰监视系统由检测器部分、信号处理部分及显示仪表组成。其中检测器所依据的原理、形式及性能指标无疑是整个监视系统的构成基础，是系统中最主要的部分。

火焰检测器种类较多，大致可分为五种类型。

（1）温度开关式。

（2）差压开关式。

（3）火焰棒式。

（4）光学类型，有四种形式，即紫外光敏管式（UV 管）、光敏电阻式（红外线和可见光）、光电池式（硅光电池和光电二极管）、摄像管式（可见光黑白或彩色电视火焰图像）。

（5）声学或其他方式。

火焰检测的方法虽多，但应用到不同燃料或不同类型的锅炉燃烧器上，并非都能收到满意的效果，而火焰测量的可靠性和准确性又是锅炉安全运行和灭火保护的重要依据。如何准确探测燃烧器的火焰是一个值得仔细研究的问题。

不同类型甚至同种类不同类型的火焰检测器，都有它既定的工作特性和相应的使用条件。既定特性主要由产品设计和制造厂来保证。使用条件主要由使用者在考虑对象给予的燃烧器形式、燃烧种类、运行方式、负荷分配比例的基础上根据既定特性予以满足。检测器只有在既定特性和使用条件相协调的情况下，才能取得满意效果。为了说明这个事实，有助于按不同对象对火焰检测器进行合理的选型，我们回顾一下炉内火焰形成时的物理特征。

在燃料剧烈燃烧的化学反应过程中，除放出热能外还伴随着紫外线、红外线、可见光、热辐射和声波等，这些能量是检测火焰存在与否的基础。

1. 温度开关式

利用热能温度原理检测火焰是最先采用的方法。它是利用热电偶测取靠近火焰根部的烟气温度变化速度来判断重油引燃或熄灭的。虽然这个方法可以判断锅炉点火时重油是否引燃，但是利用热能温度原理检测燃煤火焰存在与否，其不可避免的缺点是：燃料种类必须稳定，而且使用前要对燃料进行准确的分析试验。

图 10-2 所示为干质并去灰煤的灭火强度反应试验。由图中可看出，仅由于煤的可燃质挥发分不同就显示出熄火温度有较大差异。煤质挥发分在 5% 以下，灰分 20% 的煤熄火温度在 1050℃ 以上，而灰分 5% 的煤，熄火温度在 1000℃ 以上。从我国的实际情况可知，用热能温度原则来检测火焰的缺陷是明显的。

图 10-2 中，干质并去灰是指可燃质挥发分。

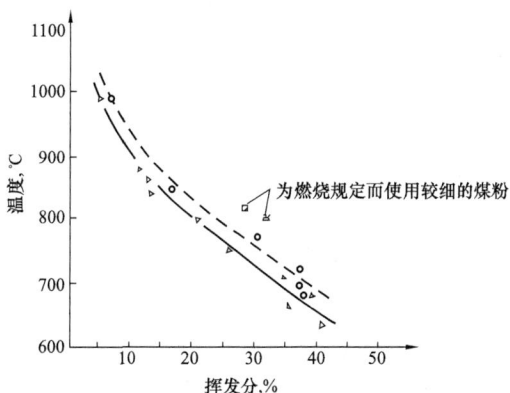

图 10-2 干质并去灰煤的失火强度反应试验
△——洗选过的煤（灰分 5%）试验点，实线为其拟合曲线；
○——没有处理过的煤（灰分 20%）试验点，
虚线为其拟合曲线

2. 差压开关式

利用燃烧产生热流形成差压的原理，即差压开关式检测天然气是否点燃。这种检测方法比较简单，但差压开关动作整定值受燃料和送风出口温度、混合好坏及燃烧动压波动的影响较大，而且它只适用于气体燃料火焰检测。

3. 利用电离导电原理测量

根据燃料燃烧电离导电原理，用火焰电极检测火焰的导电性是国外 1970 年开始作为商品广泛应用于电站锅炉的。这种原理的火焰检测器的优点是容易调整，对火焰方位的分辨力高，着火和灭火的输出电压比（S/N）较高（当燃烧一般的油和气体燃烧时，电极和火嘴间的电阻约 $0.2 \sim 0.3 M\Omega$，在无火焰状态下则高于 $500 M\Omega$），作为轻油或气体燃料的单火嘴火焰检测较为理想。

4. 火焰棒式

从该检测器的调试和运行考验来看，它的使用条件必须保证：

（1）电极对地绝缘电阻应不小于 $2000 M\Omega$。

（2）电极冷却风量和点火时调风器风量应调整适当，不应使火焰偏离或发生电线的支持套筒过热变形。

5. 利用光学原理测量火焰

光学类型的火焰检测器在电厂中得到普遍应用。通常使用的光电元件有：紫外线光敏管、光敏电阻、硅光电池等。紫外光敏管的频谱响应在紫外线波段，光敏电阻和硅光电池的频谱响应在可见光和红外波段。如 Forney 公司的 AFS-1000 系统用 IDD-Ⅱ型火焰检测器检测煤和重油的燃烧火焰，其原理是检测火焰的红外波段，用 UV 型紫外光敏管检测轻油火嘴火焰，如 UR-300-4020 型及 UVISOR100 型火焰监测器。加拿大 Coen 公司的 Iscan 火焰检测器是紫外线和红外线的频谱响应。

电站锅炉使用的轻油或天然气燃料中含有较丰富的氢元素。根据含氢燃料燃烧火焰具有高能量紫外线辐射的原理，应用紫外光敏管检测燃烧火焰有较大的技术发展。含氢燃料在燃烧氧化的第一阶段的第一燃烧区将产生波长 $250\mu m$ 的紫外辐射。对这一狭窄范围的能源鉴别，为分辩第二和第三燃烧区的宽度波长提供了基础。

实践证明，在煤粉燃烧器和锅炉低负荷时使用紫外光敏管效果不佳，其原因有以下几个：

（1）煤粉燃烧器产生的紫外线强度远远小于油燃烧器所产生的紫外线强度；

（2）探头受炉膛辐射热、煤粉尘埃、飞灰和腐蚀性气体的影响，工作环境十分恶劣，使用寿命大为缩短；

（3）紫外线被油雾、水蒸气、不完全燃烧产物——炭黑之类所吸收，特别在煤—空气配比失调时，燃烧的高紫外线区域被未燃烧煤粉所遮盖的情况，火焰检测器工作是不可靠的；

（4）煤粉喷嘴周围被大片高浓度的未燃煤粉所遮盖；

（5）由于火焰向喷嘴方向的传播率不会超过燃料的喷出速限，所以喷嘴出口有脱火区。

由于这些原因，紫外线检测器适用于天然气轻油点燃锅炉。由于紫外光管在燃粉燃烧器和锅炉低负荷时使用不佳的限制，因此，在新设计的燃用劣质油和煤粉的锅炉中已被淘汰，被红外线或可见光型的火焰探测器和其他类型所代替。

利用光敏电阻（又名光导管）的阻值特性制作的火焰检测装置常用于炉内热源的亮度检测。然而在许多情况下，亮度并不能表示燃料是否在燃烧。例如煤气、天然气、液态氢等燃料燃烧时发出深蓝和紫色的暗光，光导管对此暗光是无反应的，因此，它不能鉴别上述燃料是否燃烧。此外，炉内某些辐射热体，如燃煤焦渣或接触火焰炉墙辐射出的亮光，都要造成光导管错误判断为燃料的燃烧亮光。

那么能否还有更好代表火焰燃烧状态的特征呢？我们知道，火焰给人的直觉是亮度和火焰根部亮度的闪烁，炉膛内火焰的辐射能量也有这两个特性，而这个低频闪烁是区别于自然光的一个重要特性。总结起来就是说炉膛内火焰的辐射能量是在某个平均值上下闪烁着的。因此，可以用火焰闪烁光强存在与否来判断火焰的有无，若再加上检测火焰的光强平均值，把这两个信号相与就可以较准确地判断炉内是否灭火。

根据燃烧理论和实测结果，着火燃料的初始燃烧区存在光谱范围为 $0.2\sim2\mu m$ 的光波闪烁或脉动，其频率与燃料类别有关。应用光电池可以检测这个频率和脉动分量，并把它送至带宽为 $150\sim180Hz$ 的放大器上。测取初始燃烧区的光波频率，在于它切除了相邻火焰尾部的低频光波干扰，此外，由于不同燃料的燃烧强度有不同亮度和闪烁频率，燃烧越炽烈，亮度和频率越高；燃烧越弱其亮度和频率越低；火焰熄灭，其亮度和频率为零。根据此理，用光电池检测火焰闪烁频率（交流分量）的同时，又以此交流分量作为对火焰亮度（直流分量）的相对比值，即根据交流分量越大直流分量越大这二者的相对关系来确定火焰是否存在。根据以上原理，国内外大部分火检装置均采用了双通道技术来完成火焰的检测。

第五节 炉膛火焰监视系统

一、炉膛火焰特性

火焰检测器是 BMS 中的重要设备，是锅炉炉膛安全监控和灭火保护的关键环节。是负责检测炉膛火焰，在防止炉膛爆炸判断过程中，检测燃料送入时炉膛火焰是否存在是进行保护的唯一准则，所以火焰检测的好坏决定了 BMS 动作的正确性。要求火焰检测器有良好的单火嘴火焰检测的能力（单只燃烧器火焰检测的可靠性很高），还要求火焰检测器有足够高的识别能力，识别要监视的火焰和周围火焰的能力。

众所周知，燃烧的实质是燃料中的碳或碳氢化合物与空气中的氧发生剧烈的氧化反应。燃料在炉膛燃烧过程中，温度极高的火焰将辐射出大量的能量，火焰辐射的能量分布曲线与温度及辐射的波长有关。温度升高时，辐射总能量增大，辐射能量分布曲线向较短的波长方向移动；反之则辐射总能量减小，能量分布曲线向较长的波长方向移动。在燃料燃烧过程中辐射出的能量包括光能（可见光、红外线、紫外线）、热能和声波等，所有这些形态的能量构成了检测炉膛火焰存在的基础。试验证明，燃烧辐射出的可见光具有脉动性，脉动的频率根据燃料种类的不同而不同。

燃煤锅炉中从燃烧器中喷射出的煤粉火焰大约可分为四段，如图 10 - 3 所示。第一段是从一次风口喷射出的煤粉与一次热风的混合物流，此段称黑龙区；第二段是初始燃烧区，煤粉因受到高温烟气的回流加热开始燃烧，众多的煤粉颗粒燃烧形成亮点流，此区火焰的亮度不是最大，但亮度的变化频率达到最大值；第三段为完全燃烧区，各个煤粉颗粒与二次风充分混合完全燃烧，产生很大热能，火焰亮度最高且稳定；第四段是燃尽区，这时煤粉大部分燃烧完毕形成飞灰，火焰亮度及亮度变化频率较低。因此，火焰检测器的安装位置对于检测火焰的强度和频率是极其有关的。

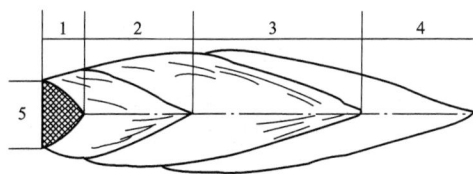

图 10 - 3 煤燃烧器火焰

1—黑龙区；2—初燃区；3—完全燃烧区；4—燃尽区

燃料的种类不同，其火焰的频谱特性也不同，炉膛火焰按波长分为紫外线、可见光及红外线。一般煤粉火焰有丰富的可见光和一定的紫外线，燃油火焰有丰富的可见光、紫外线和红外线，燃气火焰有丰富的紫外线和一定的可见光。同一燃料在不同的燃烧区，火焰的频谱特性也有差异。所以，火焰的频谱响应特性决定了选用的火焰检测器的类型，也就是选择何种光电转换器件及原理。

20 世纪 60～70 年代，工业发达国家大量采用紫外线原理检测炉膛火焰，获得了成功并广泛应用，特别是在燃油和燃天然气机组上，紫外线型的火焰检测器探测火球火焰鉴别单根油枪火焰的能力相当令人满意。这是因为含氢丰富燃烧的火焰具有高能量的紫外线辐射，在燃烧带的不同区域，紫外线的含量有急剧的变化。所以，紫外线用作单火嘴的火焰检测，对相邻火嘴的火焰具有较高的鉴别率，又由于其频谱响应在紫外线波带，因此，它不受可见光和红外线的影响。但另一方面，根据紫外线的频谱响应特性，它在燃煤锅炉上的火焰检测效果较差，特别是在燃煤锅炉低负荷运行时，紫外线的辐射大量减少，在燃劣质煤时更是这样，火焰检测问题就十分严重。

这说明紫外火焰检测器适用于气体火焰的监测而不适合于煤或油的火焰检测。原因如下：

（1）对气体火焰来讲，紫外线的辐射强度相对而言是大的，另外气体火焰干净，紫外线不易被吸收，易于穿过。

（2）对油或煤火焰而言，紫外线辐射强度较小，而且煤或油燃烧时，有油雾和水蒸气，要吸收紫外线，而且在燃烧器周围有浓密的、未燃烧的煤粉遮盖，所以不适合采用紫外检测器来检测燃煤炉的火焰。

另外，随着大容量电站锅沪广泛采用四角喷射切圆燃烧，特别是采用摆动燃烧器时，火焰检测探头只能安装在风箱内。这样的布置使探头工作条件十分恶劣，同时风箱外面的煤尘也大量吸收紫外线，这使得紫外线型的火焰检测装置在燃煤锅炉上工作更加困难。为此，20世纪70年代后期国外开始研制以红外线和可见光检测原理为基础的火焰检测装置。20世纪80年代初，这些装置相继投入试验和运行，如美国CE公司研制的Safe-Scan-Ⅰ和Safe Scan-Ⅱ型火焰检测器，就是对燃烧过程所发出的可见光固有频率和强度进行测量的装置。

二、炉膛火焰检测原理

有了火焰检测装置，还需要火焰检测理论，即能否正确判断炉膛灭火。一般火焰检测探头检测单支火焰的着火过程和灭火过程，而炉膛是否灭火，不取决于个别燃烧器是否灭火，因此，要有相应的炉膛灭火判断方法。从利用光能原理检测炉膛火焰这个角度来说，火焰辐射的光强是在某个平均值上下波动的，即火焰的光强可看作平均光强叠加上闪烁光强后的总和。只有当锅炉灭火时，平均光强与闪烁光强才同时消失，另外，炉膛火焰存在闪烁量也是它区别自然光和炉壁结焦发光的一个重要特性，所以，可以利用检测火焰的闪烁光强存在与否来判断是否发生灭火事故。如果再加上检测火焰的平均光强与闪烁光强两信号相与，只有当平均光强和闪烁光强同时消失，才能判断为炉膛灭火。这种检测方法有较高的分辨率和可靠性。炉膛火焰的平均光强也可作为判断炉膛火焰强度的依据，由于炉膛里燃料燃烧得愈充分（稳定燃烧），其平均光强愈大，反之，燃烧得不充分，恶化到危急锅炉安全运行（不稳定燃烧），平均光强则显著下降。因此，可根据平均光强下降到某个整定值，判断炉膛火焰发暗需要报警。

图10-4是燃煤锅炉用于低负荷燃烧器（又名启动喷燃烧）和全炉膛火焰监视的PED-DSI型（日本）双信号火焰检测器原则框图和探头示意。

该检测器用硅光电池光电二极管作为探测火焰元件。光电池面积小（直径约4mm），但电池被球面玻璃罩住，它既保护了光电池，又有聚光作用，再加上探头对此光电池的聚焦，因此，PED-DSI型检测器测光灵敏度很高，如图10-5所示。由于它测得的是火焰亮度相对变化而不是绝对值，所以当炉膛烟气或潮湿气体导致探头透镜污浊时，虽然探头接收火焰亮度I_d和亮度变化I_a相应地降至I_d'和I_a'，但光电池输出U_a和U_a'相差不大，即火焰燃烧强度恒定的情况下（亮度和闪烁频率恒定）虽然透镜污浊，但光电池测得的亮度相对变化几乎未受影响。然而透镜是否被污浊可以从V_d绝对值下降至V_d'而检测出来。采用这种双信号的鉴别方式，在很大程度上使检测器对火焰是否真实存在的辨别力得到提高。

从对PED-DSI型检测器的调试和运行考验来看，该检测器还存在以下缺点：

(PED-DSI原理框图)

(探头示意图)

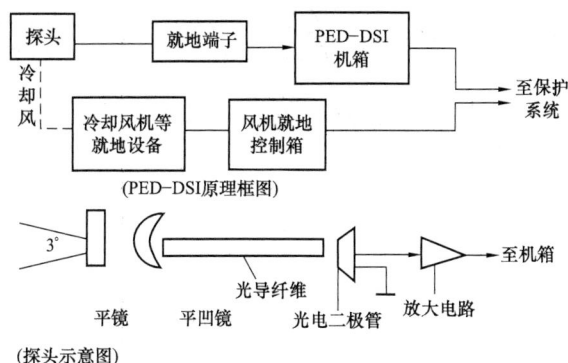

图 10-4 PED-DSI 型火焰检测器原则框图和探头示意

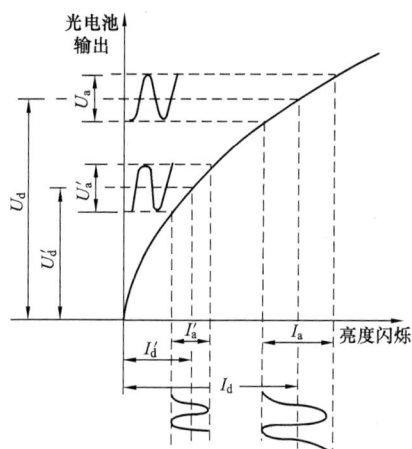

图 10-5 PED-DSI 型探头灵敏度曲线

（1）用于分层布置的燃烧器工作单火嘴火焰监视时，相邻燃烧器的根部火焰也常被导光反射镜接收而带来干扰；

（2）硅光电池探头许可在-10～80℃的环境温度中使用，在此范围内每变化10℃检测器直流模拟亮度输出即变化约0.25V。若环境温度由15℃升至55℃，输出将由0.55V升至1.55V，这对于输出满量程为8V，输出小于2V便发出炉膛暗度报警的探头来说，环境温差带来的零位飘移是非常可观的。

为了改进上述火焰探测器的缺点，Forney和CE技术公司进行了一些技术上的改进。用光纤管将探头插入炉膛内被测燃烧器距喷口端面300～400mm处，为了防止高温烧坏探头，采用冷风进行冷却。

为了提高探头的分辨率，典型的装置（如CE公司的火焰检测装置）采用了频率检测、强度检测及线路故障检测，只有这三个检测符合正常的与条件时，火焰指示灯才表示有火焰，如图10-6所示，其中探头板如图10-7所示。火焰的光信号通过光纤送到探头壳，使光电二极管发出相应的电信号。光电二极管为一带红外滤波器的特种光电管，它的光谱范围在400～700μm可见光范围内，见图10-8中光电二极管的频率响应，此为CE公司的Safe scamI型火焰检测器的可见光频率响应特性。从光谱图中可看出它只响应可见光，非可见光信号被光电管隔离，根本不能进入放大电路。

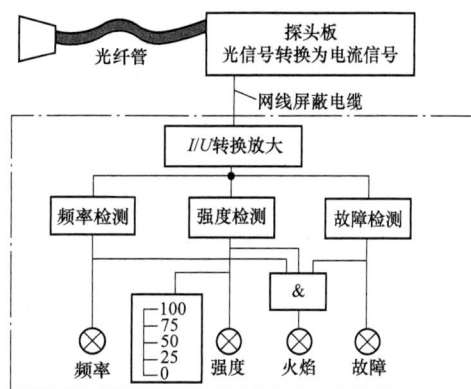

图 10-6 双通道及故障检测完成的火焰监视系统框图

光信号转变成电信号以后进入对数放大器（见图10-7），光强电流每变化一个数量级，对数放大器输出变化一个单位，即 $\log 10^N = N$，把大范围变化的光亮度转变为一个小范围变化的电量。实际电路上，对数放大器输出端还接有一个发光二极管，光强越低对数放大器输出电压越高，发光二极管越亮。此光线对准光电二极管，形成光负反馈。在炉膛内黑暗无光时，发光

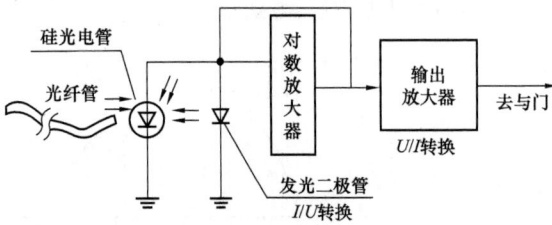

图 10-7 探头板原理框图

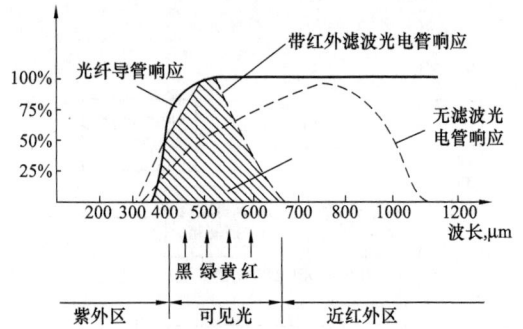

图 10-8 光电二极管的频率响应特性

二极管产生最大光强，光电二极管接受发光二极管的光线，使对数放大器输出稳定在一定数值，并使之不会进入死区。它也使检修人员在停炉时通过强度表读到一微弱读数以证明元件良好、线路畅通。对数放大器输出到电压/电流转换器，用四芯电缆将一电流信号送至机箱。

机箱集中安放于控制室附近的火焰检测屏机架上，它接受从探头来的火焰电流信号，经电流/电压转换后分送强度、故障、频率检测电路（见图 10-7）。

光信号的强度和频率检测是整个信号处理的关键部分，由于辐射的光强度与探头的距离有关，因此，被探测的燃烧器离探头越近，光强越强，未被探测的燃烧器远离探头，光强最弱。这样可提高探头的分辨率，火焰的频率可以正确反应燃烧是否正在进行。由于燃料在燃烧时存在一个闪烁频率，而燃烧器的闪烁频率与整个炉膛的火球频率又有区别。利用这个频率的差别，可以探测出炉膛火焰与燃烧器火焰的存在。图 10-9 为检测器机箱的原理框图，它示意了强度信号的处理方法，即分别设定强度信号的上限和下限，一旦强度信号超过上限设定点，强度信号就能生效，给出强度允许信号，而在此信号降低到低于下限以前，强度允许信号始终保持，这样可以提高上限值以提高火焰鉴别能力。而设定较低的下限值则能保证有足够的灵敏度检测火焰又不至于造成误动，图 10-9 中实线部分就是火焰信号强度允许的区域。在锅炉满负荷运行时，强度计指示约为 60%。

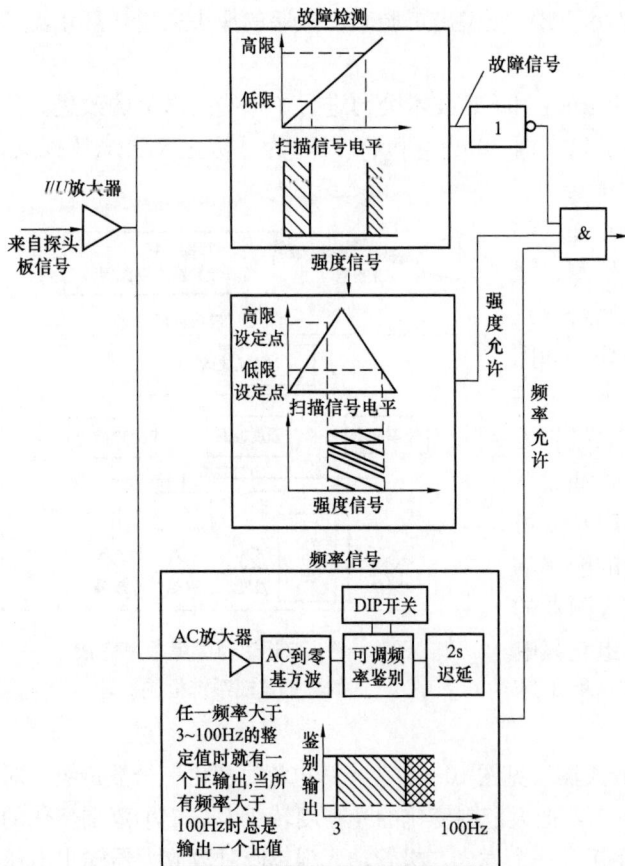

图 10-9 检测器机箱电路原理框图

由于在探头的预处理部分采用对数放大,所以能够将火焰的强度分量控制在预定的范围内,这就可以将它作为探头部分或信号传送电缆是否有故障的依据。为此,在故障检测部分设置了上限和下限值,正常工作时所有火焰信号的强度辐值都应落在上下限值之间的区域。而当探头部分或信号电缆出现故障时,输出信号就会超出此限制的范围(见图10-9中阴影部分)。故障检测的上、下限是预先固定的,在火焰检测的运行期间不做任何调整。

频率检测部分的核心是一个频率比较器,它利用不同燃料的火焰和火焰燃烧的情况不同时的火焰脉冲频率有很大区别这一个原理来判断所要检测的那种火焰是否存在。其工作原理是,将从电流/电压变换器来的火焰信号经电容隔直后,把交流分量送至频率检测电路,直流放大电路将交流信号放大,把幅值较高的交流信号变成方波,信号送频率比较电路,被检测的火焰频率与人为设定的机内频率在一个可调频率鉴别器中进行比较,当其高于机内频率时,2s后发出频率允许信号。机内整定频率范围为3.5~103Hz。这个频率整定范围充分考虑了各种锅炉在不同的燃料和不同的燃烧条件下的各种情况而确定的。它包括了现代电站锅炉所有可能的覆盖范围,内部振荡频率可以通过频率插件面板上的8个开关来调整,频率检测部分对火焰装置的运行是至关重要的,因为火焰脉动频率常比强度信号更能表现火焰的特征。比如,煤的火焰形成的火球,其脉动频率通常在18Hz或更低一些,而燃油时可达40~60Hz。至于炉墙或热烟等炉膛内辐射源的频率则更低,几乎接近于零。所以用调整频率鉴别器的内部频率,将要检测的火焰鉴别出来,但是这种方法也受到相邻火嘴窜来的频率信号的干扰,很难达到单火嘴鉴别能力。

三、火焰检测器实例

1. 检测原理

Forney公司的火焰检测器是一种利用火焰高频闪烁原理、带有自动增益控制的红外线探测器。它的探头采用光电管(硫化铅)或硅光二极管,其电子线路只响应信号的闪烁或交流分量,而不受火焰距离和亮度的影响,最后获得恒定的闪烁振幅。它的恒定的闪烁频率视燃烧器形式、布置方式、燃料种类而异,具体数据需在现场调试。一般情况下,它的恒定闪烁频率为30~200Hz,这是"有火"或"无关"的标志。

单只燃烧器投入时,在固定闪烁频率下输出与喷口距离的关系和火焰闪烁频率与输出的关系曲线见图10-10和图10-11。

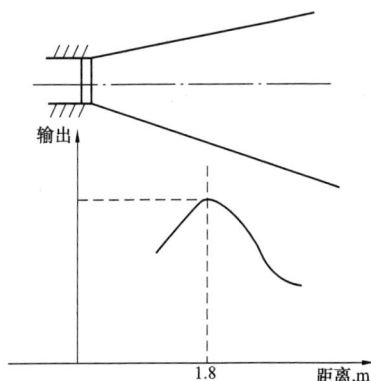

图10-10 在固定闪烁频率下,
输出与喷口距离的关系

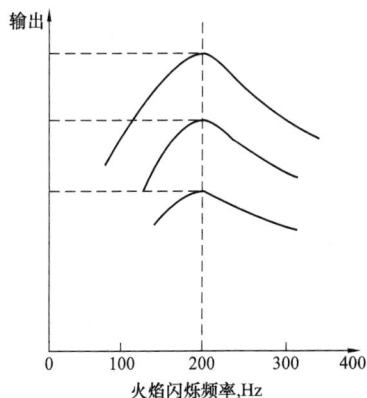

图10-11 火焰闪烁频率与输出关系

当该燃烧器投用时，检测器测得燃烧根部固有脉动频率的明亮火焰信号，在频率合适而幅值又足够时，检测器有输出——"有火"，输出继电器动作。

当该燃烧器熄火时，由于没有煤粉遮盖，检测器测得亮度更高的远处火焰。但亮度的增加反而通过自动增益回路减少放大器增益，导致闪烁电平衰减；同时，由于火焰较远产生空间平均效应，闪烁频率也大大降低，放大器输出几乎为零——"失火"，输出继电器释放。

Forney 公司的检测器具有鉴别单火嘴火焰燃烧检验的能力，要求有抗来自相邻火嘴火焰干扰的能力。下面以典型的四角布置燃烧器，探头设在一次风管口中并探入炉膛 300～400mm 左右，探头角度可调的型式为例，说明它的抗干扰能力（见图 10 - 12）。

（1）同一平面燃烧器火焰间的干扰。A 角的火焰检测器只对 A 点反应灵敏，B、C、D 点虽然闪烁频率相近，但由于距离远，传到 A 角的信号振幅已大为降低，故对 A 角检测器输出影响不大，而中心火球区由于闪烁频率低于 A 点固有的闪烁频率，对 A 角检测器的输出几乎也无影响。

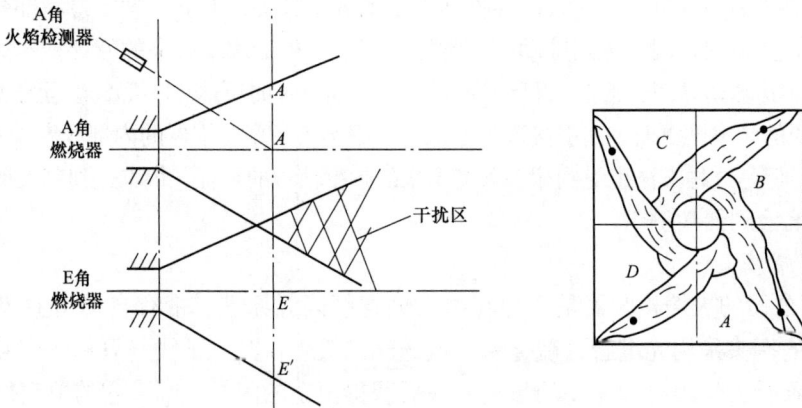

图 10 - 12   红外线火焰检测器对火焰鉴别能力示意

（2）上下层燃烧器火焰间的干扰。从图 10 - 10 和图 10 - 11 可分析出：A 角火焰在固定闪烁频率（如 180Hz）相应区中，根部 A 点输出最大，而干扰区输出仅为 A 点的一半。因此，能足够地区分上下角火焰。

用黑色或彩色电视闭合回路系统监视燃烧火焰是最直观的方法。但对它的使用价值还有些争论。因为电视给出的适时火焰图像既不能简化常规操作，又不能直接作为燃烧器控制的信息。例如，大港电厂 1050t/h 燃油炉虽然有彩色电视监视系统，但该锅炉点火器和主燃烧器仍依据于差压开关和紫外光敏管式火焰检测器。

现阶段应用电视监视火焰的主要问题是：①电视摄像管使用寿命还不能满足炉膛辐射温度较高条件下长期连续工作，现在虽然加了水冷、风冷等措施，但结构复杂，维护费劲。②对于燃煤锅炉，由于大量煤粉存在，烟气透明度低，很难清晰地反映每个火嘴的情况。③电视闭合回路系统成套装置投资很高，尤其是对于双炉膛多火嘴的大容量锅炉采用多个分镜头监视系统是否合算是值得怀疑的。

由于上述原因，一些厂家近年来并不积极推荐采用电视监视锅炉火焰，除非是还需要用它监视炉墙结焦或炉井排渣。

光导纤维技术的发展使得直接将光学图像传送到较远距离已成可能，这就无须采用光电转换等复杂电子技术和装置。其光学原理很简单：摄像镜头将火焰图像摄取并由光导纤维在另一端经光学原理放大后再投影到屏幕上，恢复成原彩色画面。采用光纤来传送火焰图像其结构简单，抗干扰能力强，传递图像清晰、可靠，系统安装调试容易，价格比工业电视低廉，使用寿命长，只要光纤和镜头不受机械损伤，其使用寿命可以说是无限长的。因此，该新技术出现，将使炉膛火焰图像等传送技术有突破性进展。

2. Forney 公司 DPD 火焰检测装置的安装

(1) 如图 10-13 所示，当检测器的视线与燃烧器中心线成一个小的角度（即 5°），可以看到最大的初燃区，进而获得最佳的测量结果。如果每一燃烧器只使用一个火焰检测器，检测器的视线还必须与点火火焰相交叉。

(2) 如果采用单独的火焰检测器分别对主火焰及点火器火焰进行监测，则应调准主火焰检测器，使它不能看到点火器火焰。

(3) 火焰检测器应不受限制地观察到主火焰的全景，必须将锅炉配风调节器叶片、干扰叶片或其他硬件的物理障碍物截短、开孔或移走，从而使它们不会落在图 10-13 所示的检测器的视线上。

(4) 必须考虑到燃烧器二次风的旋转（一些燃烧器具有顺时针空气旋转，而其他则是逆时针旋转）。如果燃烧器空气以较高速度的旋转运动进入锅炉，足以使点火器的火焰在旋转方向上发生偏转，则需将检测器定位于点火器下风向的 10°～30° 位置，并使检测器和点火器位于以主燃烧器为中心的圆周上。见图 10-14。

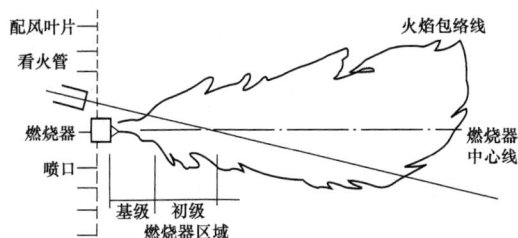

图 10-13 检测器观测位置   图 10-14 与二次风旋转方向相对应的检测器位置

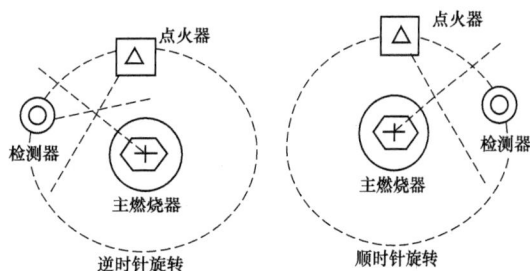

(5) 选择正确合理的检测位置必须保证在所有空气流量及炉膛负荷范围内，都能可靠地检测到主火焰和点火器火焰。

(6) 对表面固定型检测器固定时，最好使用一个转台。将转台对准在燃烧器板上的一个 2in 的孔或对准一个燃烧器视管，用三个六角帽的有头螺钉固定，将试管安装在转台上。如果不使用转台，则应将试管插入该孔，将孔与所需的观察角度对准，并点焊。焊接必须足够强，能支撑住安装检测器的重量，还必须将视管向下倾斜，避免灰尘、脏物在内部堆积。

检测器通过其 LED 显示输出扫描信息，用来帮助调整，并有助于适当地将检测器对准。

(7) 通过运行测试并使用 AIM（瞄准）功能，确认已得到了满意的观察效果之后，则可以拧紧位于转台环上的三个六角帽有头螺钉。

3. 火检冷却

必须保证检测器镜头不受污染（油、灰、煤焦、脏物），而且检测温度不能超过最大额定值 150℃（65℃）。

由于火焰检测探头工作在高温环境中，所以必须对它进行冷却，将火焰探头全部装入冷却室中，冷却风充满整个冷却室，冷却室的出口对着炉膛，将冷却风排进炉膛内，这样，探头可以被有效地冷却，探头长期工作温度最高允许65℃。若不采用冷却室，探头外壳直接暴露在炉墙周围的环境中，局部环境温度可达107～860℃。尽管探头内部有冷却风冷却，但探头外壳暴露在高温中可导致探头超温烧坏。

火焰探头的冷却采用两套互为备用的冷却风机，保证冷却过程中不中断冷却风量，从而延长探头的使用寿命。正常运行时一台冷却风机投入，另一台备用。一旦冷却风量中断或过小，备用冷却风机可自动投入运转，保证冷却风量。连续地注入吹扫空气，就可满足检测器镜头吹扫（防污）和检测器冷却两个要求。

在正常情况下，使用干净的燃料，并在适中的环境温度下，通常吹扫空气流量为4SCFM（标准立方英尺/min）（133L/min）就足够了。当燃料产生了大量飞灰、煤焦，或在炎热的环境下，为了保证检测器内部温度在规定范围之内，要求的吹扫空气可高达15SCFM（425L/min）。

第六节　炉膛安全监控逻辑

BMS逻辑系统实际上反映了锅炉燃烧系统各个设备的动作所必须遵守的安全连锁、许可条件、先后顺序及它们之间的逻辑关系。它的任务是通过预先制定的周密逻辑程序和大量安全连锁条件，保证锅炉运行各个阶段的安全，防止可燃混合物在锅炉的任何部位积聚，避免发生炉膛爆炸事故。

逻辑控制系统是炉膛监视保护系统的心脏，运行人员发出的全部指令都要通过逻辑系统。只有当逻辑系统确认已经满足要求时，运行人员的操作指令才能传送到执行机构，否则运行人员的操作指令停止执行。另外，当锅炉启动或运行中发生故障而危及某设备或整个锅炉机组的安全时，逻辑系统将有关设备自动切除。

BMS逻辑系统一般可分为炉膛吹扫、锅炉点火、锅炉投粉、主燃料跳闸MFT、快速减负荷等方面，下面分别阐述。

因W形火焰锅炉与四角喷燃锅炉的保护系统基本相同，只是油枪和燃烧器的启停顺序不同，本章以300MW单元机组四角喷燃锅炉为例介绍其监控逻辑。

一、炉膛吹扫控制逻辑

锅炉炉膛吹扫一方面是吹走炉膛中的可燃混合物，另一方面是检查锅炉启动条件是否完全准备好，以便吹扫后就可直接点火，所以设置了若干与吹扫本身无关的条件。炉膛吹扫包括点火前的吹扫和跳闸后的吹扫。

锅炉停炉后，尤其是长期停炉后，闲置的炉膛里会积聚一些燃料、杂物等，给重新运行带来不安全因素，所以设置了点火前吹扫功能。在吹扫许可条件满足后由操作人员启动炉膛吹扫过程。

跳闸后炉膛在一瞬间突然熄火，残留大量可燃混合物，而且温度很高，很可能引起爆炸。因此，在启动锅炉跳闸（MFT）的同时，启动炉膛吹扫，与点火前吹扫不同的是自动启动许可条件大为减少。

（一）点火油泄漏试验

点火泄漏试验是为了检查点火油阀及各点火油枪喷嘴关闭是否严密，以保证油阀关闭时无油漏入炉膛。因为燃油燃烧热值高，少量的泄漏也会造成潜在的危险。所以，锅炉点火前吹扫时，应首先进行点火油泄漏试验，油系统泄漏试验是针对主跳闸阀及单个油角阀的密闭性所做的试验。操作员直接在 LCD 上发出启动油泄漏试验指令。油泄漏试验的完成应是炉膛吹扫完成的前提。

1. 油泄漏试验原理

打开主跳闸阀来给油母管加压，油母管压力正常后关闭该阀。如果主跳闸阀压力在 120s 内超过高限值则快关阀泄漏，低于低限值则油角阀泄漏或管道泄漏，如果一直在正常值范围内，则油泄漏试验成功，否则油泄漏试验失败。

2. 试验条件

以下条件全部满足，认为油母管泄漏试验准备就绪：

（1）燃油母管压力合适；

（2）燃油跳闸阀后无压；

（3）主跳闸阀关状态；

（4）所有油角阀关闭；

（5）炉膛风量大于 30%。

图 10-15 为油泄漏试验和燃油启动允许逻辑。

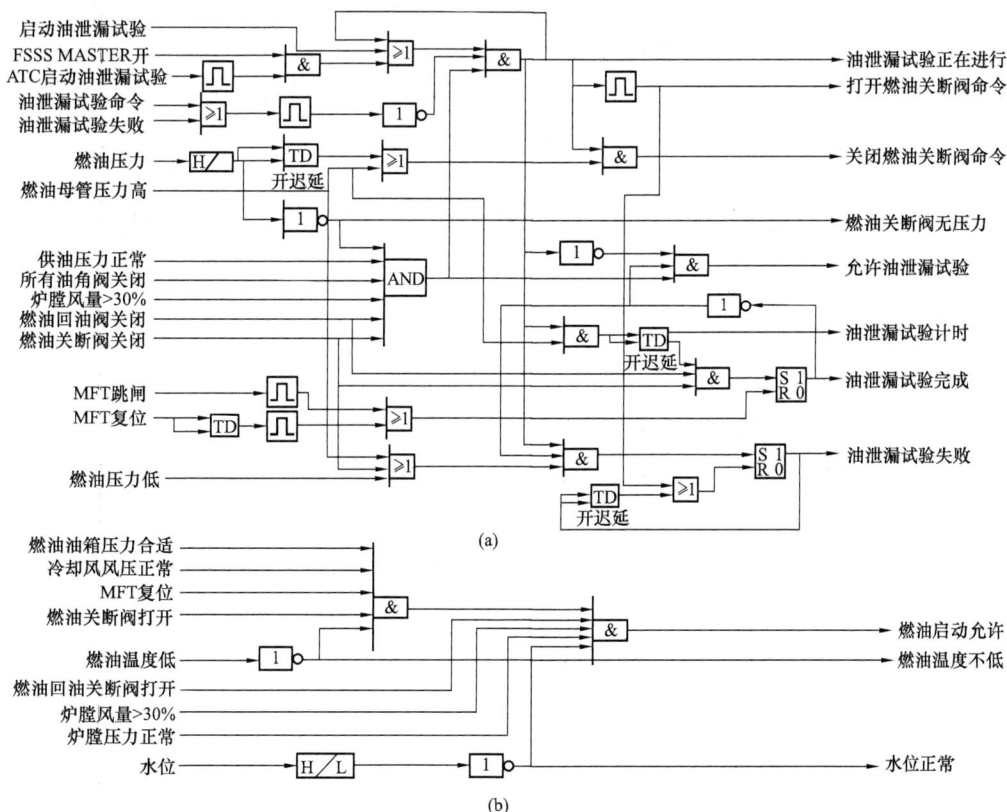

(a)

(b)

图 10-15 油泄漏试验和燃油启动允许逻辑

(a) 油泄漏试验逻辑图；(b) 燃油启动允许逻辑图

3. 试验过程

LCD 界面可以给出油泄漏试验允许、进行、失败、完成等指示，同时给出试验进行时间棒图。在 LCD 上操作启动试验，时间棒图给出指示，若棒图到终点则说明试验成功，同时给出完成指示。MFT 复位或跳闸给出脉冲信号复位油泄漏试验完成标志。

（二）炉膛吹扫

炉膛吹扫。向炉膛内吹进足够的风量把积存在炉膛内的可燃混合物带走，防止这些可燃混合物爆燃发生炉膛爆炸，这种措施称为炉膛吹扫。

炉膛吹扫的方法。按照 NFPA 美国国家燃烧保护协会的有关规定：换气量不小于炉膛容积的五倍，吹扫风量不小于 25%～30% 炉膛的额定风量，以免被吹起的燃料又沉积下来，吹扫时间不得少于 5min，但吹扫风量亦不可过大。曾经发生由于吹扫炉膛风量过大而将灰斗燃着的可燃物搅动而造成煤粉爆燃多次，因此设计吹扫风量不大于 40% 的额定风量。

1. 炉膛吹扫的三个基本条件

（1）进入炉膛的所有燃料被切断（将存留的燃料吹干净）；

（2）炉膛内不存在火焰（吹扫的可燃物不至遇火而燃烧）；

（3）吹扫风量和吹扫时间必须满足。

吹扫时，应启动送风机和引风机，并使吹扫空气由所有燃烧器喷嘴进入炉膛，以尽量减少炉膛内气流的"死区"，将可燃物清扫干净。

运行人员可通过手动或顺控系统（SCS）自动开启引风机和送风机，通过风量挡板调节吹扫风量。

BMS 的吹扫功能主要检查炉膛吹扫条件是否具备，条件认可后，开始吹扫计时，保证吹扫时间为 5min，吹扫风量不低于 25%～30% 的额定风量，吹扫完成后，BMS 将发出允许点火信号，允许锅炉启动。

2. 在启动吹扫前应满足的必要条件

（1）应闭锁所有燃料进入炉膛；

（2）关闭所有提供燃料的设备；

（3）送风机入口至炉膛，烟道尾部及烟囱的通道应敞开；

（4）送风机和引风机至少一台在运行；

（5）空气预热器在运行状态；

（6）风量应在 25%～30% 的额定风量；

（7）炉膛负压在正常限值之内；

（8）汽包水位正常；

（9）油泄漏试验完成，且无泄漏；

（10）火焰检测器显示"无火焰"；

（11）火检冷却风机压力正常；

（12）电除尘现场处于断电状态。

上述条件是炉膛吹扫的必要条件，无论是在吹扫前，还是吹扫过程中，要有一个条件不满足，"吹扫准备好"信号消失，吹扫计时随之中断，只有待故障排除以后，才能重新进行第二次吹扫计时。

3. 炉膛吹扫控制逻辑

冷启动前或 MFT 后操作员必须进行炉膛吹扫，否则不允许再次点火。在整个吹扫过程中，BMS 逻辑要监视一套一次吹扫及二次吹扫的允许条件。一次吹扫允许条件是，BMS 进入吹扫模式所必备的条件，一旦满足，在 CRT 画面上"RELEASE PURGE"吹扫允许状态变成"ON"；二次吹扫允许条件是，启动吹扫计时器所必须具备的条件，一、二次吹扫允许条件满足则"PURGE INPROGRESS"吹扫进行状态有效吹扫计时器开始计时。在吹扫过程中，如果吹扫条件不满足了，吹扫计时器将会复位，导致吹扫中断，操作员需要检查导致吹扫中断的原因，排除故障后重新启动吹扫程序。

在炉膛吹扫进行的同时，油母管泄漏试验也会自动进行，如果试验成功，它应在吹扫计时结束之前完成。当 5min 的吹扫计时顺利结束时，"PURGE COMPLETED"吹扫完成状态有效。吹扫完成后，BMS 即可进入"预点火"方式，并自动进行以下操作：①主燃料跳闸继电器将被复位，且显示跳闸原因的"FIRST - OUT"信号显示被消除；②所有吹扫许可显示熄灭，跳出吹扫方式；③10min 计时器开始计时，在这个最大时间内，操作者应该点火，否则系统切回吹扫状态。

（1）吹扫条件。下列所有条件满足认为吹扫准备就绪：

1）MFT 继电器跳闸；

2）OFT 继电器跳闸；

3）所有单个油角阀全关；

4）所有磨煤机停运；

5）所有给煤机停运；

6）一次风机全停；

7）任一空气预热器运行；

8）任一引风机运行；

9）任一送风机运行；

10）无 MFT 跳闸条件存在；

11）全炉膛无火焰；

12）炉膛风量大于 30%；

13）炉膛二次风箱差压合适；

14）炉膛压力合适；

15）二次风挡板位置合适（每层 2/4 开度大于 50%）；

16）火检冷却风母管压力合适；

17）油泄漏试验完成。

（2）吹扫过程。当吹扫条件全部满足后，在 LCD 上指示"吹扫准备就绪"信号，这时操作员就可以启动吹扫。当吹扫计时器开始计时，吹扫持续 300s 完成。如果在吹扫过程中吹扫允许条件消失，就会导致吹扫中断，同时吹扫计时器清零。如果吹扫中断，操作员就要重新启动吹扫程序。

LCD 界面有吹扫允许、吹扫进行、吹扫完成、吹扫失败及吹扫进行时间棒图显示。只有炉膛吹扫完成才能复位 MFT。MFT 复位或跳闸给出脉冲信号复位"炉膛吹扫成功"信号。图 10 - 16 为炉膛吹扫控制逻辑。

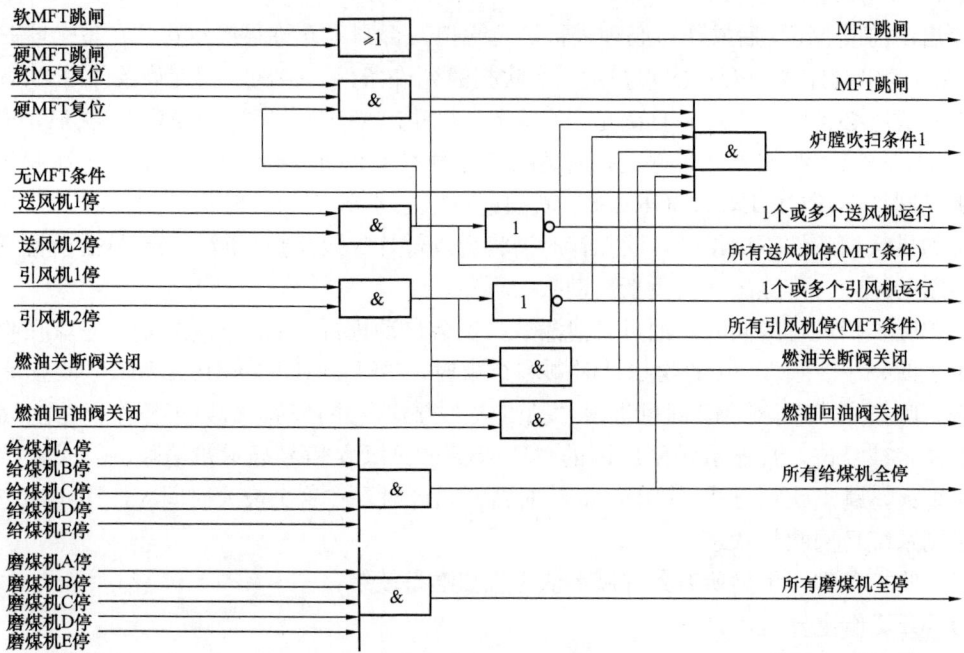

(a)

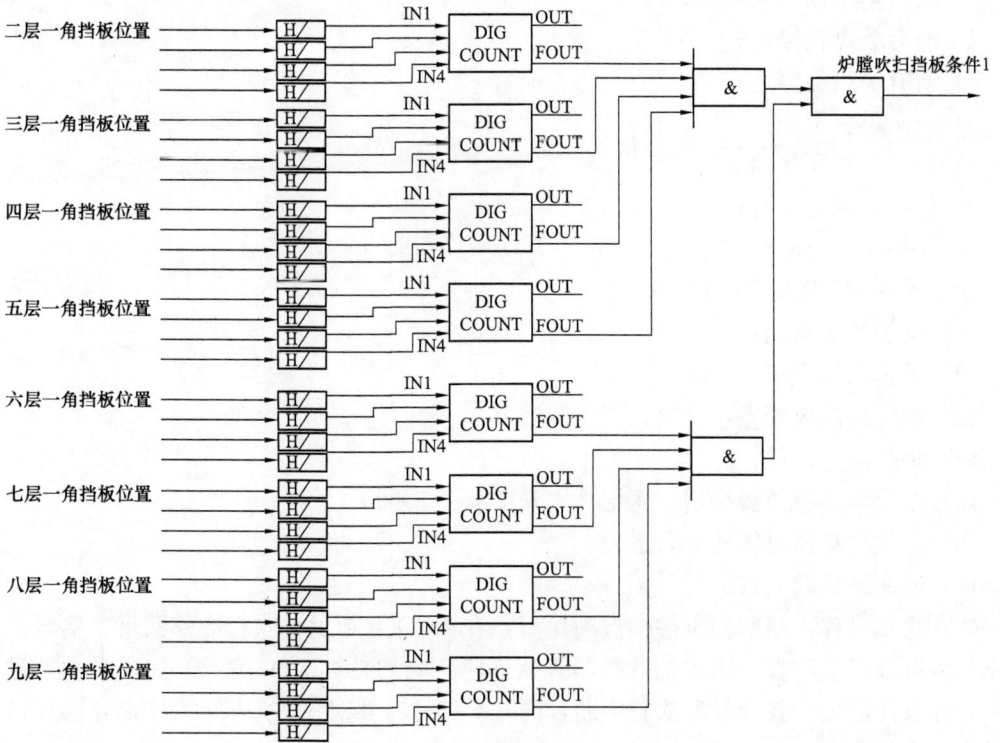

(b)

图 10-16　炉膛吹扫控制逻辑（一）

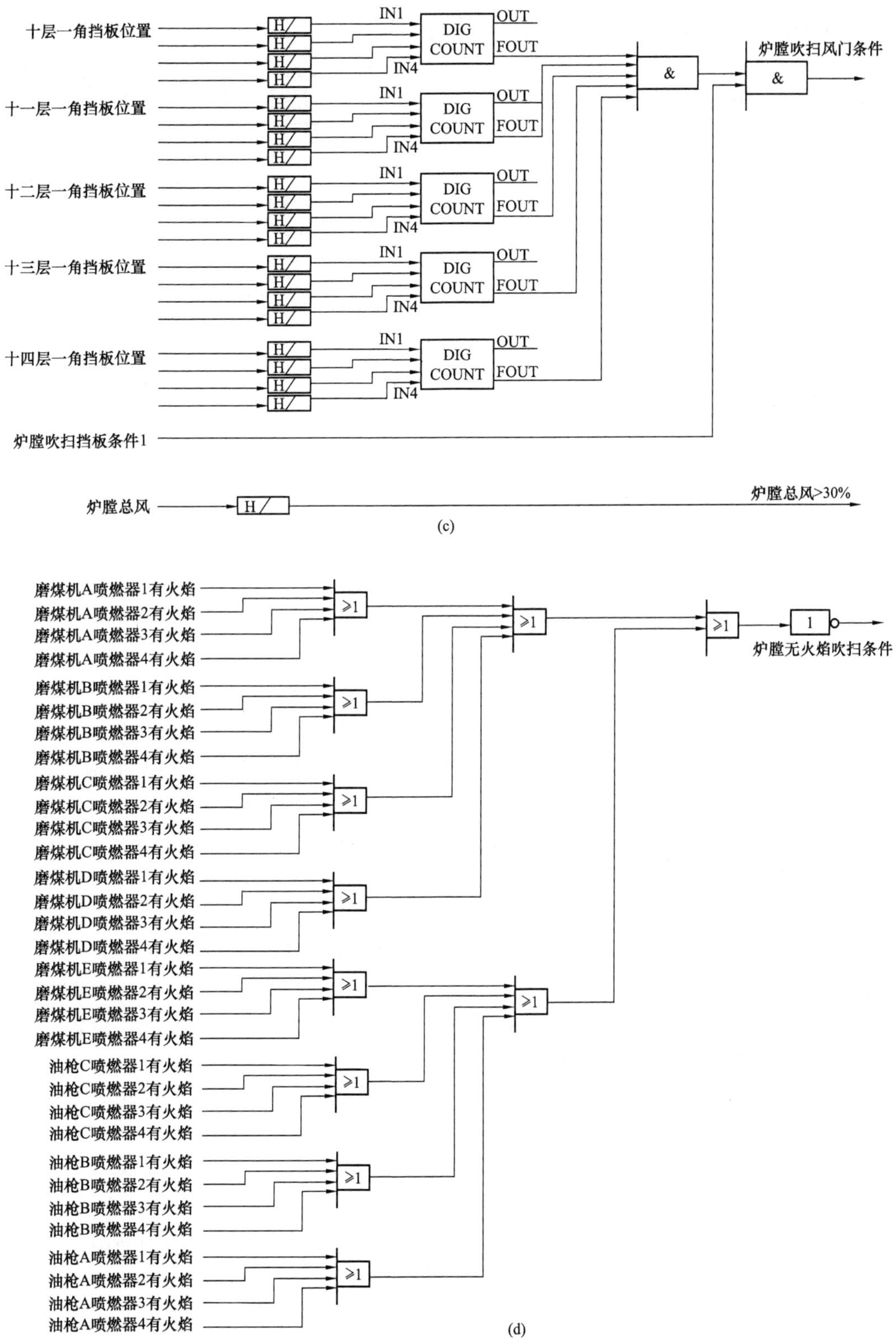

图 10-16 炉膛吹扫控制逻辑（二）

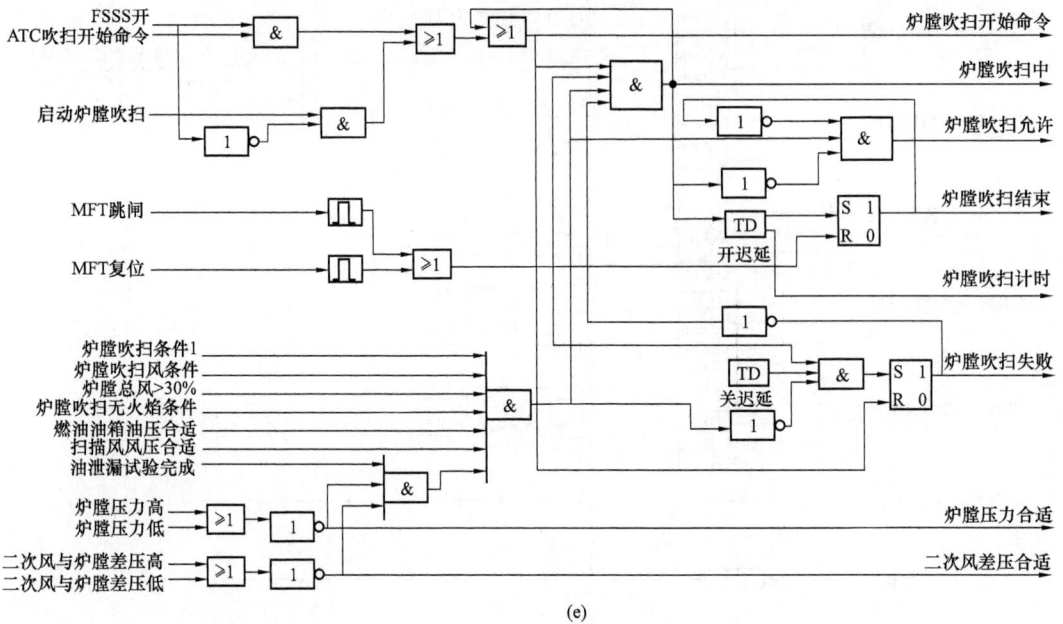

(e)

图 10-16 炉膛吹扫控制逻辑（三）

(a)、(b)、(c)、(e) 炉膛吹扫控制逻辑；(d) 无火焰吹扫条件

二、主燃料跳闸控制逻辑

1. 主燃料跳闸概述

主燃料跳闸（Master Fuel Trip，MFT）是锅炉安全保护的核心内容。当锅炉设备发生异常情况（例如送风机、引风机全部跳闸，汽包压力超过危险界限，锅炉水循环不正常，炉膛风压异常高，火焰熄灭，再热蒸汽中断等），或汽轮机由于某种原因脱扣，或厂用电母线发生故障时，应立即切断供给锅炉的全部燃料并使汽轮机脱扣，发电机跳闸，使整个机组停止运行，待查明原因，消除故障后，机组再重新启动。这种处理故障的方法称为"主燃料跳闸"。

主燃料跳闸 MFT 是燃烧器管理系统中最重要的安全功能，在出现任何危及锅炉安全运行的危险工况时，MFT 切断进入炉膛的所有燃料，点火器燃料跳闸（Ignitor Fuel Trip，IFT）切断进入油燃烧器及油母管的所有燃料，以保证锅炉安全，避免人身、设备损坏事故发生，达到限制事故进一步扩大的目的。

在锅炉运行的各个阶段，BMS 对一些主要参数和设备运行状态进行连续监视，只要这些参数和状态中有一个超出锅炉安全运行的正常范围，系统就会发出"主燃料跳闸"命令，实现紧急停炉。由于所有产生 MFT 的条件都可能造成设备及人身的严重伤害，因此，发生 MFT 时 BMS 会立即停掉所有的燃烧器及制粉设备。在该 MFT 条件消失且锅炉吹扫结束后，MFT 跳闸才结束。MFT 及 IFT 的首次跳闸原因会显示在跳闸原因画面中，当相当的（MFT、IFT）继电器复位后，首次跳闸原因也就被复位。

一般情况下，DCS 设计冗余的软硬两套跳闸回路，即在软件通过输出卡件切除相关设备功能外，设计了专门的硬件跳闸继电器组，以保证任何危险工况下都能可靠停炉。

当 MFT 跳闸后，有首出跳闸原因记忆显示，当 MFT 复位后，首出跳闸记忆清除。

2. MFT 跳闸条件

（1）运行人员跳闸（MFT 按钮）。

（2）炉膛压力高高，硬接线输入，三取二产生。

（3）炉膛压力低低，硬接线输入，三取二产生。

（4）汽包水位高，补偿后水位信号超过阈值三取二产生。

（5）汽包水位低，补偿后水位信号超过阈值三取二产生。

（6）失去两台送风机。若运行的两台送风机全停时，启动 MFT。根据每台风机的马达断路器状态可以判断两台送风机是否会停。

（7）失去两台引风机。若运行的两台引风机全停时，启动 MFT。引风机停且没有启动命令即可认为引风机停。

（8）失去两套空气预热器。

（9）失去一次风。有磨煤机运行时两台一次风机同时跳闸。

（10）失去火检风压。双火检风机停止或左右火检风/炉膛差压同时低产生。

（11）汽轮机跳闸停锅炉。

（12）锅炉风量小于 30%。

（13）点火超时 MFT 复位后，规定时间未能点火成功。

（14）失去全部燃料。所有油枪分油阀关闭或燃油跳闸阀关闭，同时所有制粉系统停运延时 3s 产生，此保护在有任何两只油枪油阀同时打开后投入、MFT 动作退出。

（15）炉膛灭火。"炉膛灭火"是指当锅炉已投粉运行时，所有油、煤火焰检测器均未检测到火焰的一种危险情况，为防止燃料积存带来的爆燃，应立即动作 MFT。停炉时，由于无锅炉投粉运行情况，所以不发出炉膛灭火信号。

当所有油燃烧层及煤燃烧层同时不足 3 只火焰时延时 3s 产生，发 3s 脉冲信号。

（16）失去 DCS 电源。图 10-17 所示为 MFT 的条件。

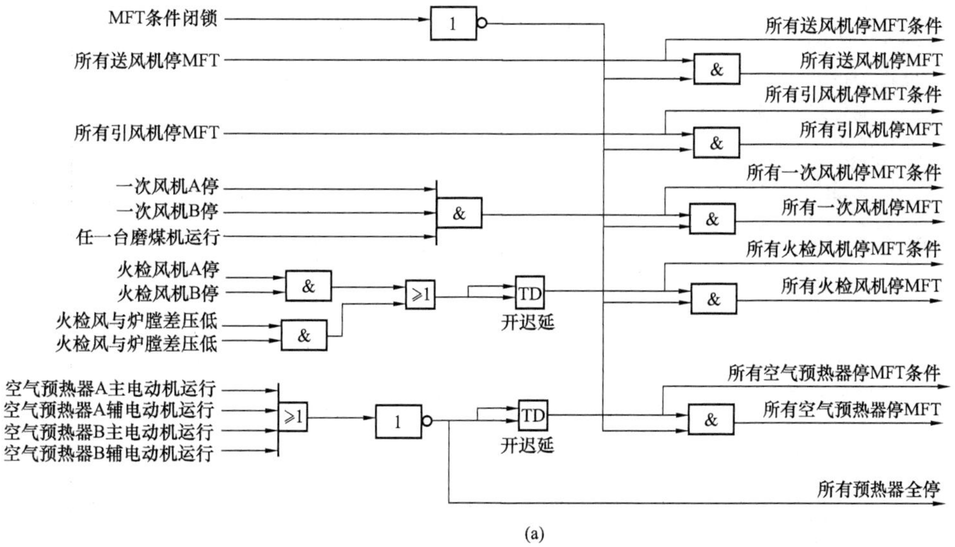

(a)

图 10-17　MFT 的条件（一）

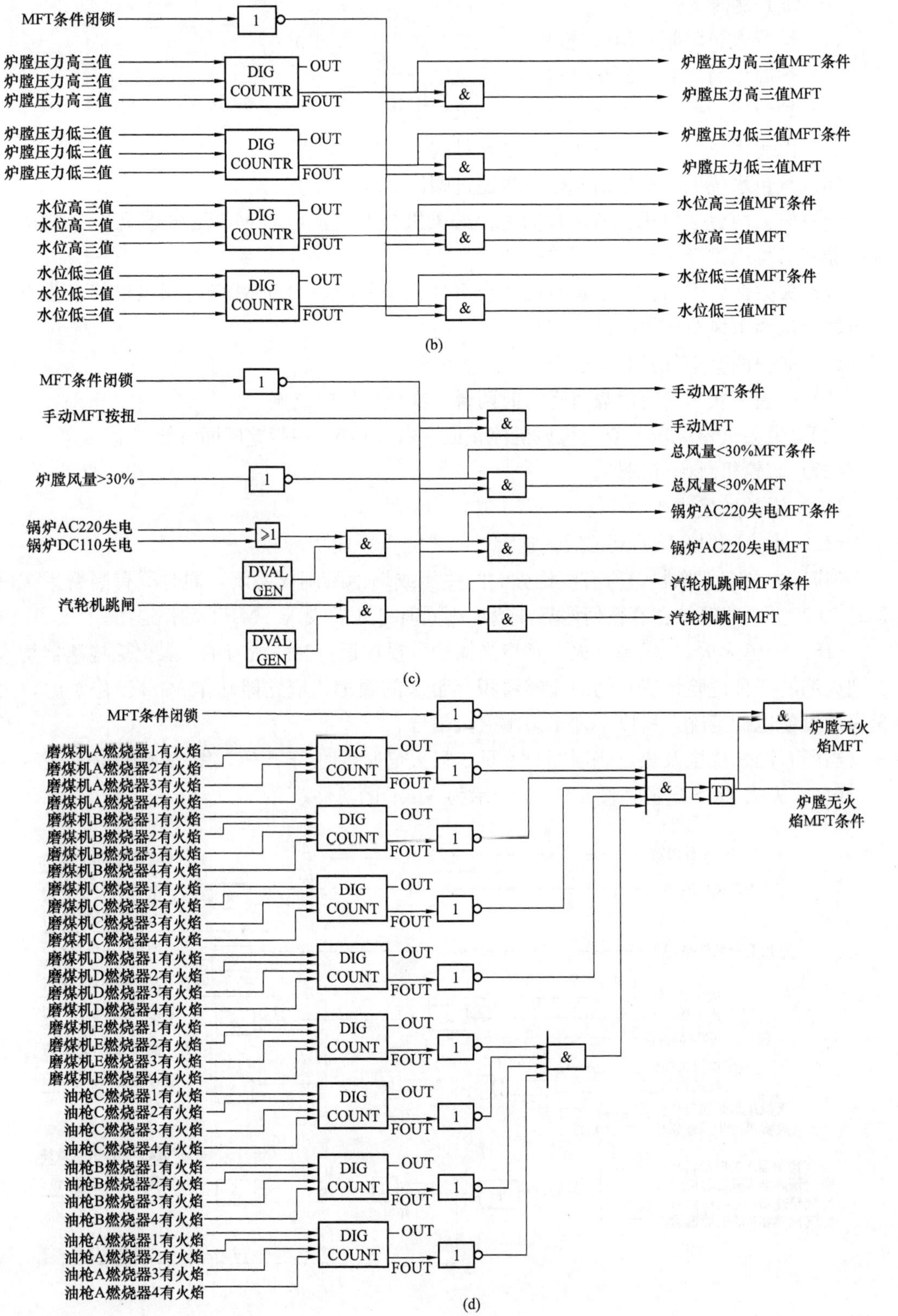

图 10-17 MFT 的条件（二）

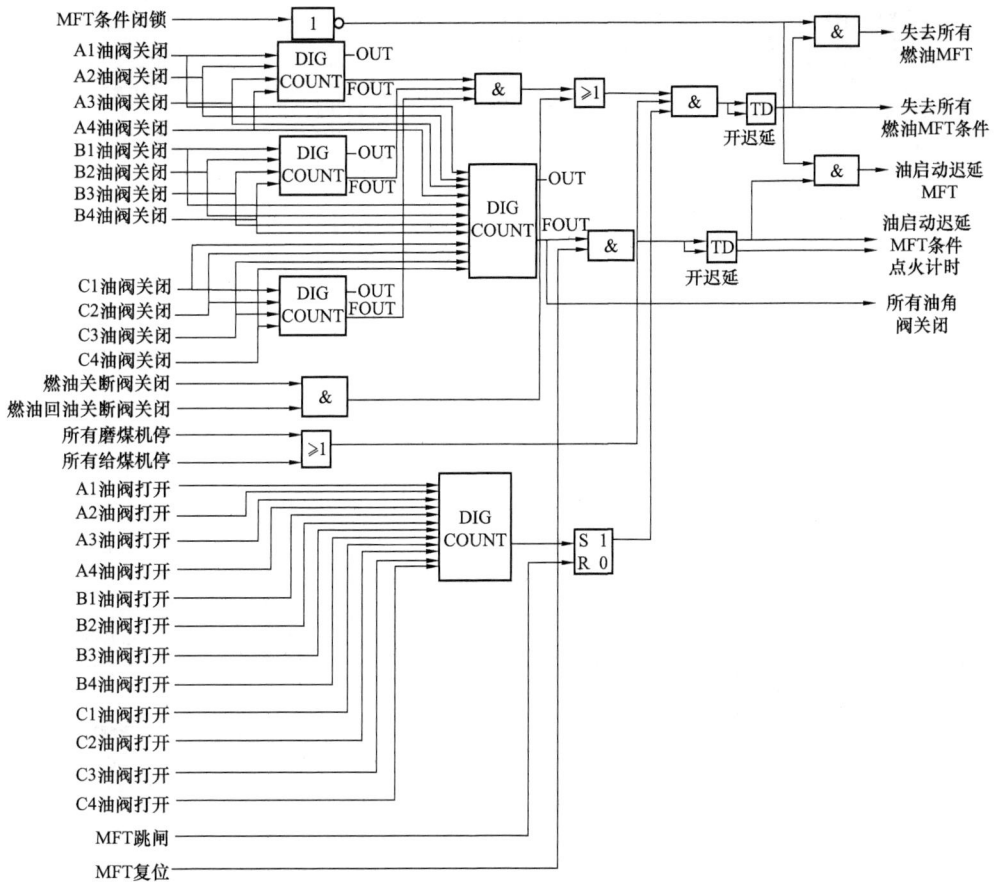

(e)

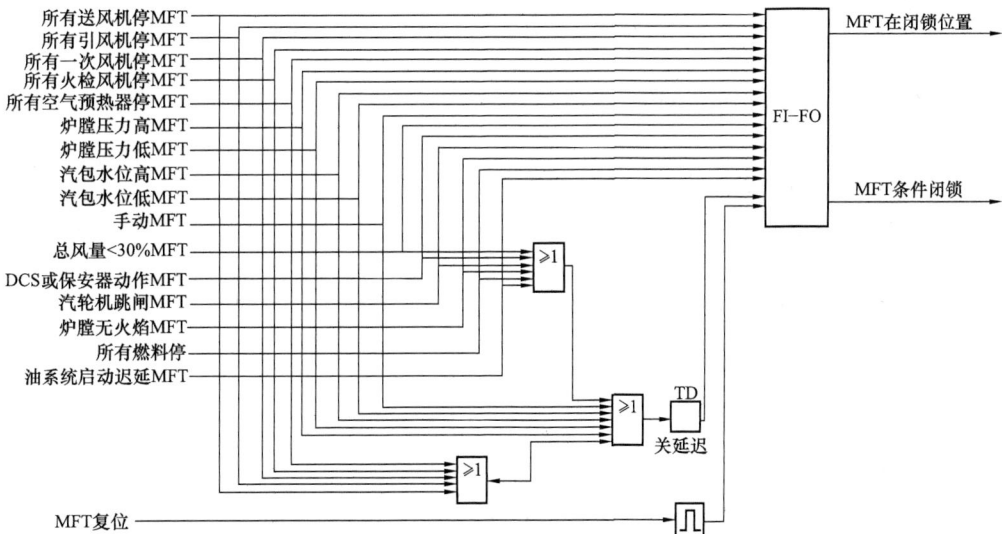

(f)

图 10-17 MFT 的条件（三）

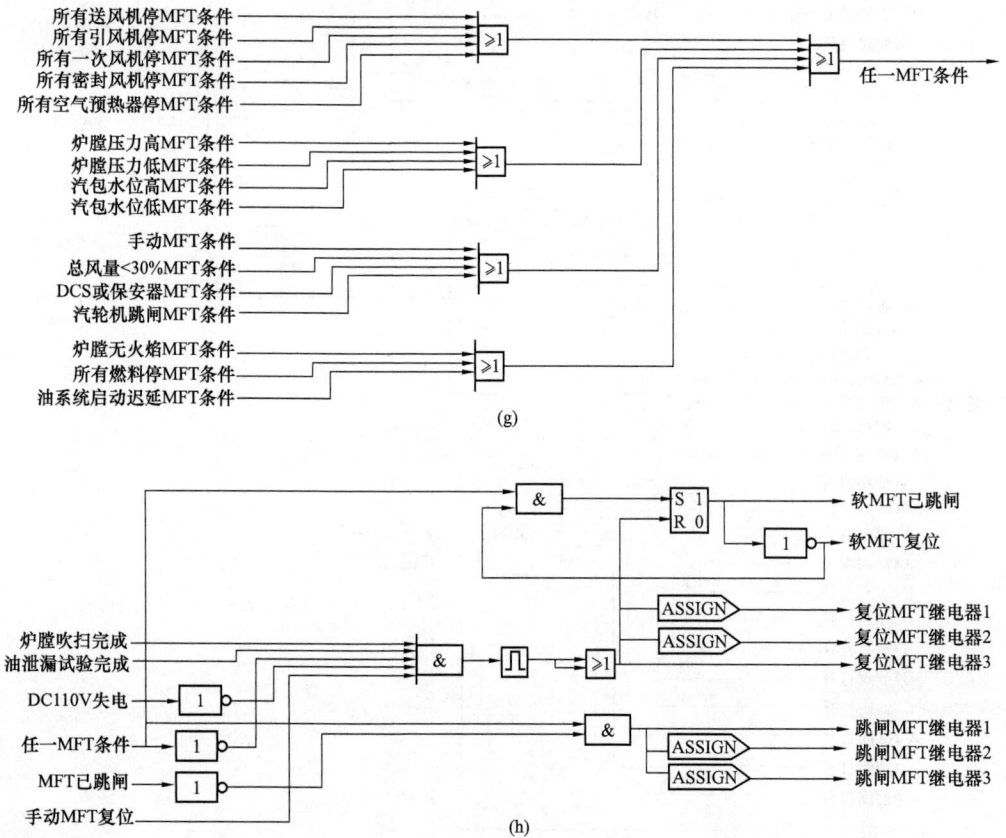

図 10-17　MFT 的条件（四）

（a）主燃料跳闸控制逻辑图 1；（b）主燃料跳闸控制逻辑图 2；（c）主燃料跳闸控制逻辑图 3；
（d）主燃料跳闸控制逻辑图 4；（e）主燃料跳闸控制逻辑图 5；（f）MFT 跳闸闭锁；（g）、（h）MFT 跳闸与复位

3. MFT 复位条件

以下条件全部满足，复位 MFT 继电器：

（1）炉膛吹扫完成；

（2）MFT 继电器已跳闸；

（3）无 MFT 跳闸条件存在；

（4）110VDC 电源正常；

（5）运行人员操作复位开关。

4. MFT 发生后的连锁动作

当 MFT 发生后，连锁以下设备动作：

（1）跳闸 MFT 硬继电器；

（2）跳闸 OFT；

（3）跳闸所有油燃烧器油阀；

（4）关闭所有主跳闸阀；

（5）跳闸所有给水泵；

（6）跳闸所有磨煤机；

（7）跳闸所有给煤机；

（8）跳闸所有一次风机；

（9）关闭减温水锁定阀；

（10）送 MFT 指令至 CCS、ETS、旁路、吹灰等系统。

三、油燃料跳闸控制逻辑

点火前吹扫完成后，炉膛具备了点火条件，此时应将 MFT 复位，并建立一个锅炉点火限定计时器。当在限定时间内不能建立火焰，BMS 系统应跳闸 MFT，闭锁点火燃料，禁止继续点火，并重新吹扫炉膛内点火未成功造成的可燃物，然后 BMS 即开始对燃油系统进行条件扫描和控制，这是 BMS 功能完成的第二阶段。这个阶段的监控内容包括锅炉点火许可及油燃烧器的投入及状态监视等。

油燃烧器管理完成油燃烧器的投入、停运、跳闸、监视等多项功能，操作人员可通过键盘或 CRT 画面输入燃烧器启动、停止指令。与油燃烧器配套的就地设备包括油枪、点火枪、油阀、雾化阀、吹扫阀及就地柜，上述设备可通称为油燃烧器，油燃烧器有遥控和就地两种操作方式，由位于就地柜上的开关位置决定，当该开关置于就地位置时，油燃烧器只能在就地操作，集控室操作无效，当就地柜上的开关置于遥控位置时，只有遥控操作有效，就地操作无效。

手动方式指操作员手动控制各设备的开/关和进/退。单控方式指对应的油燃烧器中的各设备（油枪、点火器、油阀、雾化阀、吹扫阀）按照一定的顺序投入/切除，操作员只需发出启动/停止指令即可。

1. 油燃料跳闸

油燃料跳闸（OFT）逻辑检测油母管的各个参数，当有危及锅炉炉膛安全的因素存在时，产生 OFT。关闭主跳闸阀，切除所有正在运行的油燃烧器。

（1）油燃料跳闸（OFT）的跳闸条件有：

1）燃油压力低于定值；

2）所有油燃烧器关闭发脉冲信号；

3）MFT 动作；

4）主跳闸阀未打开，即主跳闸阀开状态失去；

5）运行人员跳闸（运行人员关闭主跳闸阀指令）；

6）油燃料跳闸（OFT）的跳闸只有软件回路。

（2）当 OFT 发生后，连锁以下设备动作：

1）跳闸所有油燃烧器；

2）关闭主跳闸阀；

3）燃油跳闸阀打开即 OFT 复位。

OFT 复位方式为 MFT 复位自动联开燃油跳闸阀，或锅炉断油后运行人员再次打开燃油跳闸阀。

MFT 复位连锁打开燃油跳闸阀。OFT 发生后关闭燃油跳闸阀，OFT 条件消失后在 MFT 跳闸前可以再次打开。

在油泄漏试验时即有油泄漏试验进行信号，可打开燃油跳闸阀，试验完成再次关闭并禁止打开，直到 MFT 复位。图 10 - 18 所示为油燃料跳闸逻辑。

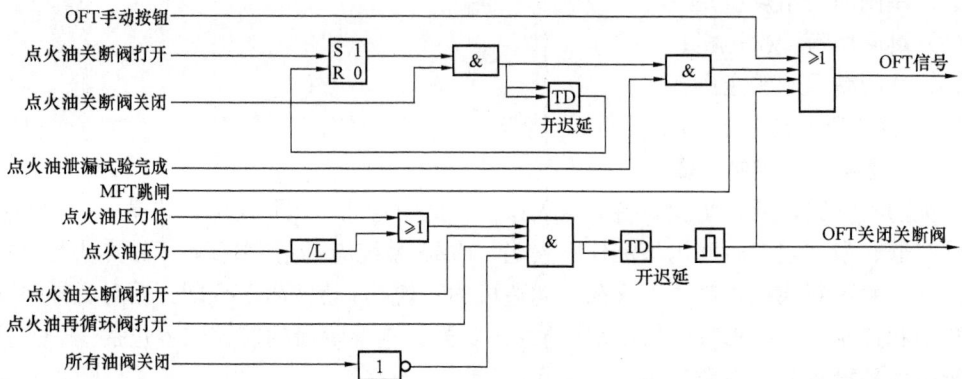

图 10 - 18   油燃料跳闸逻辑

2. 火检冷却风机

火焰检测器是锅炉燃烧器正常工作和灭火保护的重要设备，对火检器探头的冷却和清洁直接影响火焰检测器的稳定性和寿命。火焰检测器探头冷却风系统是保证火焰检测器正常工作的重要条件，它连续不断地给探头一定压力的冷却风，使探头得到冷却并保持清洁。探头冷却风机应有非常可靠的供应电源，并采用双机系统。每台都应具备 100% 的风量供应能力，从而保证冷却过程中不中断冷却风量，延长探头的使用寿命，冷却风压应大于设定限值。

两台火检冷却风机为一台运行一台备用的方式。正常情况下，只要单台火检冷却风机运行即可以提供足够的冷却风压，另一台火检冷却风机处于备用状态。当正在运行的火检冷却风机事故跳闸或出力不够时，连锁启动备用的火检冷却风机。

四、故障减负荷/快速甩负荷工况

机组在运行过程中若出现危险工况时，需要快速甩负荷，甚至跳闸。变负荷的过渡过程往往要求很短，特别是对于锅炉，依靠人工操作很难安全进行这种工况转换。BMS 可以实现辅机故障减负荷（Run Back，RB）和快速甩负荷（Fast Cut Back，FCB）。

1. 自动减负荷

当汽轮机、发电机一切正常，而锅炉主要辅机（如给水泵、送、引风机等）有一部分发生故障时，机组就不能带额定负荷。为了使机组继续安全运行而不必停机就必须急速降低锅炉负荷，待故障消除后，再使机组恢复到正常负荷运行，这种处理故障的方法，在机组连锁保护系统中称为"锅炉自动减负荷"（Run Back，RB）保护。

单元机组所带最大负荷的数值，在主机运行正常的情况下，取决于机组主要辅机的工作状态。因此，机组的最大可能出力可根据各种辅机的运行台数来计算。

单元机组所能带最大负荷可由 CCS 算出，作为锅炉减负荷的规定值，称为"RB 目标值"。当锅炉或汽轮机的部分辅机（风机、水泵等）故障引起减负荷工况时，锅炉从全负荷运行迅速回到较低负荷运行，如果辅机发生故障时，机组负荷大于 RB 目标值，RB 逻辑就将接收到的辅机故障信号和其他具体条件，按照一定的逻辑关系发出相应的 RB 指令信号送到与此有关的各控制回路，自动执行急速降负荷的各项操作。

BMS 的 RB 功能，配合 CCS 的调节功能，快速稳定地使锅炉转移到规定的 RB 目标负荷。不同的辅机故障，减负荷目标值不同，减负荷速度也不同。RB 功能仅控制燃料的粗调，通过 CCS 改变其负荷设定值进行细调，达到减负荷目标值。

2. 快速甩负荷

FCB 是在发电机、汽轮机出现瞬时故障时，快速减少锅炉负荷，并稳定锅炉燃烧，以保证锅炉不停炉，在事故消除后迅速恢复发电。这种减负荷方式，对发电机组要求在一个很短时间内从满负荷甩到零或带厂用电负荷运行，而对锅炉的要求是快速从最大负荷甩到 10%～30%MCR，并在汽轮机旁路系统配合下，继续运行一段时间，避免锅炉熄火后又重新点火，减少经济损失并延长锅炉的寿命。

FCB 过程中，BMS 不但要跳闸一些磨煤机，而且要根据磨煤机的现行运行组合选择应投入的油枪，完成投油过程，若在一定时间内，未能投入油枪，则 BMS 将 FCB 转成 MFT。图 10-19 为 FCB、RB 控制逻辑图。

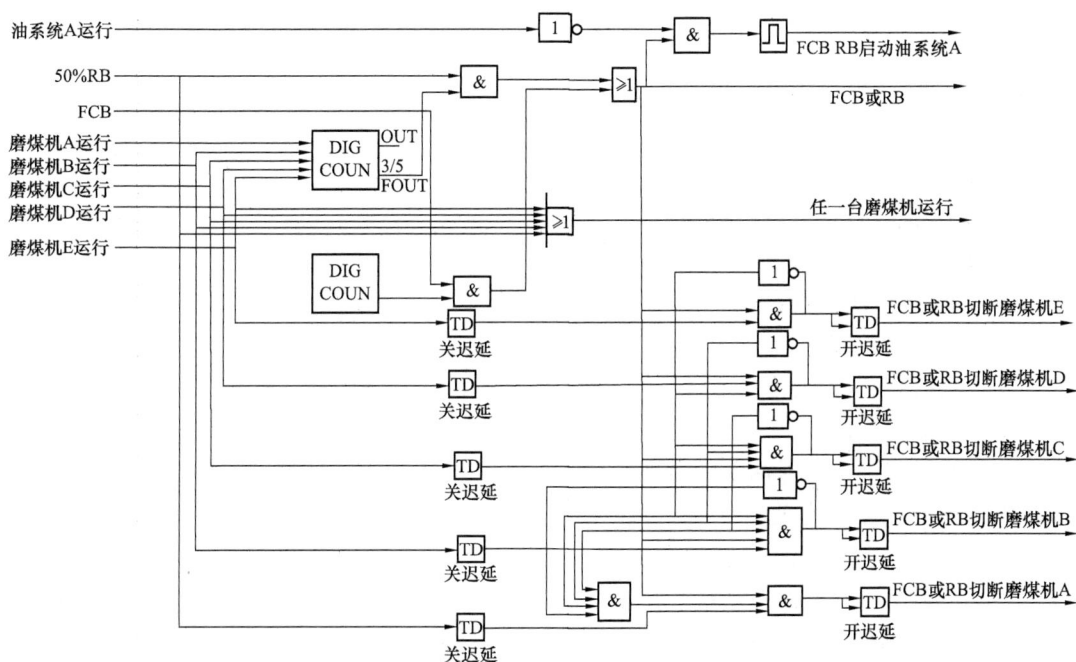

图 10-19　FCB/RB 控制逻辑图

送风机、引风机、一次风机和给水泵导致的 RB 发生，FSSS 逻辑自上而下切除燃料，最后保留两层煤燃料。同时在自动助燃允许开关投入的情况下，自动投入下层油燃烧器。

FCB 发生，FSSS 逻辑自上而下切除燃料，最后保留一层煤燃料。同时在自动助燃允许开关投入的情况下，自动投入下层油燃烧器。

第十一章　汽轮机轴系参数监测原理

第一节　汽轮机状态监测的基本参数

一、概述

汽轮机监视和保护装置是实现汽轮机组运行自动化的基础，没有完善可靠的监视保护装置，汽轮机的自启停就根本无法实现。因此，现在汽轮机监视和保护装置不仅被人们重视，成为汽轮机的重要组成部分，而且已逐渐向更加完善化的方向发展。

目前，汽轮机主要监视和保护的项目有：

(1) 凝汽器真空低保护；

(2) 润滑油压低保护；

(3) 转速监视与超速保护；

(4) 转子轴向位移监视与保护；

(5) 高压加热器水位监视与保护；

(6) 转子与汽缸的相对胀差监视；

(7) 汽缸热膨胀监视；

(8) 汽轮机振动监视；

(9) 大轴弯曲（偏心度）监视；

(10) 油箱油位监视；

(11) 轴承温度与润滑油温度监视；

(12) 推力瓦温度监视；

(13) 汽缸应力监视；

(14) 汽轮机各部件温差监视。

其中汽轮机轴系监视保护项目主要包括：汽轮机振动的监测、转子轴向位移监测、转速监测、缸胀及胀差监测、偏心监测等。

由于汽轮机的形式、结构以及组成不尽相同，因而不同形式的汽轮机所配置的监视和保护装置，其项目和要求也不尽相同。有的监测项目，如轴向位移，当被测参数超过允许极限值时，保护装置动作，立即关闭主汽门和调速汽门，实行紧急停机，与此同时发出声光报警信息；而对于另外一些监测项目，如相对胀差，当被测参数超过允许极限值时，保护装置只发出声光报警信息，提醒运行人员注意。

美国本特利·内华达公司的 BN3500 轴系参数监测系统为目前电厂汽轮机组采用较多的一套装置。本套汽轮机安全监视装置用于连续监视汽轮机本体各种参数，其监视参数有转速、轴向位移、胀差、轴承盖振动、键相、轴振动、汽缸绝对膨胀、偏心等。BN3500 系统由两个 16 位机箱和相应的监视器、传感器、前置器和延伸电缆组成，用以监视汽轮机的转速、轴向位移、胀差、轴承盖振动、轴振动、偏心并输出相应的 4～20mA 信号，监视值如有越限则输出停机信号。DF9000 监控系统和智能瞬态转速表，由绝对膨胀监测器、相应的传感器和智能瞬态转速表组成，通常与 BN3500 系统配套使用。智能瞬态转速表用以监测汽轮机的转速；绝对膨胀监测器用以监视汽缸绝对膨胀，左右各一，并输出相应的 4～20mA 信号。全部集成在一个机柜内（2200mm×800mm×800mm）。机柜外形结构见图 11-1。

二、汽轮机状态监测的基本参数

为了保证汽轮机组的正常运行，同时及早发现事故隐患，实现预测维修，必须能够随时、准确地了解机组的运行状态，而运行状态是由可靠、精确的监测仪器提供的信息所表明的。下面将讨论汽轮机状态监测的基本参数。

（一）动态运行（振动）参数

1. 振幅

振幅是表示机组振动严重程度一个重要指标，它可以用位移、速度或加速度表示。根据振幅的监测，可以判断"机器是否平稳运转"。

图 11-1 机柜外形结构

以前对机组振动的检测，只能测得机壳振幅，虽然机壳振幅能表明某些机械故障，但由于机械结构、安装、运行条件以及机壳的位置等，转轴与机壳之间存在着阻抗，所以机壳的振动并不能直接反映转轴的振动情况，因而机壳振动不足以作为机械保护的合适参数，但是机壳振动通常作为定期监测的参数，能及早发现叶片共振等高频振动的故障现象。

由于接近式传感器能够直接测量转轴的振动状态，所以能够提供机组振动保护的重要参数，把接近式电涡流式传感器永久地安装在轴承架上，便能随时观测到转轴相对于轴承座的振幅。振动幅值一般以峰—峰密耳（长度单位，1mil＝0.001in）位移值或峰—峰微米位移值表示。一台运行正常的机组的振幅值都是稳定在一个允许的限定值内。一般来说，振幅值的任何变化都表明机械状态有了改变。机组的振幅无论增加或减少，操作和维修人员均应对机组作进一步分析调查。

2. 频率

汽轮发电机组等旋转机械的振动频率（每分钟周期数），一般用机械转速的倍数来表示，因为机械振动频率多以机械转速的整数倍和分数倍形式出现。这是表示振动频率的一种简单方法，只把振动频率表示为转速的 1 倍、2 倍或 1/2 等，而不用把振动频率分别表示为每分钟周期数或赫兹。

因为在机壳测量中，振幅和频率是可供测量和分析的唯一主要参数，所以频率分析在机壳振幅测量中是很重要的。而且某些故障现象确实与一定的频率有关。但是，并不能说频率与故障是有一一对应关系的，也就是说，一种特定频率的振动往往与一种以上的故障有关。频率是分析旋转机械的一种重要资料，但必须综合分析所有的数据，才能对机器做出正确的诊断。

表示频率的常用办法有：

1 倍转速频率：振动频率与机器转速相同；

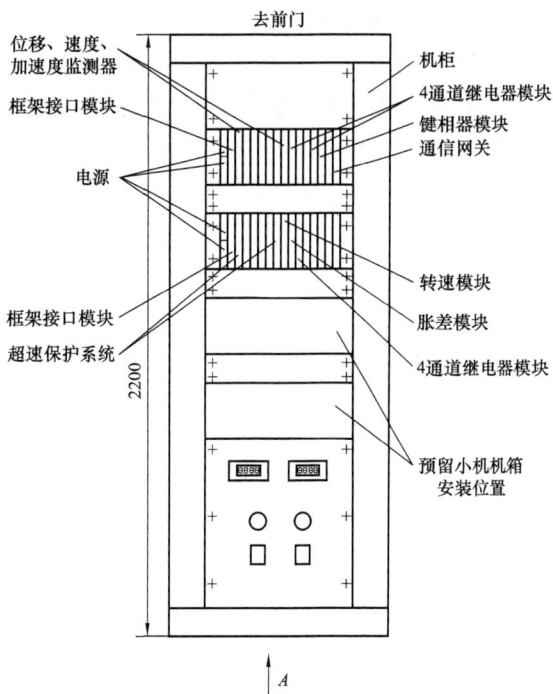

2 倍转速频率：振动频率二倍于机器转速；

1/2 倍转速频率：振动频率为机械转速的一半；

0.43 倍转速频率：振动频率为机器转速的 43%。

要注意区分两种不同的振动，即同步振动和非同步振动。同步振动的频率是机器转速的整数倍或数分数倍，例如 1 倍频转速，2 倍频转速，1/2 频转速，1/3 频转速等。在这些例子中，振动频率与机械转速是"锁定"关系。非同步振动则发生在非"锁定"频率。

3. 相角

相位角测量是描述转子在某一瞬间所在位置的一种方法。一个好的相位角测量系统能够确定对应于每个变速器的转子的高点的位置，这个高点的位置是相对于机组上某固定点而言的。通过确定旋转体上高点的位置，就能确定转子的平衡状态及残余不平衡量的位置，或者说，由于高点的改变而导致的转子的平衡状态的改变会显示为相位角的改变。

精确的相位角测量在转子的平衡中及分析某些机器故障是非常重要的。整个机组上的各变换器所对应的转子的相位角测量，为机组运行状态及时地提供了重要信息，有助于分析问题。

以键相位（轴上的固定标志）作为参考基准时，相角被定义为从键相位脉冲到振动的第一正向峰值之间的角度数。即振动信号经过变换器输出所显示的第一正向峰之间的角度数。振动信号经过变换器输出所显示的第一正向峰值相当于转子的"高点"。

为了能精确地读出相位角值，需要把变换器输出的振动信号，经滤波后变成与转速成倍频关系的信号，然后仪器才能准确地测量和显示相位的角值。

相位有标明高点或重点的位置。相位角的改变可能是因为汽轮机叶片丢失或叶片上集积污垢引起的。另外，轴承座过载、轴弯曲、阻尼的变化、有裂纹的轴或其他任何影响轴的动力学特性的作用都可能使相位角变化。

在稳定状态条件下，沿着汽轮机身测量相位角，可用来找出平衡故障所在的位置。然而，因为汽轮机发电机有很多的轴承和跨距，常常很难精确指出故障的位置。通过分析每个监测点的振幅和相位角，可以确定与转速相关的模态形状，这个模态形状可用于故障定位。

在汽轮机启动或停机的过程中，变化着的相位角在分析机器状态中起着至关重要的作用。每一台机器有一个特有的振幅和相位角特性曲线，特性曲线的变化对诊断汽轮机的故障很有作用。

4. 振动形式

振动形式也许是分析振动数据的最重要的方法。通过振动形式的观测，能直观地了解机组的运行状态。以上讨论的振幅、频率、相位角等三种参数都是可测量的参数并能使仪表指示或显示出来，而振动形式是显示在示波器上的原始振动波形。

振动形式可分为两种：时基形式是振动信号经变送器传入到示波器，并以时基模式显示在荧光屏上的。一般振动信号为正弦波，表示转轴的位置与示波器上水平时间轴的关系曲线。轴心轨迹是由两个互成 90° 的接近式电涡流式传感器感受的振动信号，分别输入到示波器的两个通道内，并以 $X-Y$ 模式显示在荧光屏上的。在这种模式中，所显示的是对应于两传感器的轴截面的中心线的运动。如传感器安装在轴承上则轴轨迹是轴的中心线相对于轴承的运动关系。

这两种振动形式对维修人员是很有用的，通过观测时基振动形式，就能确定基本的振幅、频率和相位角。通过观测轴心轨迹，能够了解轴的实际运动情况，所以振动形式无论对于预防性维修和预测性维修都是最根本的参数。

对于动态运行（振动）来说，还有个"相对测量"和"绝对测量"问题，一个固定在轴承座上的接近式电涡流式传感器可以测得轴相对于轴承座的相对运动。一个固定在机壳上的速度传感器可以测量机壳的绝对运动。采用复合式传感器，可测得轴的绝对运动。

在 TSI 监视系统中，$X-Y$ 测量方法对于大型旋转机械是很重要的。在轴承的垂直和水平方向上，完全可能存在着两种不同的振动。例如，在一个轴承的两个不同平面上，完全可能有不同的振幅和频率（通常相应地还有不同的相位角）。

（二）静态参数（位置测量）

对估价总体的机械性能，分析特定的机器结构和故障，静态参数同样是很重要的。

1. 轴向位移

轴向位移是推力环对推力轴承的相对位置测量值，轴向位移是汽轮机组最重要的监测参数之一。监测轴向位移的主要目的是要避免转子与定子之间产生轴向摩擦。轴向推力轴承的故障可能产生灾难性的后果，因此，要千方百计防止这种机械故障发生。

要慎重选择传感器的安装位置，确保转轴的热膨胀和推力轴承组件的弹性对仪表读数的影响减至最低限度。由于推力轴承组件的偏差和转轴热膨胀，以至在正常运行条件下，转轴的轴向位移比冷态时的正常浮动还宽。转子与定子之间有足够的轴向间隙，因此，可采用宽设定点，既使推环剧烈地摩擦推力轴承的巴氏合金衬套，又不至引起转子与定子的摩擦。汽轮机在正常运行条件下，轴向位移也会随机械负荷而改变，因此，轴向位移是允许在一定范围内变化的。

2. 相对膨胀

对于大型汽轮机机组，要求启动时机壳和转子必须以同样的比率受热膨胀。如果转子与机壳受热膨胀的比率不同，就可能产生轴向摩擦而使机器受到损害。为了测量胀差要把接近式电涡式流传感器安装在机器工作面相反的一侧，在该处可以观测到机壳和转子之间的相对膨胀。

3. 机壳膨胀

对大型机组，除了测量胀差以外，还要进行机壳膨胀的测量，这种机壳膨胀测量通常由安装在机壳外部，以地基为参考基准的线性差动变压器进行。知道了机壳膨胀和胀差，就可以确定转子还是机壳的膨胀率较快，如果机壳膨胀不正常，机壳的"滑脚"就会卡住。

4. 轴在轴承内的径向位置

径向位置又称偏心位置，是指转子轴承中的径向平均位置。在转轴没有内部和外部负荷的正常运转情况下，大多数转轴会在油压阻尼作用下，在设计确定的位置浮动。然而，一旦机器承受一定的外部或内部的预加负荷（稳态力），轴承内的轴颈就会出现偏心。这种偏心是测量轴承磨损、预负荷状态（例如不对中）的一种指示。定期测量偏心位置是绝对必要的，因为在出现重大负荷情况下，偏心较大，振幅无法增加，可能由于偏心太大而无振幅报警发生故障。因此必须及时地检查偏心位置，才能对故障做出早期预报。

在机器启动期间，应该密切注意偏心位置。机器在启动时，人们一般预计由于油流的作用，转轴会从轴承底部逐渐向轴承中心处升起。一般认为，油膜厚度约为 1mil，对许多轴承的观察表明，油膜厚度常常约为转轴预加负荷方向的轴承间隙的三分之一。

偏心位置的测量是通过安装在轴承处的监测径向振动的同一个传感器进行的，其输出信号的直流成分即代表偏心位置（径向间隙）。

因为偏心位置随机器负荷、轴线对中情况而改变，所以电涡流式传感器要有足够大的线性范围，使偏心位置的改变不至于使转轴越出传感器的测量范围。对大多数机器来说，定期检查偏心位置对预测性维修是足够了，但是对于在中心线偏移或其他的预负荷条件被视为可能导致故障时，必须密切地监测偏心位置，以至于需要连续监测。收集整理机组的"冷"偏心位置和"热"偏心位置的数据，建立一个参考系统，对以后比较偏心位置是很重要的。

偏心度峰-峰值是对转轴在静态时弯曲的测量。在发电用的大型蒸汽透平和某些工业用的汽轮机中，经常需要测量偏心度峰-峰值。当转轴在启动时，机器可以启动，而无须顾虑因残余弯曲及相应的不平衡引起的密封零件与转轴之间的摩擦影响。慢转速偏心度最好由安装在远离轴承处的传感器来测量，以测得最大的弯曲偏差。

（三）其他测量参数

1. 转速

在机械运行状态分析中找出振动和转速之间的关系是很重要的。在设计离心类机器时，它的转速运行范围应避开机器的平衡共振，并且使其运行转速不激发机器的这些特殊共振。机器启动时的数据在确定平衡共振时是重要的，这些数据可表示为振动幅度和相角与机器转速之间的关系曲线，在描绘这种曲线和寻找这些参数之间的关系时，可以很容易地确定机器的平衡共振（临界共振）。转速即每分钟的转数。

2. 温度测量

在旋转机械运行状态的分析中，温度是最常用和最重要的参数之一。径向和轴向轴承的巴氏合金衬的温度测量现在正变得越来越重要。找出温度数据和振动测量结果以及（或者）温度数据和位置测量结果之间的关系有助于我们发现机器可能存在的故障。

3. 相关性

在对运行中机器进行全面系统分析时，弄清温度、压力、流量和其他一些可能影响机器运行状态的外部参数之间的相互关系是非常重要的。搞清这种相互关系，有助于订出一个满意的预测性维修方案。

如果一个工程师对以上讨论的参数有一个全面的了解，那么在了解离心类机器的机械运行状态时，就会有一个很好的开端。通过了解这些参数，就能最终确定"某一特定机器的运行状态"，并制订一个较好的预测维修方案。

第二节 电涡流式传感器和速度传感器

为了运行的安全性和经济性，旋转机械需要应用各种各样的传感器。没有传感器提供必要的运行信息，就发现不了机器所处的危险和不经济的运行状态。理想的传感器应该是这样的，即当机器振动状态产生很小的变化，便能产生一个很大的信号输出变化，而且这一传感器应该是既能够用于机器在线监视又能用于故障诊断。同样，由于大多数机器的振动问题来源于轴或转子系统，所以最佳的传感器应该能够检测出轴振动的变化。

在旋转机械上进行的基本测量项目如下所述。

（1）径向振动测量。它可指出轴承的工作状态，并可测出诸如转子的不平衡，不对中以及轴裂纹等机械故障。

（2）轴向位置测量。它可指出止推轴承的磨损或潜在轴承失效，同时利用同一个趋近式探头，也可测量轴向振动。

（3）轴在轴承内的平均径向位置。它可用来决定方位角，它也是转子是否稳定，轴是否对中的一种指示。

（4）可利用振动振幅和相位角，提出故障诊断信息。

（5）对于大型汽轮发电机组，在启动时需要测量轴的弯曲，即偏心度。

（6）键相器信号，是为测量轴的旋转速度以及相角之用。轴振动的相角，可为监测及故障诊断之用。

从力学观点看，振动传感器系统按其测量参数的类型通常分为三种，即用趋近式探头传感器系统测量轴相对振动；绝对式传感器（速度和加速度）测量轴承箱体绝对振动；复合式探头测量轴绝对振动。对于某一具体机器，选择哪种理想传感器关键要取决于机器的振动特性。

一、电涡流式传感器

电涡流检测技术是一种非接触式测量技术。由于电涡流式传感器具有结构简单、灵敏度高、测量线性范围大、不受油污介质的影响、抗干扰能力强等优点，所以在各个工业部门得到广泛应用。火电厂汽轮机的轴向位移、振动、主轴偏心度的测量已广泛采用电涡流式传感器，此外还可用来探测金属材料表面的缺陷和裂纹。

由于它具有上述特点，因而被广泛用于石油、化工、冶炼、机械、电力、大专院校、航空航天等部门作为旋转机械轴向位移、轴的（径向）振动、轴转速的在线检测和安全监控，也可用于转子动力学研究、零件尺寸检测等方面。

该传感器由探头、延伸电缆、前置器等三部分组成，如图 11-2 所示。图 11-3 所示为探头与被测物的相对位置及趋近式系统的等效电路图。探头端部与被测物表面之间有一间隙，二者不能接触，这是电涡流探头的特点之一。

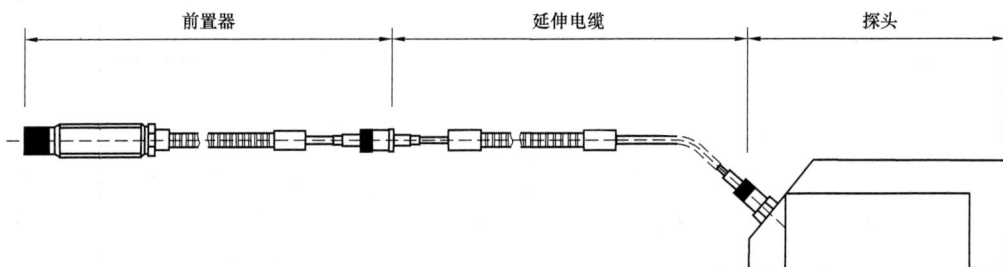

图 11-2　趋近式系统的基本构成

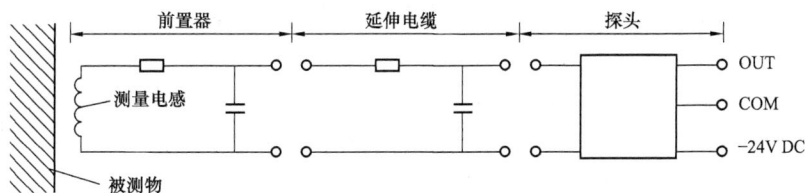

图 11-3　趋近式系统的等效电路

（一）电涡流式传感器的工作原理

1. 工作原理简介

电涡流式传感器是通过传感器端部线圈与被测物体（导电体）间的间隙变化来测量物体的振动和静位移的。它与被测物体之间没有直接的机械接触，因此，特别适合于测量具有表面线速度的转子振动。电涡流式传感器具有很宽的使用频率范围，从 $0\sim10\mathrm{kHz}$。因此，它不仅可以测量频率较高的振动位移，而且可以测量转子和平均静位移，比如轴心的偏心率。虽然有好几种其他变换原理的传感器也可进行不接触式测量，但相比之下，电涡流式传感器的具有线性范围宽（一般是端部线圈直径的一半），在线性范围内灵敏度不随初始间隙而变等优点。因此，目前被广泛应用于转子的振动监测。现将电涡流式位移传感器的变换原理进行简要介绍。

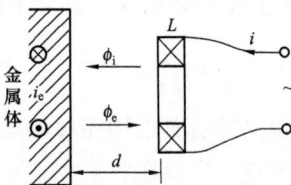

图 11-4　电涡流式传感器的结构

当线圈有一高频电流通过时，便产生高频电磁场。如果线圈附近有一块金属板，金属板内就要产生感应电流，这种感应在金属板内是闭合的，所以成为涡流，其结构如图 11-4 所示。

高频信号 i 施加于邻近金属板一侧的电感线圈 L 上，L 产生的高频电磁场作用于金属般的表面。由于趋肤效应，高频电磁场不能透过具有一定厚度的金属体，而仅作用于金属表面的薄层内。金属体表面感应的涡流 i_e 产生的电磁场反作用于线圈 L 上。改变其电感的大小，电感的变化程度与线圈的外形尺寸、线圈与金属板之间的距离 d、金属体材料的电阻率 ρ、导磁率 μ、激励电流强度 i、频率 f 及线圈的几何形状 r 等参数有关。假定金属体是均匀的，其性能是线性和各项同性的，则线圈的电感 L 可用如下函数来表示：

$$L = F(\rho, \mu, i, f, r, d)$$

当被测材料一定时，ρ、μ 为常数；具体仪表中，i、f 为常数，那么，电感 L 就成为距离 d 的单值函数。假如把传感器与被测体间的距离 d 保持不变，则传感器的输出值将与被测体材料的电阻率、导磁率成函数关系。利用这个关系可以用来测量金属材料的电导率、导磁率、硬度等参数，以及检测裂纹。

图 11-5 为电涡流式传感器的工作原理，由图中可以看出，在传感器的端部有一线圈，线圈通以频率较高（一般以 $1\sim2\mathrm{MHz}$）的交变电压，线圈便产生高频电磁场。当线圈平面靠近某一导体面时，由于线圈磁通链穿过导体，使导体的表面层感应出一涡流 i_e。而这一涡流 i_e 所形成的磁通链又穿过原线圈。这样，原线圈与涡流"线圈"形成了有一定耦合的互感。耦合系数的大小又与二者之间的距离及导体的材料有关。为了实现电涡流位移测量，必须有一个专用的测量路线。这一测量路线应包括频率为 f_0 的稳定的振荡器（一般用石英振荡器）和一个检波环节等。传感器加上测量线路（称之为前置器）的框图如图 11-6 所示。从前置器输出的电压 U_d 是正比于间隙 d 的电压。它可以分为两部分：一部分为直流电 U_{dc}，对应于平均间隙（或初始间隙）d_0，另一部分为交流电压 U_{ac} 对应于振动间隙 d。如果我们只对振动间隙感兴趣，可用电容隔直或加反向偏置的办法取出振动部分电压。趋近式系统输出电压和目标距离特性关系如图 11-7 所示。

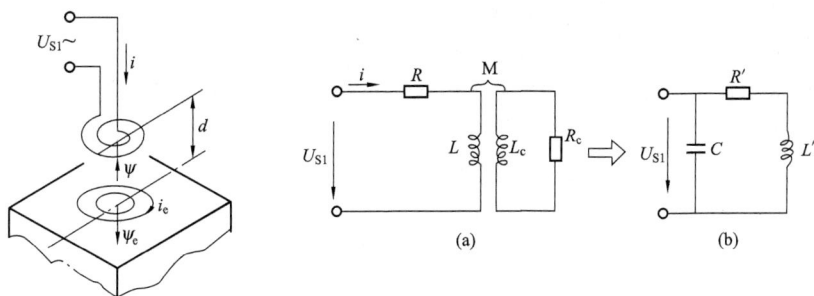

图 11 - 5　电涡流式传感器的工作原理

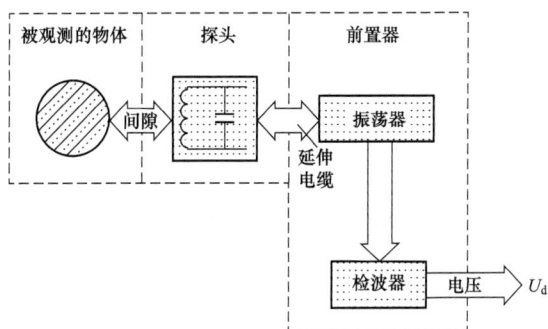

图 11 - 6　测量系统原理框图

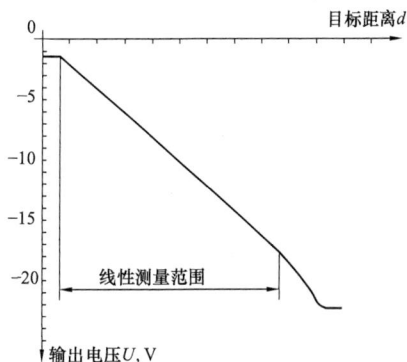

图 11 - 7　趋近式系统输出电压和目标距离特性

在安装电涡流式传感器时，要注意平均间隙的选取。要求平均间隙加上振动间隙，即总间隙应在传感器线性范围之内，如图 11 - 8 所示。

2. BN3500 系统电涡流式传感器简介

3500 系列传感器探头，其头部是一种新的设计总成，它包括了对以前形式做了很多改进的内容，这种新探头的寿命更长。此外，新的同轴电缆、接头以及接头上的绝缘体，都使得坚固的新探头可在困难的条件下更好地工作，其原因如下所述。

（1）探头顶部材料是聚苯硫化物，它是一种具有高强度、耐高温、抗化学腐蚀的塑料，它可以经受住机壳外部的恶劣环境。

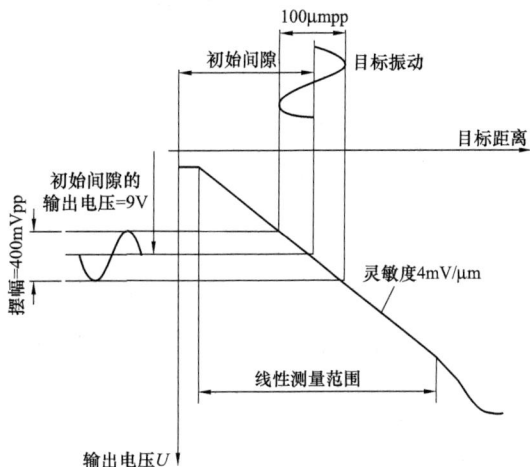

图 11 - 8　目标振动与趋近式系统的输出关系

（2）探头顶部是一个内螺纹，并被连在一个不锈钢的壳上，这种方法可以保证顶部的结构安全可靠，同时可承受来自齿轮油或其他化学过程产生的不同压力。

（3）电缆通信线路具有内部附加的连接强度，探头电缆和探头顶部接触。这种连接方法可以保证在探头安装以及在线工作时，由于不慎受力过大，也不至破坏。

（4）加强的同轴电缆具有附加的机械保护，可用在恶劣的环境中。它具有双重编织的屏蔽装置，可防止接地形成回路破坏电缆。

（5）不锈钢接头是标准的，强度更大，还有优质保护装置。

（6）每一条延伸电缆接头的绝缘体，都是标准的，它们可以保护接头不受环境污染、物理性破坏和电的干扰。

（7）电缆长度的选择，可以更加灵活，以便于探头的安装。可以选 0.5、1.0、5.0 和 9.0m 长，可以和探头做成一个整体。在这种情况下，5.0 和 9.0m 长的电缆，不再需要附加的延伸电缆，以满足前置器对电缆长度的需要。探头可以选择英制，也可选公制。同时也可能提供装在探头壳体总成内部套筒上的反装探头。

（二）影响趋近式系统的因素

有一些因素可能使趋近系统的实际特性不同于理论特性，比如所用目标材料，环境温度，机械、电气缺陷以及某些空间限制（如最小距离等）。

1. 目标材料的影响

为使趋近系统正常运行，目标材料必须导电，它们可以是钢、铜、铝等。目标材料类型大大影响系统灵敏度和测量范围的线性区域。

2. 温度影响

环境温度影响目标材料的导电性、导磁性、电缆电容和其他因素，因而温度会影响测量结果的精度。

3. 摇摆效应

摇摆效应是由两类产生于非理想目标的误差来源之和，它们是机械摇摆和电气摇摆。

机械摇摆是由于目标机械缺陷，对于旋转轴，可能由于同心性不好（不圆），也可能是由于轴表面状况不平（如裂痕等）。电气摇摆是由于轴表面导电性分布不均匀。

用趋近系统测量时，这些摇摆效应表现为实际不存在的振动信号，可用数值方法消除这种效应。

（三）电涡流探头安装时应考虑的问题

为了传感器安装的正确，在安装之前，必须确定一些基本条件。在新的安装（更新）及停机或系统校验后的重新安装中，这些条件必须加以考虑。

1. 初步条件

（1）组成传感器系统的各部分之间必须相互匹配；

（2）各个部分必须与应用目的及环境相适合；

（3）检查各部分是否有物理损坏，需要时应更换；

（4）对各部分予以确认并加标签，这会对以后的安装过程及应用提供帮助；

（5）为保证系数的完整性，在安装之前和之后必须对传感器系统进行校验；

（6）设定并保持探头定向方案，这会为后来的应用及机械故障诊断提供帮助。

2. 探头目标区域的准备

被测量的表面必须具有一致的导电和导磁参数，不能有剩磁和表面的不平整（例如划痕、压痕、锈斑、腐蚀等）。要正确地决定和解决问题，做"假信号"检查，如果需要应做表面处理。轴的表面处理例如镀铬，假如应用不当会引起"假信号"问题。理想情况下，希望去除镀层来观测原始金属。但假如镀层要保留，就必须至少要均匀的 18mil 厚（1mil＝0.001in），并且前置器要根据镀层材料重新校验。

3. 探头目标区域的材料

本特利·内华达公司的标准趋近式传感器在工厂中是按照 AISIE4140 号钢标定的。正确地确定轴的材料十分关键。假如与标准不同，前置器就必须根据轴的材料重新标定。这方面的资料可以从原始设备制造厂（OEM）或机械的运行和维护手册中获得。

4. 探头目标区域的空间

为了得到被测量参数的准确信号，每一传感器都要求有足够的侧向间隙和轴表面目标区域。就像必须有足够的探头磁场区域所要求的目标区域以防止目标区域的干扰一样，探头头部周围也需要足够的空间以防止侧向干扰（Side Reading）。同样，探头头部之间也需要足够的距离以防止干扰。间隙不足或目标区域不够会改变传感器输出的灵敏度，在相互作用的探头范围内由干扰导致产生错误信号。

当两只探头安装得太近，以至于它们的无线电频率（RF）信号区域相互影响时会发生相互干扰。由于探头的无线电频率可能不同，当它们相互混合、干扰时，就会产生一个频率。这一频率经常处于可能出现的振动频率范围之内，因此，当目标静止时，有可能显示出振动。根据每只传感器尺寸和型号不同，探头体间的最小安装距离也不同。

当探头安装在探头体侧面空间不足的地方时，会发生侧视现象（Side View）。涡流将在这一区域的每一块导体材料上产生，这将导致系统中不是基于真正目标的损失。最小安装范围应是探头头部直径的 2 倍，对于 8mm 探头应为 16mm。具有足够侧向空间的效果可以从图 11-8 中看到。

目标尺寸必须足够大，以使得能够接触到探头体正前部的全部无线电频率区域。目标最小尺寸应是探头体直径的 2 倍。尺寸过小的目标，根据产生的涡流的状况对系统线性范围和灵敏度会产生不同的影响。两个传感器之间的最小距离如图 11-9，探头头部的侧向间隙如图 11-10 所示。

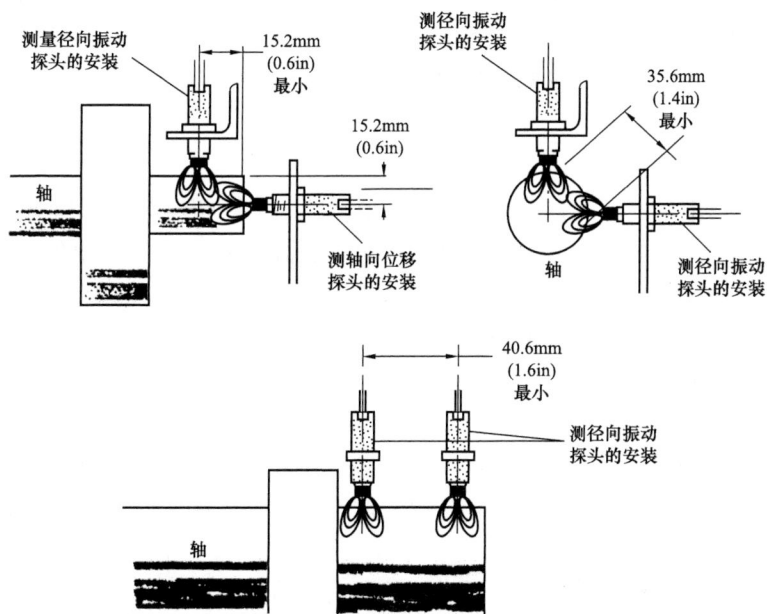

图 11-9 两个传感器之间的最小距离

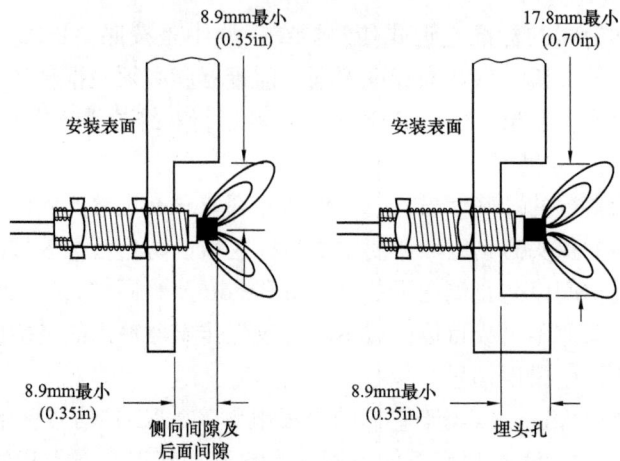

图 11-10　探头头部的侧向间隙

5. 机械状态

必须表明，一些永久性的机械结构，例如管道、其他设备、支架、盖等不会与传感器相互干扰或妨碍传感器的安装与操作。在机械调速器范围内的机械超速保护装置附近安装探头支架要特别小心。假如安装不正确，机械由冷态到运行温度时的热膨胀会引起严重问题。当在轴的一端安装时，要确认在转子膨胀时法兰盘、倒角、轴阶不会损坏探头，滑动及目标在轴向的移动不会超出所用的传感器的观测范围。要确信安装结构（如支架）保险且稳固，同时机械的运行状态不会引起导致错误的输出或发生施加于传感器或支架上引起损坏的应力的移动。

6. 工作温度

一般电涡流式传感器最高允许温度小于等于 180℃。目前，多数电涡流式传感器的最高允许温度为 120℃以下，实际工作温度超过 70℃时，不仅其灵敏度会显著降低，还会造成传感器的损坏。因此，测量汽轮机轴振动时，传感器必须安装在轴瓦内，只有特制的高温传感器才允许安装在汽封附近。

7. 避免支架共振和松动

传感器支架在测振方向的自振频率必须高于机器的最高转速对应的频率，否则会因支架共振使测量结果失真。本特利·内华达公司规定传感器支架在测振方向的自振频率应高于机器 10 倍的最高工作频率，这一点在实际中往往难以达到。一般支架测振方向振频率高于 2～3 倍的转子工作频率时就可基本满足测振要求。

为了提高支架自振频率，一般应用 6～8mm 厚的扁钢制成支架，其悬臂长度不要超过 100mm。当悬臂较长时，应采用型钢，例如角铁、工字钢等，以便有效地提高支架的自振频率。测试中防止支架或传感器发生松动，支架必须紧固在稳定性好的支撑部件上，最好固定在轴瓦或轴承座上。传感器与支架连接应采用支架上攻丝再用锁母拼紧。

8. 正确的初始间隙

为了使系统正常工作，传感器与目标间的距离必须在趋近传感器的测量范围之内。如果位移方向是变化的（如相对振动测量的情况），初始间隙应设置在传感器测量范围的中点，如图 11-11（a）所示。因此，必须了解传感器与目标之间相对位移的大致幅度和方向。

如果位移是单向的（如轴向位移的测量情况），应将初始间隙按预期的位移方向设置在传感器的量程范围的一端，如图 11-11（b）所示。

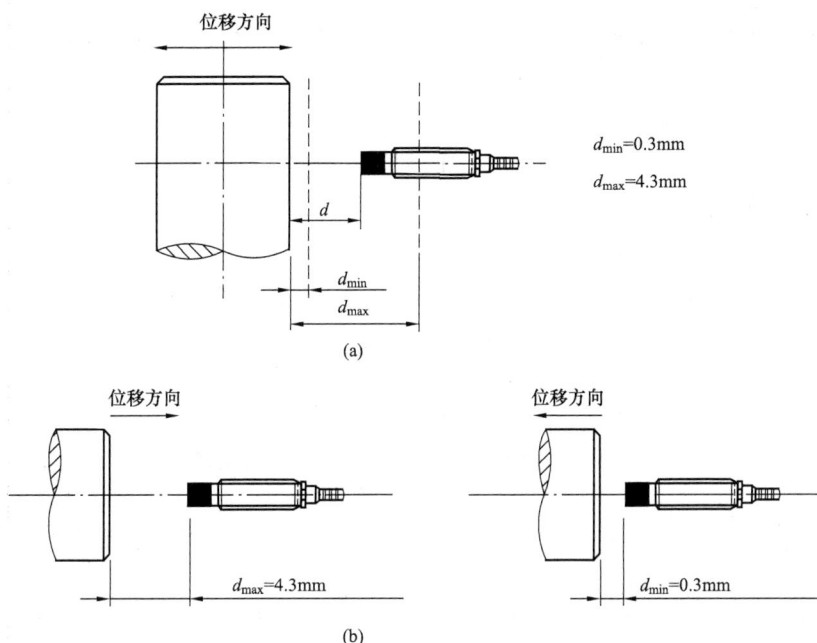

图 11-11　初始间隙的调整
（a）预期位置方向（相对振动测量）；（b）单向移动（轴向位置测量）

在以上两种情况下，非常重要的是留出足够的安全裕度，防止传感器碰到目标。

由于传感器的测量范围是已知的，所以，只需将所需的厚度塞尺插到传感器头与目标之间，即可进行机械调整。

转子旋转和机组带负荷之后，转子相对于传感器将发生位移，如把传感器装在轴承顶部，其间隙将减小；如装在轴承水平方向，其间隙取决于转子旋转方向；当转向一定时，其间隙取决于安装在左侧还是右侧。为了获得合适的工作间隙值，在安装时应估算转子从静态到转动状态机组带负荷后轴颈位移值和位移方向。从静态到工作转速，轴颈抬高大约为轴瓦顶隙的 1/2，水平方向位移与轴瓦形式、轴瓦两侧间隙和机组滑销系统工作状况有关，一般位移值为 0.05～0.20mm，位移方向如图 11-12 所示。传感器安装在右侧水平位置，转子旋转后，间隙 d 增大，装在左侧 d 减小。

轴颈在轴瓦内发生位移除与转速有关外，还与机组有功负荷有关，对于质量较小的汽轮机高压转子和带减速器的转轴，在部分进汽和齿轮传递力矩作用下，会把轴颈推向轴瓦的一侧，其位移值有可能接近于轴瓦的直径间隙。

在调整传感器初始间隙时，除了要考虑上述这些因素外，还要考虑最大振动值

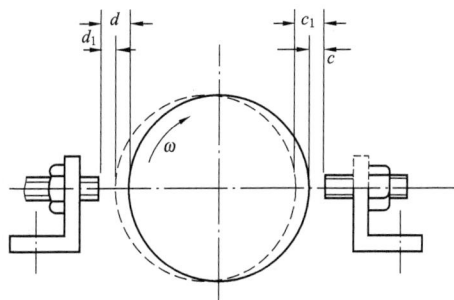

图 11-12　轴颈水平位移方向与传感器安装位置的关系

和转子原始晃摆值。传感器初始间隙应大于转轴可能发生的最大振幅和转轴原始晃摆值的 1/2。

二、速度传感器

速度传感器适用于测量轴承座、机壳及基础的一般频带内的振动速度和振动位移（经积分后）。其频带为 5～500Hz（即 300～30 000r/min）。

惯性式速度传感器属电动力式变换原理的传感器。这种传感器具有较高的速度灵敏度[一般可达 100～500mV/(cm·s)]和较低的输出阻抗（一般为 1～3kΩ），能输出较强的信号功率。因此，不易受电磁场的干扰，即使在复杂的现场，接用很长的导线，仍能获得较高的信噪比。一般说来，这类传感器不需设置专门的前置放大器，测量线路比较简单。再加上安装、使用简易，因此，被广泛应用于旋转机械的轴承、机壳和基础等非转动部件的稳态振动测量。

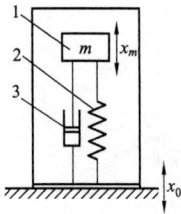

图 11-13　振动系统模型
1—质量块；2—弹簧；
3—阻尼器

1. 工作原理

速度传感器利用电磁感应原理，将运动速度转换成线圈中的感应电势输出。磁电式传感器的力学模型可以用一个由集中质量、集中弹簧和集中阻尼组成的二阶系统表示，如图 11-13 所示。

由图 11-13 可见，质量块通过弹簧和阻尼器装在传感器的基座上。测振时传感器的基座随外界被测振动物体而振动，此时质量块 m 就与基座产生相对运动。

设 x_0 为振动物体的绝对位移，x_m 为质量块的绝对位移。则质量块与振动物体之间的相对位移 x_t 为

$$x_t = x_m - x_0 \qquad (11-1)$$

根据运动学原理可得

$$m\frac{\mathrm{d}^2 x_m}{\mathrm{d}t^2} = -c\frac{\mathrm{d}x_t}{\mathrm{d}t} - kx_t \qquad (11-2)$$

即

$$m\frac{\mathrm{d}^2 x_m}{\mathrm{d}t^2} = -c\frac{d}{\mathrm{d}t}(x_m - x_0) - k(x_m - x_0) \qquad (11-3)$$

式中　m、c、k——振动系统的质量、阻尼系数、弹簧刚度。

等式的左边表示惯性力，右边分别表示阻尼力和弹簧恢复力。微分方程式（11-3）表示了集中质量的加速度、速度与位移之间的关系。

应用微分算子 $P=d/\mathrm{d}t$ 代入式（11-3），得

$$(mP^2 + cP + k)x_m = (cP + K)x_0 \qquad (11-4)$$

由式（11-4）即可求出输入 x_0 与输出 x_m 的相对值。若求其传递函数，则有

$$\frac{x_m}{x_0}(P) = \frac{cP + k}{mP^2 + cP + k} \qquad (11-5)$$

或

$$\frac{x_m - x_0}{x_0}(P) = \frac{-P^2}{P^2 + 2\xi\omega_0 P + \omega_0^2}$$

$$\left.\begin{array}{l} \xi = \dfrac{c}{2\sqrt{mk}} \\[3mm] \omega_0 = \sqrt{\dfrac{k}{m}} \end{array}\right\} \qquad (11-6)$$

式中　ξ——阻尼比；

　　ω_0——振动系统的固有频率。

当振动物体做简谐振动时，即当输入信号为正弦波时，以 $P=j\omega$ 代入式（11-6），即可得到频率响应函数为

$$\frac{x_m-x_0}{x_0}(j\omega)=\frac{\left(\dfrac{\omega}{\omega_0}\right)^2}{1-\left(\dfrac{\omega}{\omega_0}\right)^2+2j\left(\dfrac{\omega}{\omega_0}\right)^2\xi} \tag{11-7}$$

式（11-7）为复频函数，其振幅比 B 为

$$B=\left|\frac{x_t}{x_0}\right|=\left|\frac{x_m-x_0}{x_0}\right|=\frac{\left(\dfrac{\omega}{\omega_0}\right)^2}{\sqrt{\left[1-\left(\dfrac{\omega}{\omega_0}\right)^2\right]^2+\left[2\left(\dfrac{\omega}{\omega_0}\right)\xi\right]^2}} \tag{11-8}$$

令频率比 $\lambda=\omega/\omega_0$，可得

$$B=\frac{\lambda^2}{\sqrt{(1-\lambda^2)^2+(2\lambda\xi)^2}}$$

由此可见，振幅比 B 是频率比 λ 和阻尼比 ξ 的函数。同时相位角 φ 也是这些量的函数，即

$$\varphi=-\arctan\frac{2\lambda\xi}{1-\lambda^2}$$

当振动物体的频率 ω 等于传感器的固有频率 ω_0 时，系统出现共振，这时有

$$B=\frac{1}{2\xi},\quad \varphi=90°$$

即系统共振时，振幅比 B 只与阻尼比 ξ 有关，阻尼越小，振幅比 B 越大。

当振动物体的频率比 ω 传感器的固有频率 ω_0 高很多时，质量（也称地震质量）m 与振动物体之间的相对位移 x_t 就接近等于振动物体的绝对位移 x_0。在这种情况下，传感器的质量块可以看作是静止的，及相当于一个静止的基准，惯性式传感器就是基于上述原理测量振动的。这种传感器有时也称为地震传感器，其典型结构如图 11-14 所示。

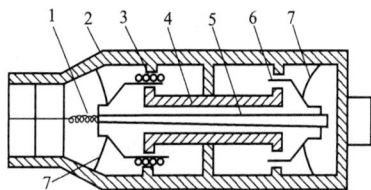

图 11-14　磁电式传感器结构示意
1—引线；2—壳体；3—线圈；4—磁钢；
5—芯轴；6—阻尼杯；7—弹簧片

传感器的磁钢与壳体固定在一起，芯轴穿过磁钢的中心孔，并由左右两片柔软的圆形弹簧片支撑在壳体上。轴心的一端固定着一个线圈；另一端固定一个圆筒形铜杯（阻尼杯）。这种结构形成的传感器，其惯性元件（质量 m）是线圈组件、阻尼杯和芯轴。当振动频率远远高于传感器的固有频率时，线圈接近静止不动，而磁钢则跟随振动体一起振动。因此，线圈与磁钢之间就有相对运动，其相对运动的速度等于振动物体的振动速度。线圈以相对速度切割磁力线，传感器就有正比于振动速度的电势信号输出，所以这类传感器也称为速度式传感器。

线圈中产生的感应电势 E 为

$$E=BL\frac{dx}{dt}$$

式中　B——磁场气隙中的磁感应强度，T；

　　　　L——线圈导线总长度，m；

　　dx/dt——线圈和磁铁间的相对直线运动的速度，m/s。

由于传感器线圈的感应电势 E 与振动速度成正比，所以传感器可以作为振动速度计使用。如需用它测量位移，则应在输出电势处连接一积分电路；如需用它测量加速度，则应在速度传感器的输出端连接一微分电路。

2. 本特利·内华达公司生产的惯性式速度传感器简介

本特利·内华达公司生产的惯性式速度传感器的结构如图 11-15 所示。

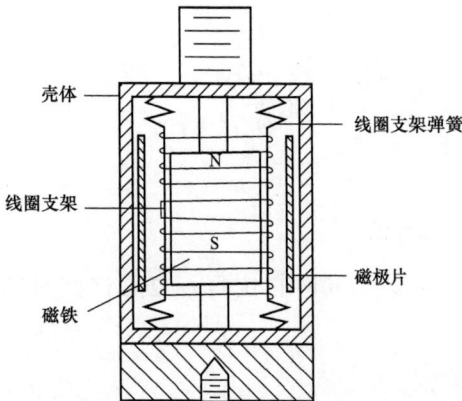

图 11-15　惯性式速度传感器的结构

线圈及线圈支架通过弹簧连接在壳体上构成传感器的可动部分，永久磁铁与外壳构成传感器的磁路部分和可动部分，只能轴向平移，因此它是一单自由度振动系统。

传感器的工作原理是：传感器的单自由度可动系统将被测物的绝对振动速度 v_x（输入）接收为可动部分相对于外壳（即动线圈相对磁隙）的相对振动速度 v_y（响应），然后电动力变换部分将 v_y 变换为电动势 e_0。设 v_x、v_y、U 分别为稳定情况下的输入绝对振动速度、相对振动速度、开路输出电压的复数幅值，则有

$$U = Blv_y$$

$$v_y = H(f)v_x$$

式中　B——磁隙中的磁感应强度；

　　　　l——动圈导线的有效长度；

　　$H(f)$——相对速度对于输入绝对速度的频率函数。

则有　　　　　　　　　　$$U = BlH(f)v_x$$

这样，一旦传感器系统确定，传感器的输出电压就与振动速度成确定的正比关系，测得速度传感器的输出电压就可确定振动速度。

速度传感器的输出电压与振动速度成正比。因此，对于那些以振动速度的大小作为监测标准的机械，速度传感器的输出电压可直接提供分析和处理；对于那些以位移幅值作为监测标准的机械，则需对传感器的电压输出进行积分处理，使得经过积分线路后的输出电压正比于振动位移。

3. 速度传感器安装时应考虑的问题

速度传感器一般是用来测量轴承座振动，在少数情况下也会用来测转轴振动。测量转承振动时，速度传感器安装比较简单。目前在现场采用的手扶、橡皮泥粘接、永磁盘固定、螺丝固定四种方式。在临时性振动测试中，绝大多数采用手扶传感器。这种方式测试灵活，使用方便，特别是传感器数目不足和各个传感器互换性不好时，它有突出的优点，但是测试误差较大，而且劳动强度也大。用橡皮泥粘接传感器比较方便，测量正确性较手扶高得多，但是橡皮泥粘接性不大，它不能将传感器粘接到垂直平面上，只能固定在水平面上，例如测量

轴承座顶部垂直、水平、轴向振动，在粘接牢靠，频率为 50Hz 时，最大能测量 300r/min 振动。

橡皮泥粘接传感器的主要缺点是其粘接力受温度影响较大，温度较高和较低都使粘接力显著降低。因此，它不适用于温度较高的汽轮机高中压转子和带盘车齿轮的轴承，冬季冷态启动时，轴承温度过低也不宜采用。

永磁吸盘固定传感器较橡皮泥更方便，而且目前国内也能制造出尺寸为 $\phi50$ 或 50mm× 50mm 的永磁吸盘，其吸力可达 196N，用这样的吸盘固定 500g 以下的传感器，吸附在水平平面上，最大可测量 1000r/min 振动。但是，一般机组轴承座都涂有腻子和油漆，使吸盘的吸力降低，因此，当吸附在垂直平面上，振幅较大时，仍需手扶，以免脱落而摔坏传感器。

用螺丝直接将传感器固定在轴承上，可以牢固地测量轴承座顶部三个方向振动。这种安装方法是四种安装方法中最牢靠的一种，所以在固定式传感器安装中均采用这种方法，临时性测试中显得有些麻烦。

为了获得正确的测量结果，速度传感器的安装应注意以下几点：

（1）工作温度。一般速度传感器工作温度均在 120℃ 以下，温度过高会使传感器绝缘损坏和退磁使其灵敏度降低。对于高中压转子的轴承，当其轴封漏汽严重时，传感器不能较长时间装在轴承上。

（2）避免传感器固定不稳和共振。传感器连接不论是采用哪一种方式，传感器都必须紧密地固定在被测物体上，不能有松动，否则会引起传感器的撞击，使测量结果失真。

传感器采用单个螺丝固定，有时会引起传感器的共振，使传感器产生较明显的横向振动，引起测量误差。为了避免传感器固定在振动物体上发生共振，其连接螺丝不能小于 M8。而且传感器与被测物体之间接触面要平整，接触面的直径不能小于 20mm。如果采用外加的夹具把传感器固定在轴承座上，夹具高度尽量降低，否则会把被测的振动放大。

（3）测点位置前后一致。一般机组的轴承在不同的位置振动有较大的差别，因此，凡是采用手扶、橡皮泥粘接和永磁吸盘固定传感器，都应标出测点位置，避免因前后测点位置不同而发生误差。这一点对于振动故障诊断和转子平衡中振动测量尤为重要。

（4）传感器的互换性。为了减轻测试中劳动强度，目前在机组振动测试中一般采用几个以至十几个传感器测量各种振动。对同一点振动来说，当前后采用不同的传感器测量时，各个传感器灵敏度和相位特性应统一，只有经过严格试验的传感器在测试中才能互换，否则会引起较大的测量误差。为了避免传感器互换性不好引起的测量误差，传感器应对号入座（测点）。

（5）传感器安装方向与要求测量方向应一致。轴承振动往往在某一方向上特别显著，当传感器方向稍为偏离测量方向时，表计指示值就会发生较大的变化，特别是采用手扶传感器，传感器不大的偏斜往往不易觉察；另外采用橡皮泥粘接传感器时，由于轴承温度的升高，橡皮泥软化，传感器发生倾斜而偏离测量方向。所以，测振动时应随时注意传感器的安装方向。

第十二章　汽轮机轴系参数监测分析

汽轮机安全监视系统（TSI）连续监视和测量多种被监视参数，帮助运行人员了解机组存在的各种问题，以便在机组故障引起重大事故之前停机，这样可以减少非计划停机时间，提高机组的可用率。除监视信息外，TSI 系统还能够提供机组平衡和在线诊断数据。诊断数据能够帮助维修人员分析判断故障类型及原因，缩短维修时间。

TSI 有助于实现预测性维修，避免不必要的人为停机维修，从而减少维修费用，增加了机组的可用率。

TSI 是一种专用的机组信息系统，它可以保证运行人员获得正确的机组运行信息。TSI 采用了积木式方法，便于扩展或以后改善系统功能。它可以监测下面各种 TSI 参数：

（1）绝对振动。绝对振动是把轴承座的振动与转子的径向振动的峰-峰值相加。它能够更精确地代表机组的状态。

（2）径向振动。转子的径向振动是转子状态的一种指示。过大的转子振动是与转子的不平衡密切相关的。转子径向振动的测量值对于校正转子的不平衡，确定转子状态是很有用的。

（3）轴向位置。轴向位置测量确定机组在运行期间转子沿轴向的移动，止推轴承的故障在几秒钟内便会引起灾难性的事故。

（4）偏心。转子的偏心是转子弯曲的一种指示，一般在盘车时观测到，偏心位置还是轴承磨损和预载过重的一种指示，例如不对中现象。偏心对确定轴的偏心角也很有用，而偏心角是转子稳定性的一种指示。

（5）转速。在机组启动和停机过程中，监视转子转速对确定其运行状态是否异常是很重要的。

（6）胀差。由于转子和汽缸温度的改变而引起的转子和汽缸热膨胀的差值。当转子与汽缸的胀差超过规定限值时，就可能引起机组动静部件之间的碰磨，甚至会导致机组毁坏。

（7）机壳膨胀。机壳膨胀是汽缸相对于基础（台板）的热膨胀测量值，异常的机壳膨胀可能引起摩擦或过量振动。

（8）零转速。零转速是机组在一种低于最小旋转速度转速下运转的指示，主要是为了防止机组在停机期间转子发生重力弯曲。汽轮发电机组 TSI 系统典型的探头布置图如图 12-1 所示。

第一节　振　动　监　视

一、监视的目的

汽轮机组在启动和运行中都会有一定程度的振动，当设备发生了缺陷，或者机组的运行

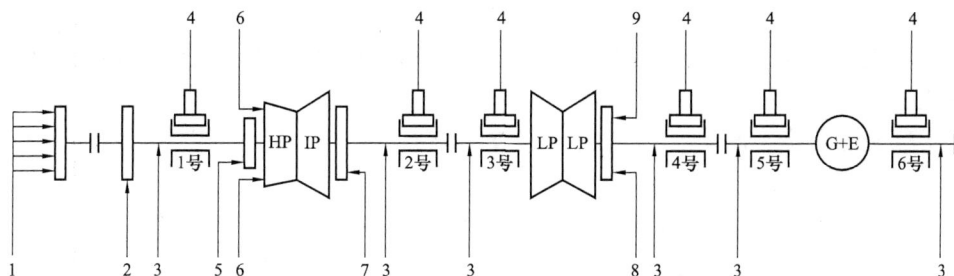

图 12-1　TSI 系统的典型探头布置图

1—转速（S），超速保护采用三只相邻布置的电涡流探头，转速和零转速采用两只电涡流探头；

2—键相（KY），安装支架固定在 1 号轴承座上，采用单只电涡流探头；

3—轴的相对振动（X/Y），安装支架固定在每一轴承座上，采用电涡流探头；

4—轴承座振动，固定在每一轴承座上，每一轴承座各一个，采用惯性式速度探头；

5—高中压胀差（DEHI），安装支架固定在高中压缸上，采用单只电涡流探头；

6—高压缸膨胀（HE），安装支架固定在基础上，采用两只 LVDT 探头；

7—大轴偏心（EC），安装支架固定在 2 号轴承座上，采用单只电涡流探头；

8—低压胀差（DEL），安装支架固定在低压缸上，采用单只电涡流探头；

9—轴向位移（SP），安装支架固定在 4 号轴承座上，采用两只相邻布置的电涡流探头

工况不正常时，汽轮机组的振动都会加剧，严重威胁设备和人身安全。例如，振动过大将使转动叶片、轮盘等的应力增加，甚至超过允许值而损坏；使机组动静部分，如轴封、隔板汽封与轴发生摩擦；使螺栓紧同部分松弛；振动严重时会导致轴承、基础、管道甚至整个机组和厂房建筑物损坏。

由此可见，汽轮机组的振动对机组的安全经济运行影响很大。为此，我们要寻找其振源监视其振动。

汽轮机组振动监视的主要内容为监测振动体在选定点上的振动幅值、振动频率、相位等。位移、速度和加速度是表征振动的三个重要参数，因为它们之间只要通过微分或积分运算就可以相互转换，所以在实际测量中可用多种方法进行振动测量。

按照监测体的相对位置，汽轮机组的振动可分为轴承座的绝对振动、轴与轴承座的相对振动和轴的绝对振动。

二、汽轮机发生振动的原因

汽轮机在启动和运行中产生不正常的振动是比较普遍的现象，而且是一个严重的问题。产生振动的原因是多种多样的，可以是某一个因素引起的，也可以是多方面的因素引起的。一般来说，有以下几个方面的原因。

1. 由于机组运行中心不正而引起振动

（1）汽轮机启动时，如暖机时间不够，升速或加负荷太快，将引起汽缸受热膨胀不均匀，或者滑销系统有卡涩，使汽缸不能自由膨胀，均会使汽缸对转子发生相对歪斜，机组产生不正常的位移，造成振动。

在机组升速的过程中，应严格监视各轴承的振动。对 200MW 机组，在升速到临界转速以前，轴承振动应不超过 0.03mm，否则应立即打闸停机。在通过临界转速时，振动应不超过 0.1mm，否则应立即打闸停机。通过临界转速后振动一般不超过 0.03mm，最大不超过 0.05mm。当发现机组内部有异声或振动突然增大到 0.05mm 时，应立即打闸停机，检查

原因。

（2）机组在运行中若真空下降，将使排汽温度升高，后轴承上抬，因而破坏机组的中心，引起振动。

（3）联轴器安装不正确，中心没找准，导致运行时产生振动，且此振动随负荷的增加而增加。

（4）机组在进汽温度超过设计规范的条件下运行，将使其膨胀差和汽缸变形增加，如高压轴封向上抬起等，会造成机组中心移动超过允许限度，引起振动。

2. 由于转子质量不平衡而引起振动

（1）运行中叶片折断、脱落或不均匀磨损、腐蚀、结垢，使转子发生质量不平衡。

（2）转子找平衡时，平衡质量选择不当或放位置不当、转子上某些零件松动、发电机转子线圈松动或不平衡等，均会使转子发生质量不平衡。

由于上述两方面的原因转子出现质量不平衡时，转子每转一转，就要受到一次不平衡质量所产生的离心力的冲击，这种离心力周期作用的结果，就产生了振动。

3. 由于转子发生弹性弯曲而引起振动

转子发生弯曲，即使不引起汽轮机动、静部分之间的摩擦，也会引起振动，其振动特性和由于转子质量不平衡引起振动的情况相似，不同之处是这种振动较显著地表现为轴向振动，尤其当通过临界转速时，其轴向振幅增大得更为显著。

4. 由于轴承油膜不稳定或受到破坏而引起振动

油膜不稳定或破坏，将会使轴瓦乌金很快烧毁，进而将因受热而使轴颈弯曲，以至造成剧烈的振动。

5. 由于汽轮机内部发生摩擦而引起振动

工作叶片和导向叶片相摩擦，通流部分轴向间隙不够或安装不当；隔板弯曲；叶片变形；推力轴承工作不正常或安置不当；轴颈与轴承乌金侧向间隙太小等，均会引起摩擦，造成振动。

6. 由于水冲击而引起振动

当蒸汽中带水进入汽轮机内发生水冲击时，将造成转子轴向推力增大并产生很大的不平衡扭力，使转子产生剧烈的振动，甚至烧坏推力瓦。

7. 由于发电机内部故障而引起振动

如发电机转子与定子之间的空气间隙不均匀、发电机转子线圈短路等，均会引起机组振动。

8. 由于汽轮机机械安装部件松动而引起振动

三、机组振动过大的危害和监视措施

汽轮机运行中振动的大小，是机组安全与经济运行的重要指标，也是判断机组检修质量的重要指标。

汽轮机运行中振动大，可能造成以下的危害和后果：

（1）端部轴封磨损。低压端部轴封磨损，密封作用被破坏，空气漏入低压汽缸中，导致真空被破坏；高压端部轴封磨损，自高压缸向外漏汽增大，会使转子轴颈局部受热而发生弯曲，蒸汽进入轴承中使润滑油内混入水分，破坏了油膜，进而引起轴瓦乌金熔化，同时，漏汽损失增大，还会影响机组的经济性。

（2）隔板汽封磨损。隔板汽封磨损严重时，将使级间漏汽增大，除影响经济性外，还会增加转子上的轴向推力，以致引起推力瓦乌金熔化。

（3）滑销磨损。滑销严重磨损时，会影响机组的正常膨胀，从而进一步引起严重的事故。

（4）轴瓦乌金破裂，紧固螺钉松脱、断裂。

（5）转动部件材料的疲劳强度降低。这将引起叶片、轮盘等损坏。

（6）调速系统不稳定。将引起调速系统事故。

（7）危急遮断器误动作。

（8）发电机励磁机部件松动、损坏。

由上述可知，汽轮机运行中发生振动，不仅会影响机组的经济性，而且会直接威胁机组的安全运行。因此，在汽轮机启动和运行中，对轴承和大轴的振动必须严格进行监视。如振动超过允许值，应及时采取相应措施，以免造成事故。为此，一般汽轮机都装设轴承振动测量装置和大轴振动测量装置，用于监视机组振动情况。当振动超过允许极限时，应发出声光报警信号，以提醒运行人员注意，或者同时发出脉冲信号去驱动保护控制电路，自动关闭主汽门等，实现紧急停机，以保护机组的安全。

四、机组振动标准和振动报警值整定

振动对机组安全运行、工作人员健康和工作效率都是有害的。从减小振动危害考虑，希望机组振动越小越好，但实际上振动不但不可能降为零，而且要想获得和保持很小的振动，需要花费较大的劳动，因此，机组振动允许与否只能以标准来评定，从这一点来说，振动标准本身也反映了这个国家或厂的制造和运行水平。

首先要指出的是，这里讨论的振动标准是指运行机组的振动标准，它与转子平衡标准及制造厂试车时的振动标准不能等同看待，前者是评定运行机组健康状况，后者是评定产品质量，目前两者常常发生混淆。它们的主要差别有三点。

（1）制造厂局部试车和转子平衡时引起振动的激振动力比较单一，而运行机组振动的激振力很复杂，制造厂为了使它的产品能在现场满意地运行，产品出厂时的振动标准至少比运行机组振动标准中"合格"一档高一个等级。

（2）运行机组振动评定是对机组整体而言，因此，不能将零部件在试验台测得的振动套用运行机组振动标准。例如，单个转子在高速平衡台上测得的振动值，不能以运行机组振动标准中"合格"这一档来评定转子平衡质量合格与否。

（3）评定产品、质量可以只采用某一方向振动值作为评定依据，但是评定机组运行健康状况时，若是测量轴承振动，应以三个方向中振幅最大值作为评定的依据。

其次应指出的是，评定机组振动状况时，不仅要了解振动标准的具体规定值（图表或曲线），而且要了解标准中所规定的测量要求。只有根据标准中所规定的要求进行测量，所获得的结果对振动作出评价才是有效的，这是因为采用不同的测量方法，其结果可能会有较大的差别，因此，在介绍机组振动标准的同时，还要详细介绍测量方法、要求。

评定机组振动健康状况标准，目前有轴承振幅、转轴振幅和轴承振动三种尺度。制定这三种尺度的主要出发点是为了避免转动和静止部件应力过载、轴瓦过载、动静碰磨、转动部件过度磨损，与振动有关的故障进一步扩大；也是为了保护周围环境，使仪表、保安系统和控制系统能正常地工作等。下面具体介绍评定现场运行机组振动健康状况标准的三种尺度，这三种振动标准均不宜用于制造厂对零件产品质量的评定。

1. 以轴承振幅为尺度的振动标准

这是一种最早的评定机组振动状态的方法，它的形成与振动测量技术发展历史直接有关。标准本身是在统计和总结长期运行经验的基础上提出的，而且经过不断改进和完善，这种评定机组振动状态的方法是可靠的。因此，直到目前为止，不论是国内是国外，仍广泛应用。我国在 1954 年制定的《电力工业技术管理法规》中就正式规定了在电厂运行的 1500、3000r/min 汽轮发电机组轴承振动标准，该法规在 1957 年、1959 年和 1980 年又重新作了修订，但机组振动标准一直未变，见表 12 - 1。

表 12 - 1　　　　电力工业技术管理法规中规定的汽轮机发电机组振动标准　　　　（双振幅，μm）

汽轮发电机组转速（r/min）	优	良	合格
1500	30	50	70
3000	20	30	50

表 12 - 1 的振动标准在当时和后来以至目前，对于防止机组运行发生振动过大事故起了很大的作用。该法规中规定，评定机组振动以轴承垂直、水平、轴向三个方向振动中最大者作为评定的依据。这三个方向在轴承座上的测量位置如图 12 - 2 所示，即轴承垂直振动测点是在轴承座顶盖上正中位置，水平振动测点是在轴承盖中分面正中位置，平行于水平面，垂直于转子轴线，轴向振动测点是在轴承盖上方与转子轴线平行。

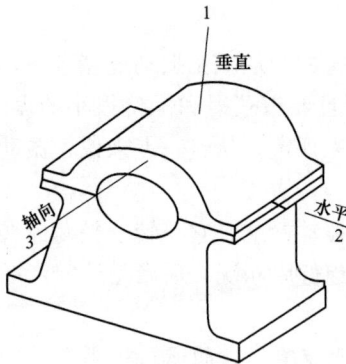

图 12 - 2　轴承三个方向
振动测点的位置

评定机组振动的运行工况时，以机组额定转速下，各种负荷（包括满负荷）下轴承某一方向振动最大值，作为评定机组振动状态的依据。

以轴承振动为尺度评定机组振动状态的标准，每一个国家，以至每一个公司和厂家都有自己的标准。表 12 - 2 是国际电工委员会（IEC）于 1931 年提出，后来又修订的汽轮机振动标准，具有实用和参考意义。

表 12 - 2　　　　　　　　国际电工委员会提出的汽轮机振动标准

测点	转速（r/min）						
	1000	1500	1800	3000	3600	6000	7200
轴承振动（双振幅，μm）	75	50	40	25	21	12	6
转轴振动（双振幅，μm）	150	100	80	50	42	25	12

表 12 - 2 规定的轴承振动是双振幅。测量方向规定为"轴承座上沿直径方向测得的振动"，这句话可以理解为：除轴向振动外，垂直和水平及其他径向振动都可作为评定机组振动状态的依据，振动测点在轴承座上的位置没有明确。

表 12 - 2 所列的振动值是指经过良好平衡、在额定转速和稳定工况下运行的汽轮机轴承

或转轴的振动值。标准对振动限制值没有做出规定。标准规范又指出："一台汽轮机振动高于表 12-2 相应规定值情况下，也可以持续良好地运行"。从标准本身来看，它相当于表 12-1 中"良"这一档。

以轴承振动为尺度，除上述所列的两个标准外，还可以列出其他许多标准，但是在我国未公布新的振动标准和废除旧的振动标准以前。表 12-2 是具有法规效能的，其他所有的振动标准只供参考。从目前各国振动来看，表 12-1 振动标准是属于中上水平的，与我国制造、运行水平基本相适应，这也是这个标准一直沿用至今的一个重要原因。

前面已经指出，制定振动标准的目的是防止有害的振动，但是由于各种型式机组的转子质量、转子刚度、支撑动刚度、油膜刚度、基础动刚度、动静间隙等因素不同，在同样的轴承振幅条件下，振动对机组引起的危害不同，这是采用轴承振动为尺度评定机组振动状态的缺点，这些缺点主要有三点。

（1）机组各轴承振动和轴承三个方向振动的不等效性。不论是我国还是国外，许多以轴承振动为尺度的振动标准，一般是把机组各个轴承和轴承三个方向振动等效看待，即相同的振幅发生在不同的方向和不同的轴承上，有着同样的伤害。事实上并非如此，这主要是因为：当激振力一定时，轴承振幅与支撑动刚度成反比，而转轴相对振动又与轴承座动刚度成正比，即在不大的轴承振幅下，转轴可能存在较大的相对振动。过大的转轴振动会引起轴瓦乌金过载（疲劳剥落、裂纹和碎裂）、转轴动应力过载，轴瓦调整垫块过载（金属疲劳剥落、凹坑，使轴瓦失去紧力）、径向动静摩擦、加速转动部件不均匀磨损等故障。

（2）对周围环境危害有差别。在一定的轴承振幅下，振动传给基础的激振力与轴承座动刚度成正比，所以振动对周围环境的危害随轴承座动刚度的增大而加大。

（3）不同频率的振动分量的不等效性。在上述振动标准中，对于振动中所含有不同频率的振动分量没有给予另外的规定，而机组实际振动常常含有较显著的不同频率的振动分量，不同频率的振动有着不同的危害。在以轴承和转轴振动为尺度的振动标准中，其允许值一般是随转速升高显著减小，这是由于在同样振幅值下，频率较高的振动，需要较大的能量，会造成较大的危害，在振动标准中将机组振动看作只含基波一种成分，虽然对于现场运行的大多数机组是可行的，但是还有不少机组振动含有较大的 $1/2X$、$2X$ 或 $3X$ 振动分量，有时这些分量超出基波分量，这时合理地评定机组振动状态应以不同频率振动分量与相对应的转速分别做出评价。所以，表 12-1 振动标准只规定两档转速是不够的。从实际机组振动来看，标准中所列最低转速应不高于现场运行机组最低转速的 1/3，标准中上限转速不应低于现场运行机组最高转速的 3 倍。

2. 以转轴振动为尺度的振动标准

为了克服轴承振动为尺度的振动标准不能正确反映转轴振动状态的缺点，不少专家提出采用转轴振动为尺度的振动标准来评定机组振动状态。随后，由于振动测试技术的发展，转轴振动测量在现场获得广泛应用，所以在 20 世纪 70 年代中期，不少国家在采用以轴承振动为尺度的振动标准的同时，又附上以转轴振动为尺度的振动标准，它们是简单地将轴承振动增大一倍作为转轴振动标准。在评定机组振动状态时，两种尺度同时有效，具体选定由买主与制造厂协商确定。

通过十几年来大量的现场实测，发现轴承附近的转轴振动在许多情况下不是简单地比轴承振动大一倍，而是与许多因素有关。因此，在 20 世纪 70 年代后期，这种在采用以轴承振动为尺度的振动标准的同时又给出了比轴承振动大一倍的转轴振动标准的做法，已不再提倡，而是采用实测转轴振动，以独立度评定机组振动状态。

目前转轴振动测量已逐渐在我国推广和普及。在未制定转轴振动标准以前，参考国际标准或在国际上具有一定权威性的标准是必要的。为此，这里简要地介绍德国工程师协会1981年颁布的"透平机组转轴振动测量及评价"，简称 VDI-2059，国际标准化组织（ISO）1986年制定的"回转机械转轴振动测量和评价"（ISO 7919-1—1996）与 VDI-2059 有关部分的规定和规范基本相同。

VDI-2059《透平机组转轴振动测量及评价》全文分为五个部分，与火电厂有关的是其中第二部分"汽轮发电机组的振动标准"现摘录如下。

本规范适用于下列机器：

（1）转轴直接相连的汽轮发电机组或单相轨道牵引的汽轮机；

（2）采用齿轮传动的汽轮发电机组和单相轨道牵引的发电机；

（3）机器的转速范围是 1000～3600r/min。

在可能的测量值中，有振动位移、速度和加速度，而振动位移被认为是转轴振动的决定性振动量，通用单位是 μm。

采用电涡流式传感器或电感式传感器，可以直接获得振动位移的信号，其中包括直流分量和交流分量。直流分量是表示在一段时间内信号的平均值，时间间隔的交流信号是振动信号的瞬时值。

机器具体结构和温度条件的限制，常常迫使人们选择一些并不理想的测量点。目前，汽轮机组转轴振动测量平面主要选择在转轴外伸悬臂处和轴承与机壳之间的径向平面内。

五、轴振动测量

1. 轴的相对振动的测量

在美国和世界许多其他国家，一些透平机制造厂和机器的使用者将轴振测量作为一项标准技术，他们已经认识到采用壳体振动测量来获取机械状态信息的效果较差。主要是因为在典型的透平发电机设计中，轴承座和基础结构的刚度远大于轴承油膜的刚度，因此，轴振动和轴承座振动的比值通常很大，在某些情况下大到 20∶1。这就使得对处于允许平衡状态的机器来说，轴承座的振动值往往只有十分之几密耳峰—峰值。对于典型的 3000r/min 的机器来说，惯性式速度传感器的输出电压很低，因此，要获得可靠的变化趋势信息是相当困难的，特别是存在电噪声时（电厂通常都是这种情况）更是如此。

轴承座振动测量最大的缺点（与轴测量相比）出现在机器的转动件或轴承的状态发生变化时，某些故障（如叶片损坏引起平衡的突然变化）和由蒸汽激励或油膜不稳定等引起的同步振动（它们使轴的总振动加剧并可能导致危险），只使轴承座的测量值出现很小的变化，当只监测轴承座振动时，这种微小的变化可能被错误地认为是一个不重要的现象。测量轴的相对振动如图 12-3 所示。

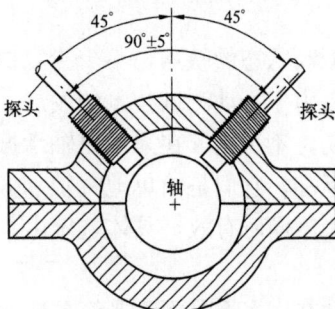

图 12-3　测量径向振动

在测轴振时，常常把探头装在轴承壳上，探头与轴承变成一体，因而所测结果是轴相对于轴承壳的振动。由于轴在垂直方向与在水平方向的振动并没有必然的内在联系，亦即在垂直方向的振动已经很大，而在水平方向的振动却可能是正常的，因此，在垂直与水平方向各装一个探头，分别测量垂直和水平方向的振动。为了安装方便，实际上两个探头不一定非装在垂直和水平方向。很多安装都如图 12－3 所示，每个探头与铅垂线各成 45°。按惯例，垂线右面探头认为是水平探头，左面为垂直探头。上述测振方式，用得十分普遍。

前面讨论的关于轴振动的测量中，电涡流式传感器是固定在轴承座上的，即以轴承座为参考坐标系。由于轴承座本身也在振动，因此，所测得的轴振动是相对于轴承座而言。对于油膜轴承来说，轴颈与轴瓦之间有比较大的间隙，视油膜轴承的型式不同，这一间隙约为直径的千分之几。因此，在轴颈处的轴的相对振动比之轴承座本身的振动一般来说要大。究竟大多少，决定于旋转机械的类型、油膜轴承的形式、轴颈的直径、支撑及基础的动力特性等，有的可以大几十倍，有的可能是在同一数量级含义下的稍大。有的资料认为，当轴的相对振动幅值比轴承座的振动幅值大 3～4 倍以上时，轴的相对振动信息足以提供分析振动问题和故障的依据，而不必去测定轴的绝对振动。否则的话，为了可靠和全面地分析问题和故障，还要求测定轴的绝对振动。

2. 轴的绝对振动测量

测定轴的绝对振动最直接的办法是将电涡流式传感器安装在"不动"的参考点上，这样测得的就是轴的绝对振动。但是这一办法只有在轻小型旋转机械或实验室模拟转子上有这一可能性，而在较大型的旋转机械中，由于振动波及的范围较广，包括基础在内都参与振动，因此，实际上的旋转机械附近找不到一处"不动"的参考点，这样，上述方法就不适用。

本特利·内华达公司采用如图 12－4 所示的复合式探头用来测量轴的绝对振动。这一类传感器的测量装置框图如图 12－5 所示。

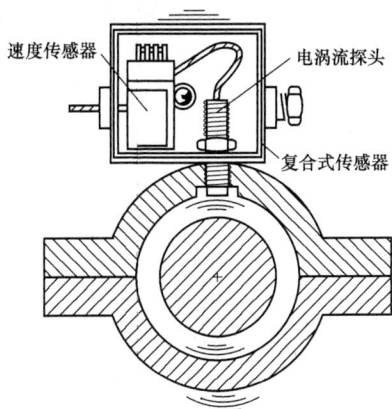

图 12－4　复合式探头

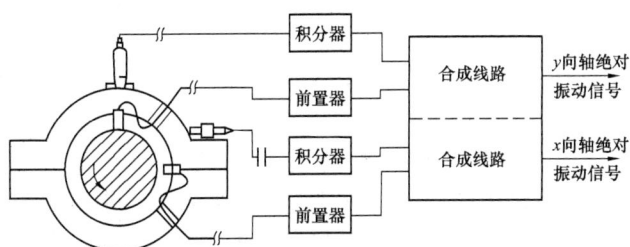

图 12－5　轴的绝对振动测量装置框图

在这一装置中，用电涡流式传感器测量轴的相对振动，用速度传感器测量轴承座的绝对振动，然后将这两路信号在合成线路中按时域相加（或相减，视信号的极性而定）。这样，从合成线路输出的信号即为轴的绝对振动信号。在合成线路中将不同传感器的信号按时域进行相加之前，首先要处理传感器的相移问题，否则这种合成毫无意义。一般来说，涡流传感器系统输出的信号与实际振动是没有相移或相移甚小，但速度传感器加积分线路在低频段有较大的相移。解决这一相移差别的一种方法是在合成线路上的电涡流式传感器系统的输入端设置一个高通线路。选择高通线路的参数时，使其在有关的低频段的相移与速度传感器系统的相移尽可能一致，而在幅值上基本上不衰减。这样，人为地使两路传感器系统具有相同相移。然后，再在合成线路中进行时域相加，最后得到轴的绝对振动信号。但是，必须记住，输出的轴的绝对振动信号具有与速度传感器系统相同的相移，在处理时应根据速度传感器系统的相位曲线进行修正。

除了一些特殊情况之外，认为轴绝对振动测量总是必需的或明显优于轴相对振动测量的看法是不正确的，特别是仅在一个方向用复合探头测量轴的绝对振动比 X - Y 两方向轴相对测量或 X - Y 两方向轴绝对测量的作用或效果都要差得多。

在理想情况下，希望在汽轮发电机每个主轴承的 X - Y 两方向上安装复合探头，测量轴的绝对振动，为机器的监测和防护提供全面的信息。但在多数情况下，仅用电涡流探头进行 X - Y 的相对测量就足够了。

3. 轴承振动测量

在有的情况下，如果汽轮机转轴能将其大部分振动传到轴承座上，轴承座振动值能明确在指示正常和不正常的工作状态，则轴承振动的测量是必要的。另外，为了全面分析汽轮机的振动状态，轴承振动也能提供某些有益的信息。

轴承振动的测量可采用安装于轴承座上的加速度或速度传感器来实现。需要注意的是，加速度或速度传感器输出的是轴承振动速度信号，要想得到振动幅值信号，还应经过积分。

4. 汽轮机振动监视分析

TSI 系统的测点布置是汽轮机制造厂家依照长期运行的经验和汽轮机的具体结构特点而设的，目的是有效地监视汽轮机启停和正常运行中的状态参数，保证汽轮机安全、经济运行。

理想的振动监视应是对每一支持轴承的绝对振动及其对应的轴的绝对振动进行测量，若轴的相对振动幅值比轴承座大 3～4 倍时，可以将轴的相对振动测量（X - Y 两方向）作为提供分析振动问题和故障的信息。

对电厂汽轮机轴系振动测量而言，在同一方向，复合探头获得的信息最为全面，趋近式探头获得的信息可靠，但反映的信息比复合探头少，速度探头对频率高的振动具有较高的灵敏度。

第二节　轴向位移监视

一、监视目的

汽轮机叶片具有一定的反动度，叶片和叶轮前后两侧存在着差压，形成一个与汽流方向相同的轴向推力；轮毂两侧转子轴的直径不等，隔板汽封处转子凸肩两侧的压力不等，也要产生作用于转子上的轴向力；高压前轴封处轴封漏汽由后向前压力逐渐降低；产生与汽流方向相反的轴向力；还有其他方面产生的轴向力，这些轴向力的合成结果就是总的轴向推力。

推力轴承用于承受转子的轴向推力，借以保持转子与汽缸及其他静止部件的相对位置，使机组动静部分之间有一定的轴向间隙，保证汽轮机组的正常运行。

当轴向推力过大时，推力轴承过负荷，造成推力瓦块烧毁，或汽轮机动静部分发生摩擦，造成设备的严重损坏。

为了监视汽轮机推力轴承的工作状况，一般在推力瓦块上装有温度测点，在推力瓦回油处装有回油温度表等。为了监视汽轮机转子的轴向位移变化情况，一般都装有轴向位移监视保护装置。当轴向位移达到限值时，保护装置发出报警信号，提醒运行人员及时采取措施加以处理。当轴向位移达到危险值时，保护装置动作，汽轮机跳闸，立即停机，以保障汽轮机组设备的安全。

二、汽轮机转子发生窜动的原因

汽轮机在启停和运动中，转子有可能发生向前或向后的窜动。

1. 汽轮机转子向前窜动的原因

转子发生向前窜动是由以下两方面的原因引起的：

（1）机组突然甩负荷，出现反向轴向推力；

（2）高压轴封严重损坏，调节级叶轮前因凝汽器抽吸作用而压力下降时，出现反向轴向推力。

2. 汽轮机转子向后窜动的原因

转子发生向后窜动是由以下两方面的原因引起的：

（1）转子轴向推力增大，推力轴承过负荷，使油膜破坏，推力瓦块乌金烧熔；

（2）润滑油系统上由于油压过低油温过高等缺陷，使油膜破坏，推力瓦块乌金烧熔。

一般来说，汽轮机转子向前窜动的故障不大容易发生，转子向后窜动的故障比较容易发生。

汽轮机转子以 3000r/min 转速不停地旋转，为了不使汽轮机内部转动部件和静止部件之间发生摩擦和碰撞，叶片与喷嘴之间、轴封的动静部分之间以及叶轮与隔板之间必须保持适当的轴向间隙。这个任务是由推力轴承来承担的。汽轮机运转时，推力轴承承受转子的轴向推力，以保持转子和汽缸的相对轴向位置，使动静部件之间保持一定的轴向间隙。

3. 汽轮机转子上的推力

在正常情况下，汽轮机转子上所受的轴向推力有三方面。

（1）由于转子的挠度不同而产生的转子重力沿轴向的分力。

（2）转子上各叶轮、动叶片及转鼓阶梯上前后的蒸汽压力差所产生的轴向推力。

（3）蒸汽进出各动叶片时的速度沿轴向的分速度差所产生的轴向推力。

冲动式汽轮机的轴向推力全部由推力轴承来承受，反动式汽轮机的轴向推力大部分或全部由平衡盘来抵消，其余的轴向推力则由推力轴承来承担。

推力轴承包括固定在主轴上的推力盘，两侧由青铜或钢制成的工作推力瓦块和非工作推力瓦块。推力瓦块上浇有乌金，一般厚度为 1.5mm。在正常情况下，转子的轴向推力是经推力盘传到推力瓦块上的，即推力盘的压力由工作推力瓦块来承受。

4. 汽轮机转子轴向推力增大的原因

汽轮机运转中，引起转子轴向推力增大的原因有以下几方面。

（1）汽轮机发生水冲击。由于含有大量水分的蒸汽进入汽轮机内，水珠冲击叶片使轴向推力增大，同时水珠在汽轮机内流动速度慢，堵塞蒸汽通路，在叶轮前后造成很大的压力差，使轴向推力增大。

（2）隔板轴封间隙增大。由于不正常地启动汽轮机或机组发生强烈振动，将隔板轴封的梳齿磨损，间隙增大，漏汽增多，于是使叶轮前后压力差增加，致使轴向推力增大。

（3）动叶片结垢，蒸汽品质不良，含有较多的盐分时，会使动叶片结垢。动叶片结垢后，蒸汽流通面积缩小，引起动叶片前后的蒸汽压力差增大，因而增大了转子轴向推力。叶片的结垢情况可以由监视段压力的变化情况判断出。为了监视段的压力变化，需要做出通汽部分清洁时的监视段压力与负荷的关系曲线。

　　（4）新蒸汽温度急剧下降。新蒸汽温度急剧下降，转子温度也跟着降低，于是转子的收缩量大于汽缸的收缩量，致使推力轴承的负荷增加。当汽轮发电机采用挠性联轴器时，联轴器对转子的移动起了制动闸的作用，因而使推力轴承上承受的推力增大，若是齿形联轴器，当齿或爪有磨损或卡涩时，情况就更为严重。

　　（5）真空下降。汽轮机凝汽器真空下降，增大了级内反动度，致使轴向推力增大。

　　（6）汽轮机超负荷运行。汽轮机超负荷运行时，蒸汽流量增加，会使轴向推力增大。

三、汽轮机转子发生窜动的危害性和保护措施

　　汽轮机转子轴向推力增大，将使推力轴承过负荷，破坏油膜，导致推力瓦块乌金烧熔。这时，转子发生窜动，轴向位移增大，汽轮机内部转动部件与静止部件之间的轴向间隙消失，因而动、静部件发生摩擦和碰撞，将造成严重损坏事故，如大批叶片折断、大轴弯曲、隔板和叶轮碎裂等。转子发生向前窜动，也会造成同样的危害。

　　因此，为了防止由于推力瓦块烧熔，转子发生窜动造成的损坏机组事故，一般汽轮机都装设汽轮机轴向位移监视保护装置。它的作用是在汽轮机运行时，用于监视转子的轴向位移变化情况，也就是监视推力瓦块乌金磨损情况。一旦由于轴向推力突然增大或润滑油膜破坏推力轴承发生烧瓦故障，转子轴向位移超过允许极限值时，轴向位移保护装置动作，发出灯光音响报警信号，与此同时，立即关闭主汽门、调速汽门和抽汽止回阀（对于中间再热式汽轮机，还应关闭再热主汽门、中间截止旁路门和中间截止门）、实行紧急停机，以保护机组的安全。

　　在汽轮机启动和增负荷过程中，转子的轴向位移会随之变化，这时，不是推力瓦块有磨损，而是由于推力盘和工作推力瓦块后的轴承座、垫片、瓦架等，在汽轮机负荷增大、轴向推力增加时发生弹性变形引起的。这种随着负荷变化而引起的轴向位移，称为转子的轴向弹性位移。如汽温、汽压、真空、回热抽汽等情况不变时，汽轮机在不同负荷下有一定的轴向弹性位移。由于各种类型汽轮机的推力轴承的构造不相同，各类机组的轴向弹性位移值也不相同，一般在 0.2～0.4mm 范围内。各种汽轮机通过试验，都求出负荷和轴向位移的关系曲线作为标准值。在运行中，将轴向位移监视表的指示值和标准值作比较，就可鉴别出推力瓦是否磨损。

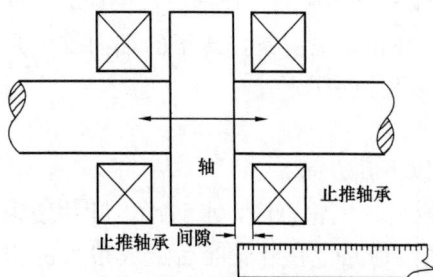

图 12-6　轴向位移测量

四、轴向位移测量

　　非接触式的涡流探头能够成功地应用于轴向位移的精确测量，见图 12-6。

　　1. 探头的位置

　　一个主要应遵循的规则是使测点尽可能地靠近推力轴承。推力盘与推力测试点之间的距离越大，失真的因素也就越大。失真是由热温度上升及各种在转轴和机壳上的压力应变引起的，所有这些失真沿着推力盘和测试点之间的地方都可能产生。可以出现每米有几毫米的温度偏移，这会引起监视器读数的严重偏移。

　　总之，应将轴向位移探头装入推力轴承一块托板之内的地方，并且是在同一结构体上。测量的最好方法是使轴向位移探头装在能够直接观察到推力盘的地方，测量探头顶端与被观察表面的轴间距的平均值。

推力轴承的垫片在重的负载情况下有一个被挤在一起从而缩减的趋势。由于这种挤压而形成的凹形的推力座上一轻微的变形将导致一个比正常值高出几密耳的推力移动量。温度上升的密耳值再加上这些值，就会导致一种非必须的报警情况出现。

因此，一旦机器达到工作温度及满载时，这时是在监视器上建立探头间隙到零点位置的理想时间。应该避免将推力探头安装在薄壳形端盖上。轴的位置随着日光、压力及许多小的干扰会很快偏移。反之，将探头安在刚度大的端罩上是很理想的，测量的结果应该与有关的振动没有关系。

轴在运行中，由于各种因素，诸如载荷、温度等的变化会使轴在轴向有所移动。如果轴往右移动，间隙消除后，会碰到轴承，二者发生摩擦，则其后果将不堪设想。由于这一参数十分重要，因而API670（美国石油协会）标准要求用两个探头同时探测一个对象，以免发生误报警。两个探头要能同时探测一个平面，该平面应和轴是一个整体。

2. 探测探头的零点预置

一般来说，确定推力探头范围的精确零点是不可能的，原因有两个。

（1）不是总能知道机器是否处于正常的运转还是不正常的推力轴承状态。

（2）在轴承外壳上，温度上升和压应力改变，改变了冷却状态的间隙。

推力探头的初始缝隙总是建立在一个猜想基础上。实际运行中，希望使探头线性范围的中点位置定在机器通常的推力位置。所有的推力位置保护监视器通道都有一个零点预置电位器以用来补偿初始预置的误差，零点预置可以通过使用电位器来调节，但零点预置不能以一个绝对的基准来选择，它必须根据当机器正处于标准运转条件下时的推力的缝隙值。

报警和危险状态、正常和非正常状态应事先定好并检查，在零点预置以后还要进行检查。

3. 正向的和反向的推力报警

对于汽轮机和其他轴向流向的机器，轴的推力方向一般来说不是唯一的，所以机器有工作和非工作的推力瓦块。实际运行经验表明，在汽轮机变负荷运行过程中，完全可能产生正向的轴向位移或反向的轴向位移，如果不设置正向/反向轴位移的双方向监视器，就会发生重大故障。

4. 轴向位移的测量

一般地，应当采用两只探头，采用双选式安排，两个探头要能同时探测一个平面，该平面和轴是一个整体。探头应能直接探测止推法兰或者其他垂直于轴水平方向的平面。

第三节 偏 心 监 视

一、监视目的

汽轮机组启动、停机或运行过程中的主轴弯曲现象是经常发生的，这是由于转子和汽缸各部件的加热或冷却程度不同，形成一定的温差。转子暂时性的热弯曲称弹性弯曲，这种弯曲一般通过正确盘车和暖机是可以消除的。但是，转子与汽封之间产生严重径向摩擦，汽缸进水，上下缸温差过大，轴封或隔板汽封间隙调整不当，汽缸加热装置使用不当等，都会使主轴产生永久性弯曲，即转子完全冷却后仍存在弯曲。此时，只能停机进行直轴。如果仍继续运行，则会造成设备的严重损坏，所以，在机组启停和运行过程中应严格监视主轴弯曲情况。

二、汽轮机主轴发生弯曲原因

在汽轮机启动、运行和停机过程中，主轴弯曲的原因一般有四个。

1. 由于主轴与静止部件发生摩擦引起弯曲

主轴与静止部件发生摩擦，在摩擦点附近，主轴因摩擦发生高热而膨胀，产生反向压缩应力，促使轴弯曲。

当反向压缩应力小于主轴材料的弹性极限时，冷却后轴仍能伸直恢复原状，在以后正常运行中不会再出现弯曲，此种弯曲叫做弹性弯曲。若反向压缩应力大于材料弹性极限，轴弯曲后，冷却后也不能再伸直恢复原状，此种弯曲叫做永久弯曲。

2. 由于制造或安装不良引起轴弯曲

在制造过程中，因热处理不当或加工不良，主轴内部还存在着残余应力。在主轴装入汽缸后运行过程中，这种残余应力会局部或全部消失，致使轴弯曲。在安装或换装叶轮时，安装不当或叶轮加热变形，因膨胀不均匀而使主轴发生弯曲。

3. 由于检修不良引起轴弯曲

(1) 通流部分轴向间隙调整不合适，使隔板与叶轮或其他部分在运行中发生单面摩擦，轴产生局部过热而造成弯曲。

(2) 轴封、隔板汽封间隙过小或不均匀，启动后与轴发生摩擦而造成弯曲。

(3) 转子中心没有找正，滑销系统没有清理干净，或者转子质量不平衡没有消除等原因，在启动过程中产生较大的振动，使主轴与静止部件发生摩擦而弯曲。

(4) 汽封门或调速汽门检修质量不良，有漏气，于是汽轮机在停机过程中，因蒸汽漏入机内使轴局部受热而弯曲。

4. 由于运行操作不当引起轴弯曲

(1) 汽轮机转子停转后，由于汽缸与转子冷却速度不一致，以及下汽缸比上汽缸冷却速度快，形成了上下一定的温差，因而转子上部较下部热，转子下部收缩得快，致使转子弯曲，此种弯曲属于弹性弯曲。等到汽缸冷却到上下汽缸温度相同时，转子又伸直，恢复原状。

(2) 停机后，轴弹性弯曲尚未恢复原状又再次启动，而暖机时间不够，轴仍处于弹弯曲状态，这样启动后就会发生振动。严重时主轴与轴封片发生摩擦，使轴局部受热产生不均匀的热膨胀，引起永久弯曲变形。

(3) 在汽轮机启动时，转子尚未转动就向轴封送汽暖机，或启动时抽真空过高使进入轴封的蒸汽过多，送汽时间过长等，均会使汽缸内部形成上热下冷，转子受热不均而产生弯曲变形。

(4) 运行中发生水冲击。转子推力增大和产生很大的不平衡扭力，使转子剧烈振动，并使隔板与叶轮、动叶与静叶之间发生摩擦，从而引起轴弯曲。

三、汽轮机主轴弯曲的危害性

汽轮机在启动、运行和停机过程中，主轴发生弯曲的原因是多种多样的。当主轴发生弯曲时，其重心偏离机组运转的中心，于是在转子运转时就会产生离心力的振动。当轴弯曲严重时，汽封径向间隙将消失，就会引起动静部件相碰，以致造成损坏机组事故。若轴弯曲过大会形成永久弯曲。因此，汽轮机在启动、运行和停机过程中，必须严格监视主轴的弯曲情况。

四、偏心测量

偏心实际上就是轴的弯曲。偏心的测量，对于评价旋转机械全面的机械状态，是非常重要的。特别是对于装有透平监视仪表系统（TSI）的汽轮机，在启动或停机过程中，偏心测量已成为不可缺少的测量项目。通过偏心测量可以看到由于受热或重力所引起的轴弯曲的幅度。探测偏心的探头，装在机器上的什么地方，这一点应予以考虑。一般情况下，偏心探头的最好安装位置是沿轴向，在两个轴承跨度中间，即远离轴承，监测器上所指示的数值大小，取决于探头安装位置，越接近轴承，其指示偏心的读数越小。但实际上，装在两个轴承之间往往很困难，因此，经常是按图12-7的情况安装，即把涡流传感器装在轴承的外侧。

图12-8中，测偏心探头即为图
12-7中的探头，另一个是键相器探
头，是用来测转速，因为要想知道
偏心度的峰—峰值，需要用到键
相器。

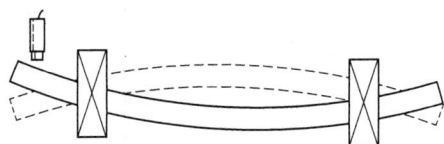

图 12-7　轴偏心度测量

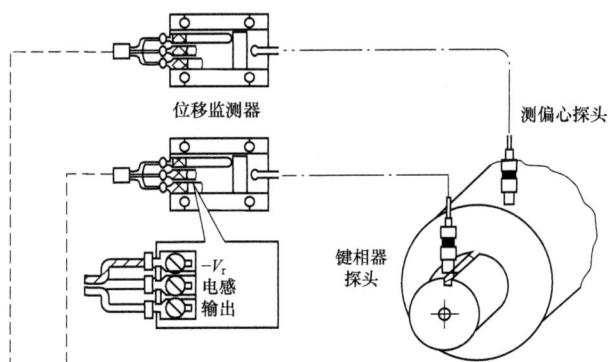

图 12-8　轴偏心度测量

　　传统的方法是在汽轮机轴承以外测量偏心。因为在缸体内部测量偏心很困难（由于环境和安装的原因），故经常在高压缸轴承前部轴的外伸段测量偏心。

　　虽然可以在缸体内部可能出现最大幅值处测量偏心，但在外部测量通常是令人满意的。如果很好地掌握了转子的动态特性（刚度和振型），那么在轴承外部测量偏心就能准确地表明内部的偏心情况。在低速时测量偏心与在汽轮机正常运转或带负荷时进行测量同样重要。因此，偏心探测器必须具有低到零转速的频率响应，而电涡流探头能够满足这种要求。

　　目前典型的 TSI 系统均有能指示偏心峰—峰值的偏心监视器，其转速范围为 1～600r/min。这种监视器采用专门研制的"采样和保持"技术，使之随时都能指示转子实际的峰—峰值偏心量。此外，还需要安装一个轴转速探头（键相器），轴每转一圈该探头发出一个脉冲信号，以便在轴转速变化时控制监视器的采样电路。安装"键相器"探头对于振动监视和分析来说也是必需的，因此它可以同时用于这两个目的。

　　监视主轴弯曲还有一种最简单的方法是在轴端加一块千分表，检测转子的晃动度。晃动度的一半称为轴的偏心度，也叫轴的弯曲度或挠度。

　　测量轴的偏心度时，通常把千分表插在轴颈或轴向位移传感器处轴的圆盘上进行测量。根据所测的偏心度值、轴的长度、支撑点和测点之间距离的比例关系，可以用下式估算转子的最大偏心度（见图12-9），即

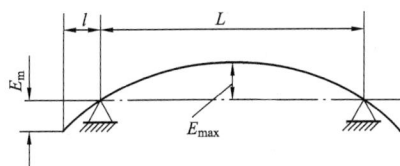

图 12-9　用千分表测主轴偏心度示意

$$E_{\max} = 0.25\frac{l}{L}E_{\mathrm{m}}$$

式中　E_{m}——千分表测得的偏心度，$\times 10\mu\mathrm{m}$；

　　　L——两轴承之间转子的长度，mm；

l——千分表位置与轴承间的距离，mm。

实际上转子的弹性弯曲经常发生在调节区域内。根据比例关系可知，由上述公式估算出的数值比实际的弯曲数值要大，因此，当用估算值控制转子的弹性弯曲时，运行中不会发生危险。

第四节　缸胀及胀差监视

一、监视目的

汽轮机在启动、停机过程中，或在运行工况发生变化时，都会由于温度变化而产生不同程度的热膨胀。

汽缸受热膨胀时，由于台板滑销系统死点位置的不同，可能向高压侧伸长或低压侧伸长，也可能向左侧或向右侧膨胀。为了保证机组的安全运行，防止汽缸热膨胀不均，发生卡涩或动静摩擦事故，必须对汽缸的热膨胀进行监视。缸胀监视仪表指示汽缸受热膨胀变化的数值，也称为汽缸的绝对膨胀值。

转子受热时也要发生膨胀，因为转子受推力轴承的限制（相对死点）。所以只能沿轴向往高压或低压侧伸长。

对于大容量汽轮机来说，汽缸的体面比（体积与表面积之比）常常大于转子的体面比，当机组启动时，转子的温度大于汽缸的温度，对于某一区段而言，转子的轴向膨胀值比汽缸大，即它们之间存在着膨胀差，一般称为相对膨胀差，简称胀差。当汽轮机减负荷或停机时，转子温度比汽缸低，转子的轴向膨胀值会比汽缸小，两者的膨胀差为负值，又称为负胀差。

由此可知，凡转子轴向膨胀大于汽缸的膨胀时，称为正胀差，反之，称为负胀差。由于汽轮机转子的轴向位置是由推力轴承固定的，所以胀差是以推力轴承为起点的某一处，转子和汽缸总的膨胀差。

二、汽轮机胀差过大的原因

汽轮机带负荷后，转子和汽缸受热逐渐趋于饱和，它们之间的相对胀差也逐渐减小，最后达到某一稳定值。在运行中，一般负荷的变化对热膨胀的影响是不大的，只有负荷急剧变化或主蒸汽温度不稳定时，由于温度变化大，才会对热胀差产生较大的影响。

1. 正胀差过大的原因

（1）暖机时间不够，升速过快。

（2）增负荷速度过快。

2. 负胀差过大的原因

（1）减负荷速度过快，或由满负荷突然甩到空负荷。

（2）空负荷或低负荷运行时间过长。

（3）发生水冲击（包括主蒸汽温度过低时）。

（4）停机过程中，用轴封蒸汽冷却汽轮机速度太快。

（5）真空急剧下降，排汽温度迅速上升时，低压缸负胀差增大。

三、胀差过大的危害和监视措施

汽轮机轴封和动静叶片之间的轴向间隙很小，若汽轮机启停或运行中胀差变化过大，超过了轴封以及动静叶片间的正常轴向间隙时，就会使动静部件发生摩擦，引起机组强烈振动，甚至造成机组损坏。为此，一般汽轮机都规定了胀差允许的极限值。该值是根据动静叶片或轴封轴向最小间隙来决定的，即当转子与汽缸相对胀差值达到极值时，动静叶片或轴封轴向最小的间隙仍留有一定的合理间隙。

因此，为了在汽轮机启动、暖机和升速过程中，或在运行、停机过程中，保护机组的安全，必须设置汽轮机热膨胀装置和转子与汽缸相对膨胀测量装置。一旦缸胀或胀差值达到允许极限值时，立即发出声光报警信号，以便运行人员及时采取相应措施，保护机组的安全。有的大型机组还装设了胀差保护装置。在胀差超限时，不仅发出声光报警信号，也可令机组停机。停机保护一般只在机组启停过程中及低负荷运行时投入。因为正常运行时，胀差一般变化不大。

四、相对膨胀的测量

胀差是轴和机器壳体之间的相对增长。当热增长的差值超过允许的间隙时，便可能产生摩擦。

开机和停机过程，由于转子与机器壳体质量、热膨胀系数、热耗散系数的不同，转子的温度就比机壳温度上升得快。其结果是，如果超过了机内所能允许的间隙公差，就会发生摩擦。对于高速运转的汽轮机，定子表面与旋转面相擦，会导致灾难性事故。为防止这种事故的发生，就需要用电涡流探头探测转子与机壳之间的间隙。一般情况下，可把探头安装在机壳上，测量轴的端面与机壳之间的距离，如图 12-10 所示。

由于胀差的变化范围较大，测量时多采用补偿式测量方法。

采用补偿测量方法如图 12-11 所示。在轴端法兰的两端各安装一支探头，在热膨胀过程中，当被监测法兰的移动超出第一个探头测量范围，紧接着就进入第二个探头监测范围。由监测器的微处理机选择从一个传感器线性范围转换到另一个传感器的线性范围，这种补偿装置仅多用一个探头就可将系统的量程提高一倍。

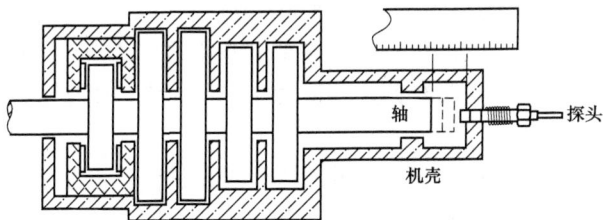

图 12-10　差胀测量示意

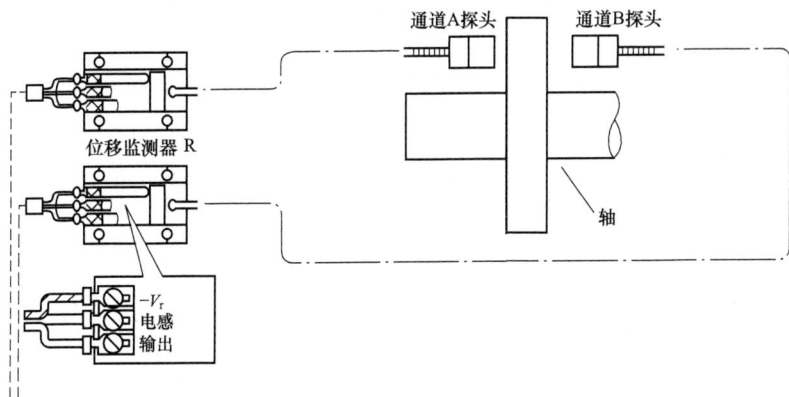

图 12-11　补偿式胀差测量简图

五、机壳膨胀的测量

汽轮机在开机过程中，由于受热使其膨胀。如果膨胀不均匀就会使机壳变斜或翘起，这样的变形会使机壳与基础之间产生巨大的应力，由此带来的不对中现象会引起严重的后果。

机壳膨胀一般在机壳两侧各设置一个测点，监测两侧的膨胀速率是否一样，不均匀的膨胀说明机壳变斜或翘起。

为了探测由于滑动表面卡住和不均匀膨胀可能产生的"偏斜"，应该在汽轮机两侧测量壳体的膨胀。

第五节　转　速　监　测

一、监视与保护的目的

汽轮机是在高速旋转状态下工作的，如果转动力矩不平衡，转速就会发生变化。当转速失去控制时，可能发生严重超速现象。汽轮机的零部件在工作过程中已承受很大的离心力，转速增高将使转动部件的离心力急剧增加（离心力与转速的平方成正比）。当转速过多地超出额定转速时，转动部件就会严重损坏，甚至发生"飞车"的恶性事故。为了保证机组安全运行，必须严格监视汽轮机的转速，并设置超速保护装置。

转速监视器能连续测量汽轮机等旋转机械的转速，当转速达到或超过某一设定值时发出报警信号并采取相应的保护措施。

零转速监视器能连续监测汽轮机在停机过程中的零转速状态，以确保盘车装置的及时投入。

二、造成汽轮机超速的原因

汽轮机运行中的转速是由调速器自动控制并保持恒定的。当负荷变动时，汽轮机转速将发生变化。这时调速器便动作，调速汽门随着开大或关小，改变进汽量，使转速维持在额定转速。

汽轮机发生超速的原因主要是调速系统工作不正常，不能起到控制转速的作用。在下列情况下，汽轮机的转速上升很快，这时若调速系统工作不正常，失去控制转速的作用，就会发生超速：

（1）汽轮发电机运行中，由于电力系统线路故障，使发电机油断路器跳闸，汽轮机负荷突然甩到零；

（2）单个机组带负荷运行中，负荷骤然下降；

（3）正常停机过程中，解列的时候或解列后空负荷运行时；

（4）汽轮机启动过程中，闯过临界速度后定速时或定速后空负荷运行时；

（5）危急保安器作超速试验时；

（6）运行操作不当，如运行中同步器加得太大，远远超过高限位置，开启升速主汽门开得太快，或停机过程中带负荷解列等。

调速系统工作不正常造成超速的原因较多，比如：

（1）调速器同步器的下限太高，当汽轮机甩负荷时，致使调速汽门不能关小；

（2）速度变动率过大，当负荷骤然由满负荷降至零时，转速上升速度太快以至超速；

（3）调速系统迟缓率过大，在甩负荷时，调速汽门不能迅速关闭，立即切断进汽；

（4）调速系统连杆卡涩或调速汽门卡住，失去控制转速的作用。

三、汽轮机超速的危害和监测保护措施

汽轮机是高速旋转机械，转动时各转动件会产生很大的离心力，这个离心力直接与材料承受的应力有关。而离心力与转速的平方成正比，当转速增加 10% 时，应力将增加 21%，转速增加 20%，应力将增加 44%。因为设计时，转动件的强度裕量是有限的，与叶轮等紧力配合的旋转件，其松动转速通常是按高于额定转速 20% 考虑的，尤其随着机组参数的提高和单机功率的增大，机组时间常数越来越小，甩负荷的飞升加速度更大。因此，运行中若转速超过这个极限，就会发生严重损坏设备事故。严重时，甚至会造成飞车事故。所以，一般制造厂规定汽轮机的转速不允许超过额定转速的 110%～112%，最大不允许超过额定转速的 115%。因此，为了保护机组的安全，必须严格监视汽轮机的转速并设置超速保护装置。对大功率机组，为了在发生超速时能可靠地实现紧急停机，一般都装设三套超速保护装置，即危急保安器（也叫危急遮断器）超速保护装置、附加超速保护装置和电气式超速保护装置。另外，有的机组还装设汽轮机危急遮断器电指示装置用以指示危急遮断器是否动作。

当汽轮机转速超过允许极限时，超速保护装置动作，立即关闭主汽门、调速主汽门和抽汽止回阀，实行紧急停机，同时还发出声光报警信号。这时，注意监视转速表和频率表的指示值。如果其指示值超过允许极限并继续上升时，说明主汽门和调速主汽门关闭不严，应尽快关闭隔离汽门（或汽门），确实切断进汽，以保护机组的安全。

四、测量方法

转速的测量方法有很多种，常用的有离心式、测速发电机式、磁阻式、磁敏式、电涡流式等。

1. 离心式测速

离心式转速表是根据惯性离心力的原理制成的。转速表由传动部分、机芯和指示器三部分组成。测量转速时，转速表的轴接触汽轮机的转轴，转速表内离心器上重锤在惯性离心力的作用下离开轴心，并通过传动装置带动指针转动。在惯性离心力和弹簧弹性力平衡时指针指示在一定位置，此位置表示轴的转速。

2. 测速发电机测速

测速发电机是一永磁交流式三相同步发电机，它将转速转换成电压信号，然后进行测量与保护。图 12-12 为 ZQC-11 型转速测量与超速保护装置的组成示意图。测速发电机的转子通过弹簧联轴节与汽轮机转子前端相连接。测速发电机的转子上有三个永久磁极，三个互成 120° 显极，每个极上套有一个绕组，当转子旋转时，静子线圈中感应出的电动势为

$$E = K \frac{W\phi}{60} n \times 10^{-8} \quad \text{V}$$

式中　K——系数；

　　　W——静子绕组匝数；

　　　ϕ——磁通，Wb；

　　　n——转子转速，r/min。

测速发电机输出的频率为

$$f = \frac{Pn}{60} \quad \text{Hz}$$

式中　P——转子磁极对数。

由上式可见，静子绕组匝数 W、磁通 ϕ 和转子磁极对数 P 是常数，因此，测速发电机的输出电势或频率是与转速成正比的，这样便于采用电压表或频率表示测量。

在图 12-12 中，绕组 L1 和 L2 输出的交流信号分别经整流器 4 和 5 整流成直流电压后加到由电阻和电位器组成的分压器上，从电位器取出电压，分别接到近距离指示器、远距离指示器和自动记录表，由它们指示或记录转速值。绕组 L3 接到由晶体管和继电器组成的超速保护回路。当汽轮机转速超过额定值的 14%（即 3420r/min）时，继电器动作，接通信号回路和保护回路，发出超速信号和自动停机信号。

3. 磁阻测速

图 12-13 为磁阻测速传感器示意，在被测轴上放置一导磁材料制作的有 60 齿的齿轮（正、斜齿轮或带槽的圆盘都可以），对着齿顶方向或齿侧安装磁阻测速传感器，它由永久磁铁和感应线圈组成。

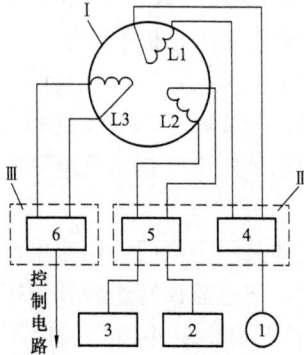

图 12-12　转速测量与超速保护示意
Ⅰ—测速发电机；Ⅱ—转速测量部分；
Ⅲ—超速保护部分；
1—近距离指示器；2—远距离指示器；
3—自动记录仪；4、5—整流器；
6—超速保护回路

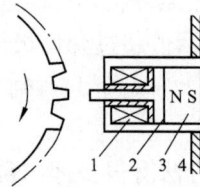

图 12-13　磁阻测速传感器示意
1—感应线圈；2—软铁磁轭；
3—永久磁铁；4—支架

当汽轮机主轴带动齿轮旋转时，齿轮上的齿经测速传感器的软铁磁轭处，使测速传感器的磁阻发生变化。当齿轮的齿顶与磁轭相对时，气隙最小，磁阻最小，磁通最大，线圈感应出的电动势最大；反之，齿槽与磁轭相对时，气隙最大，线圈感应出的电动势最小。齿轮每转过一个齿，传感器磁路的磁阻变化一次，因而磁通也变化一次，线圈中产生的感应电动势为

$$E = K \frac{W\phi}{60} n \times 10^{-8} \quad \text{V}$$

式中　W——线圈匝数；
ϕ——穿过线圈的磁通量。

感应电动势的变化频率等于齿轮的齿数和转速的乘积，即

$$f = \frac{zn}{60} \quad \text{Hz}$$

式中　n——旋转轴的转速，r/min；
z——测速齿轮的齿数。

当 $z=60$ 时，$f=n$，即传感器感应的交变电动势的频率数等于轴的转速数值。

4. 磁敏测速

采用磁敏差分原理进行转速测量的传感器内装有一个小永久磁铁，在磁铁上装有两个相

互串联的磁敏电阻。当软铁或钢等材料制成的标准齿轮接近传感器旋转时，传感器内部的磁场受到干扰，磁力线发生偏移，磁敏电阻的阻值发生变化。两个磁敏电阻 R1、R2 串联接成差动电路，与传感器电路中的两个定值电阻组成一个惠斯顿电桥，如图 12 - 14 所示。

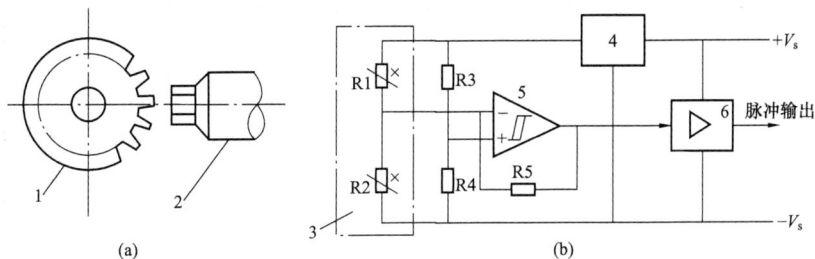

图 12 - 14　磁敏式转速测量装置示意
(a) 传感器安装示意；(b) 磁敏式转速测量电路示意
1—标准齿轮；2—传感器；3—磁敏电阻；4—稳压器；5—触发电路；6—放大电路

当齿轮的触发标记旋转到某一角度时，两个磁敏电阻的阻值发生变化，一个阻值增加，另一个阻值减小，桥路失去平衡，输出正向电压；当齿轮的触发标记旋转到另一角度时，桥路反向不平衡，输出反向电压。电桥输出的电压信号经触发电路和快速推挽直流放大电路，成为一个边沿很陡的脉冲信号。

5. 键相器

所谓键相器，即为在轴上开一键槽，如图 12 - 15 所示，或在轴上装上一个键，即凸出一块。用一普通测振探头，对准槽或者凸台（二者选一），这样，当探头探到键槽时，前置器即输出一负脉冲，如探头探测到凸台，则前置器输出一正脉冲。无论正负，两个脉冲之间即为一转，因而可用测振探头探测轴的转数。当然如果只是为了测量转数，不一定非要一个键槽（或一个凸台）不可，探测带有多个牙齿的齿轮也可以。

如果可能，应将键相器探头装在机组的驱动部件上。这样，当机组的驱动部分与载荷脱离时，探头也可以给前置器提供一个输入信号。

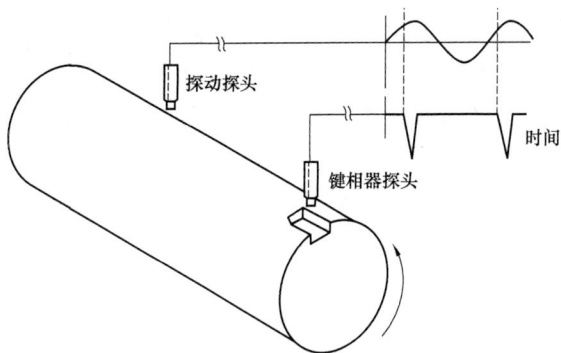

图 12 - 15　键相器与振动信号

对于键相器的尺寸，则有下述要求：一个凹槽或一个凸台一定要足够大，以产生一个至少有 5V 峰—峰值的脉冲，API 670 要求至少有 7V 峰—峰值的脉冲。这样，这一凹槽或凸台一定要至少有 7.6mm 宽，1.55mm 深（或度）和 10.2mm 长。凹槽或凸台的长度一定要足够长，以满足任何可能的轴在轴向的运动。在所有的运行温度以及机器的转速范围内，探头顶部一定要对着凹槽或凸台。

凹槽和凸台区别只是产生脉冲电压不同，一为负脉冲，一为正脉冲。当用键槽时，探头的安装、调整应该以轴的表面为准；当用凸台时，应以凸台的表面为准，若仍以轴表面为准，则会把探头打坏，因此用键槽更好些。

五、数字转速表

数字转速表测量原理一般为计数法测频率，在一定的时间间隔内对被测脉冲进行计数，图 12-16 为数字转速表框图。

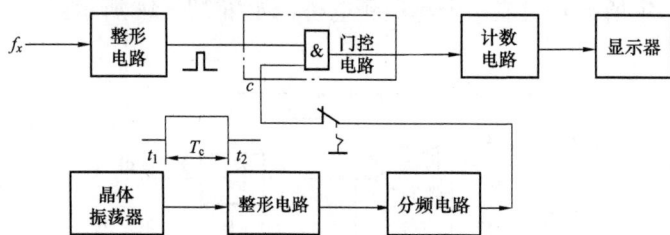

图 12-16　数字转速表框图

由转速传感器将转速转换成数字脉冲信号 f_x，通过整形电路将脉冲信号转换成窄脉冲信号送入门控电路的输入端。门控电路实际上是一个具有"与"门功能的电路，当控制端 c 为高电平时，"与"门功能的电路导通。送至控制端 c 的基准时间信号是由高精度石英晶体振荡器的振荡信号，经整形和多级分频形成。因此，门控信号是一个宽度为 $T_c = t_2 - t_1$ 的矩形脉冲。在 T_c 时间内，被测信号轴的转速 n 为

$$n = \frac{60N}{mt}$$

式中　N——计数器读数；

　　　m——转轴上的标记数或轮齿数；

　　　t——计数时间。

六、零转速监控

零转速监控用于连续监视机组的零转速（低转速）状态。由于被测转速很低，如果还是采用上述的计数法测频率，则±1 各自的量化误差很大。例如，当 $f_x = 1Hz$，门控时间为 1s 时，其误差将达 100%。为了提高低频测量的准确度，通常采用反测法，即先测出被测信号的周期 T_x，再一周期的倒数来求得被测频率 f_x，这样，可提高测量准确度。图 12-17 为测周期的原理框图。

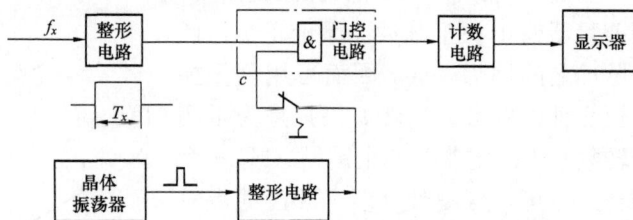

图 12-17　测周期的原理框图

与图 12-16 相比，图 12-17 中只是将整形后的被测信号作为门控信号，即门控时间为被测信号的周期 T_x，而晶振信号经整形后直接输入门控电路，相当于被测信号。不难理解，计数器的计数值为 N 时，被测的周期 T_x 为

$$T_x = \frac{N}{f_e} = NT_e$$

式中　f_e、T_e——晶体振荡器的振荡频率、周期。

当转速传感器发出的脉冲周期大于预定的报警周期时，说明汽轮机的转速很低，为了防止大轴弯曲，需启动盘车装置。此时，控制电路将使报警继电器动作。

7200 系列的转速测量装置通过电涡流式传感器和前置器将转速转换成数字信号，并由面板上的 5 位数码管显示转速，还提供 0～-10V DC 模拟信号、0～10V DC 的记录信号。转速表内有两个独立的报警回路，一个作为低速报警，一个作为高速报警。

　　3500 系列的零转速监视器是由两个独立的电涡流式传感器和前置器组成的，每个传感器产生一个脉冲，然后监视器测量出两个传感器输出脉冲之间的时间间隔，当其超过设定限值时，通过报警回路点亮零转速指示灯，并驱动报警继电器。两个通道的继电器输出触点相互串联，作为机组自动盘车装置投入的控制信号。

　　RMS700 系列的转速监视装置采用磁敏电阻和磁钢组成的传感器。当装有 60 齿的齿盘随转轴旋转时，传感器输出的脉冲信号通过双通道转速继电器，一路继电器监视零转速信号，另一路继电器在转速大于等于 600r/min 时其接点闭合，使记录器由偏心度记录切换到转速记录。另外，转速传感器输出的脉冲信号通过数字电压表显示汽轮机的转速。

第十三章　汽轮机其他系统的监视与保护

第一节　辅助系统监视与保护

一、轴承温度和油压的监视与保护

1. 轴承温度监视

为了使轴承正常工作，必须监视轴承温度和润滑油温度。润滑油温度过高，会使油的黏度下降，引起轴承油膜不稳定或破坏；油温过低，建立不起正常的油膜。这两种情况会引起机组的振动，甚至发生轴瓦破坏。

润滑油油温的测量，主要测冷油器的出口油温和轴承的回油温度。一般进口的润滑油的温度为 35～45℃，出口润滑油的温度不高于 65℃。

一般通过测量推力瓦块的温度来监视推力轴承的工作情况。推力轴承有工作瓦块和非工作瓦块共十块左右，一般在每块工作瓦块上装一测温元件，在每道支持轴承上也装有测温元件，这些测温元件通过切换开关接到温度显示仪表，显示每个测点的温度。

200MW 机组的温度典型设计值为在推力轴承回油温度高于 65℃和支持轴承回油温度高于 65℃时报警，两者均高于 75℃时发出停机信息。

2. 低油压保护

润滑油压过低，将使各轴瓦的油膜受到破坏，甚至导致轴颈和轴瓦之间干摩擦，支持轴瓦和推力轴瓦的乌金瓦面溶化，汽轮机的轴向位移增大，动、静部件发生摩擦和碰撞，造成严重破坏机组的事故。为了防止此类事故的发生，汽轮机必须装设低油压保护。

油压低信号通常由油压继电器或电触点压力表发出。当运行中润滑油压降低到规定值时，保护装置动作，自动启动辅助油泵（交流油泵或直流油泵），以恢复润滑油压。若油压继续下降到最低允许极限值时，低油压保护装置动作，迫使汽轮机主汽门关闭并切断盘车装置电路，以保护汽轮发电机组的安全。

200MW 机组在润滑油压低于 0.05MPa 时启动交流油泵，低于 0.04MPa 时启动直流油泵，低于 0.03MPa 时关闭主汽门。

二、凝汽器真空的监视与保护

为了使汽轮机的运行有较好的经济性，并能及时发现和消除凝汽设备运行中的故障，应对凝汽器真空进行监视，并在真空下降到危险值时能实现汽轮机真空低保护。

1. 真空的监视

汽轮机运行中必须严格监视凝汽器的真空。当真空下降到规定值时，发出报警信号；当真空下降到危险值时，发出停机信号。一般应装设指示式、电触点式、数字式和记录式真空表，以便对凝汽器真空实行监视与记录。

2. 低真空保护

由于低真空运行对机组的安全运行影响极大，所以必须进行低真空保护。运行中无论何种原因引起凝汽器真空下降，且超过规定的低限值时，应首先减少汽轮机的负荷。例如，某300MW 机组在额定参数下运行，真空不低于 90kPa。若真空下降了 4kPa，则应发出报警信号；若继续下降，应启动备用循环泵和备用抽汽器；若下降到 86kPa 以下，应采取减负荷措施，真空每下降 1.3kPa 减负荷 30MW；若下降至 73kPa，负荷应降至零；真空低至 63kPa 时，应关闭主汽门立即停机。

低真空保护装置根据预先规定的限值发出信号，使相应的控制回路动作，达到自动保护的目的。对真空的监视除设有指示、记录表以外，还采用电触点真空表或真空继电器发出保护信号。如果真空降到最低限值而低真空保护装置不动作，排汽压力大于 2～4kPa 表压力时，凝汽器上的薄膜式安全门被冲开，汽轮机向大气排汽，可避免发生凝汽设备因排汽缸压力和温度升高而遭到破坏的事故。

第二节　汽轮机进水保护

随着机组容量的增大，机组的热力系统和本体结构也越来越复杂，发生汽轮机进水、进冷汽的事故可能性也增大。据国外资料介绍，美国通用电气公司在某一时期生产的大型汽轮机重大事故中，70%以上是由于汽轮机进水、进冷汽而造成的。国产机组也发生过汽轮机进水、进冷汽而造成大轴弯曲的严重事故。

汽轮机进水、进冷汽的原因是多方面的，有设备本身的缺陷，也有系统设计上的考虑不周，施工安装不当，以及运行操作不当等原因。

任何与汽轮机连接的接口都有可能造成汽轮机进水，它可能由外部设备而来或者是蒸汽凝结聚积的水，主要包括以下系统：①主蒸汽管道和疏水系统；②再热器管道和疏水系统；③再热减温系统；④汽轮机抽汽管道和疏水系统；⑤给水加热器管道和疏水系统；⑥汽轮机疏水系统；⑦汽轮机汽封管道和疏水系统；⑧主蒸汽减温器喷水系统。下面就管道系统防止汽轮机进水的设计原则进行介绍。

一、冷再热蒸汽管道系统

汽轮机发生进水事故大多是由于冷再热蒸汽管道有水造成的。这些水通常来自再热喷水减温器的喷水装置，或从给水加热器漏入到冷再热蒸汽管道的。这些水源的流量很大，如果要按照能够排除进入冷再热蒸汽管道的全部水量来设计疏水系统，这是不现实的。因此，设计系统时应提供一信号，以便运行人员在得知这一进水信号时能及早采取措施切断水的流入。图 13 - 1 所示为冷再热蒸汽管道疏水系统。

每根冷再热蒸汽管道的低位点应设置一个疏水槽，该输水槽应尽可能靠近汽轮机。此输水槽要用直径不小于 152mm 的管子制成，其长度以满足安装水位传感器的要求即可。如果冷再热蒸汽管道上靠近汽轮机之外尚有一个低位点，那么在该低位点还应再设置一个疏水罐以加强保护。

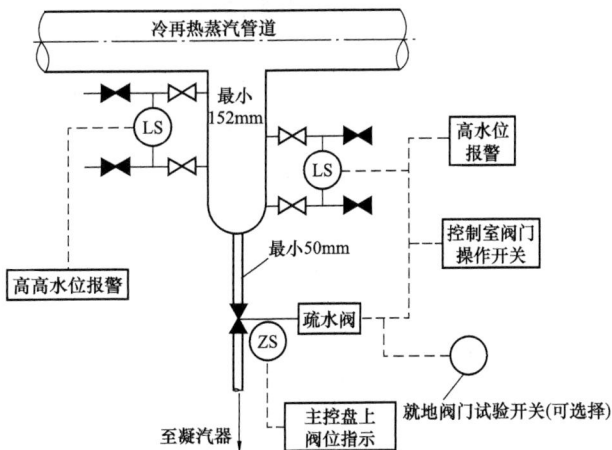

图 13 - 1　冷再热蒸汽管道疏水系统

每个疏水槽应安装一根公称直径不小于 50mm 的疏水管道和一只自动驱动阀门。

为使机组在正常运行时，应保持疏水罐是干燥的，疏水罐及其连接管道全部应保温。每个疏水罐至少要安装两个水位传感器装置。当水位到达第一水位时（高水位），全开疏水阀，并在主控室内发出报警信号指明疏水阀已全开；当水位到达第二水位时（高高水位）在主控室内发出高高水位报警信号。

疏水阀的控制应具有下列特性：①疏水罐内水位达到高水位时，自动打开疏水阀；②在主控室内能遥控疏水阀的开或关，以及高水位控制能够超驰手动关闭位置而强制打开；③在主控室内，要有阀位的开度位置指示。

如果从冷再热蒸汽管道至中压汽轮机需要有一路冷却蒸汽管道时，此管道不应连接在冷再热蒸汽管道的低位点或靠近该低位点，如该冷却蒸汽管道也出现低位点则在该点应设置一路连续疏水。

除了采用疏水罐和水位开关以检测系统的疏水水位之外，还可以在管道上或水井内装设热电偶。两个热电偶，一个装在冷再热蒸汽管道靠近汽轮机接口处，另一个装在汽轮机下方水平管道的底部。根据这两个热电偶测出的温度差来检测汽轮机是否有水，但此方法不能代替疏水罐和疏水开关。

二、再热减温器系统

再热喷水系统如图 13-2 所示。

（1）在冷再热蒸汽管道内喷水是控制再热汽出口蒸汽温度的一种方法。当汽轮机在低负荷或冲转时，不需采用喷水减温，因为此时采用喷水降低最终再热蒸汽温度的效果并不明显，而且容易造成汽轮机进水事故，大多数事故是过量喷水造成的。由于此时蒸汽流速低，容易形成积水而进入汽轮机。另外，在低负荷运行时，再热器可能有凝结水沉积，当气流突然增大时，就可能使积水进入汽轮机。

（2）减温器的喷水控制阀前应串接安装一只动力驱动闭锁阀。当喷水控制阀有泄漏时，此阀门应起严密关闭作用，同时作为喷水控制阀失灵时的备用阀。喷水控制阀和闭锁阀组成一对双重保护，防止喷入的水由于运行人员疏忽而渗入冷再热蒸汽管道。这是因为喷水控制阀容易泄漏，故采用第二道闭锁作进一步保护。

（3）当主燃料切断或蒸汽轮机跳闸时，控制系统必须能自动关闭再热汽的喷水控制阀和闭锁阀，并且能超驰这两个阀门所有自动和手动的整定。

（4）当机组在设定的最低负荷之下运行，并且不需要喷水控制阀喷水时，

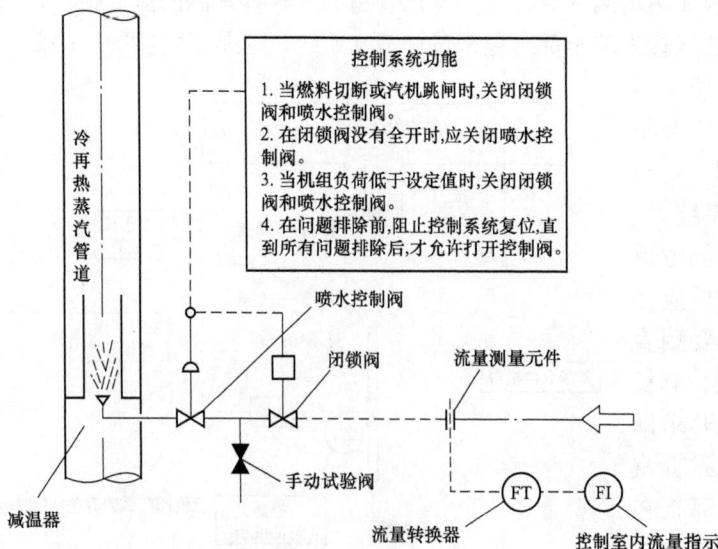

控制系统功能

1. 当燃料切断或汽机跳闸时，关闭闭锁阀和喷水控制阀。
2. 在闭锁阀没有全开时，应关闭喷水控制阀。
3. 当机组负荷低于设定值时，关闭闭锁阀和喷水控制阀。
4. 在问题排除前，阻止控制系统复位，直到所有问题排除后，才允许打开控制阀。

图 13-2　再热喷水系统

闭锁阀应能自动关闭。主燃料切断或汽轮机跳闸时，手动控制不得妨碍自动保护的功能。

（5）开启喷水控制阀的控制系统设计，应能防止大量的水突然喷进。

（6）在动力驱动闭锁阀和喷水控制阀之间必须安装一只手动操作疏水阀。在此接管口可安装显示器，以便能定期试验闭锁阀的泄漏情况。

（7）尽量不在喷水控制阀上安装手动旁路，如果不可避免，则应在管理上加以控制，以减少潜在进水的可能性。

（8）在任何情况下不得在闭锁阀上装设旁路。

（9）应按图 13-2 所示安装表计，以指示喷水进入喷水减温器的流量。

三、给水加热器和抽气系统

汽轮机发生进水事故的主要原因之一，是由于从抽汽系统、给水加热器和有关疏水系统进水造成的。因此，抽气加热系统的防进水保护十分重要。

水从抽汽管进入汽轮机而造成的事故是极为严重的，防止水从抽汽系统进入汽轮机的防范措施如下所述。

（1）水位传感器必须完好，正常疏水管道和事故疏水管道必须畅通。事故疏水直接排入凝汽器。图 13-3 所示为典型的加热器疏水系统，它表示了加热器的正常疏水管道水位传感器，自动操作的事故疏水及相应的水位传感器。

（2）给水加热器和汽轮机之间的自动关断阀和逐级疏水管道中的自动关断阀，其阀门的动作是由给水加热器的水位高Ⅱ值（高高）控制的。当这些阀门动作时，表明加热器疏水系统已不具备足够的疏水能力。此时，由上一级加热器来的逐级疏水应在加热器水位高Ⅱ值时自动关闭，并通过事故疏水管道直接排入凝汽器。

图 13-4 所示的加热器汽侧隔离系统，表示了从汽轮机至给水加热器之间抽汽管道上的自动关断阀及其有关设备。

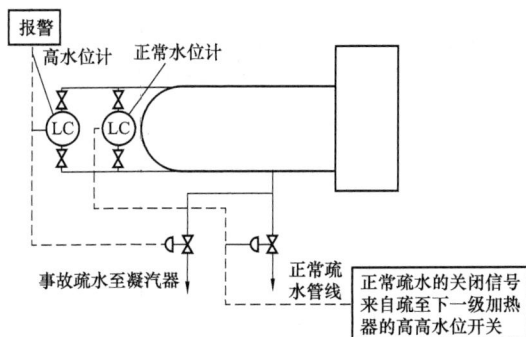

图 13-3　加热器疏水系统

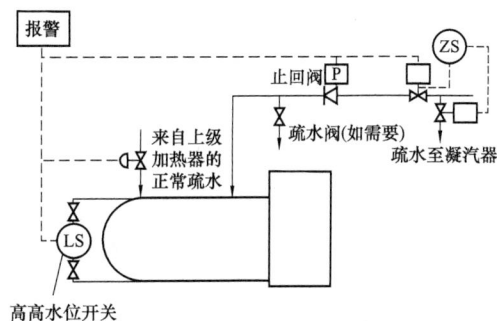

图 13-4　加热器汽侧隔离系统

抽汽止回阀的快速动作以切断抽汽系统中的能量，从而防止汽轮机超速。从防止汽轮机进水的角度分析，这些止回阀也能起一定的保护作用。

（3）对于布置在凝汽器颈部的给水加热器，无法安装抽汽关断阀，因此可采用图 13-5 所示的管侧隔离系统。它表示了给水加热器旁路的系统作为第二道保护装置以替代图 13-4 的方法。这样当管子泄漏时，就可以将运行中的加热器解列、切断管子泄漏的水源。

防止水从抽汽系统进入汽轮机的上述三种方法，通常可由 1) 和 2) 结合或 1) 和 3) 结合使

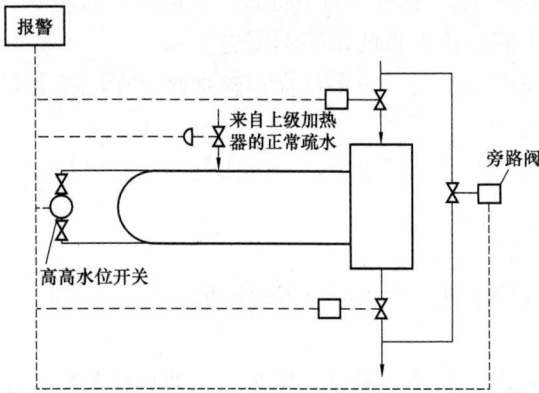

图 13－5　管道隔离系统

用，以确保汽轮机防进水保护的可靠动作。

当第一道和第二道保护装置动作时，要有适当的报警信号以提醒运行人员的注意。通常在室内要有高水位和高高水位独立的报警信号。高水位报警信号表明加热器水位已达到打开事故疏水系统的设定点；而高高水位报警信号表明加热器的隔离系统（第二道保护）已动作。高高水位报警信号提醒运行人员需尽快检查原因并切断水源。当一台或几台加热器自动解列时，应根据汽轮机和锅炉制造厂的规定自动或手动减负荷和降低蒸汽温度。

四、除氧器

除氧器（混合式给水加热器）有可能成为湿蒸汽和水倒流入汽轮机的来源之一，因而在抽汽至除氧器的管道上通常需要装设一只逆止阀和一只自动关断阀。具体保护方法如下：

（1）在抽汽至除氧器的管道上装设自动关断阀；

（2）在除氧器水箱或给水泵吸水侧管道上装设自动放水系统，放水阀由除氧器水箱的高高水位开关操作；

（3）在所有进入除氧器的水管道上装设自动闭锁阀。它与控制阀串联在一起，当除氧器水箱出现高高水位时，闭锁阀应自动关闭。

为了防止汽轮机进水，可以采用上述三项中（1）和（2）结合或（1）和（3）结合进行保护。图 13－6 表示水管道上装设闭锁阀的防进水保护系统。

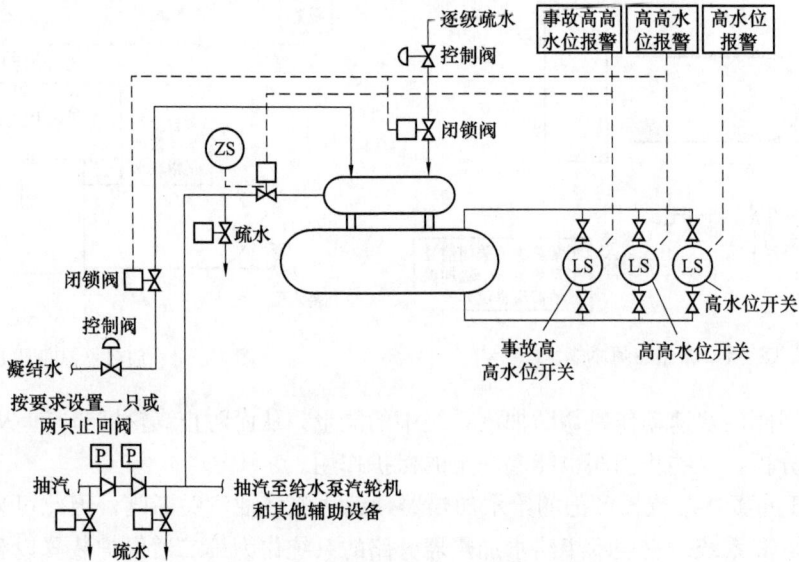

图 13－6　加设闭锁阀的防进水保护系统

无论采用何种保护方法，都应该在抽汽至除氧器的管道上装设一只自动关断阀。此阀门的动作速度应相当快，即在它动作时间内，进入除氧器的水流量不应超过从事故高高水位至加热器抽汽接口底部空间的有效容积。在确定净进水流量时，必须考虑从低压加热器的凝结水总量上各级高压加热器来的逐级疏水量。

其他系统的防进水保护基本方法与上述相似，由于篇幅所限，在此不再赘述。

所有防进水保护系统必须每个月进行一次实验，包括正常系统的全套回路试验，从发生自动系统信号到全部动作完成为止，都应正确动作。

五、国外汽轮机进水的诊断技术

根据美国 ASME TDP - 1—1980《预防发电厂汽轮机进水事故导则》有关条文规定，应在汽轮机制造厂指定的汽缸位置上和汽轮机主蒸汽入口管道上安装测温差的热电偶，以便确定汽缸是否进水。有关资料介绍，国际上的汽轮机进水诊断技术发展很快，目前已有三种探测方法。

（1）热电偶检测。检测方法有三种：第一种是采用表面式热电偶接在外壁侧壁温；第二种是采用套管式热电偶测温；第三种是采用焊在管子上的新型快速热电偶测温，这种热电偶的温度响应时间为常规管热电偶的 0.25 倍左右，温度反应很快。

（2）有源声探测传感器（Active Sonic Detector Transducer）。安装在抽汽管道上，当管内无水时，传递信号极小；反之则很大。这种探测器的响应时间很快。

（3）电子液位系统。它可跟踪液位的变化。这种探测系统还在试验中。

我国也开始认真研究国外汽轮机进水的诊断技术，并在《预防发电厂汽轮机进水事故导则》中规定，在管道的每一低位点应装设疏水装置。这些疏水装置包括疏水罐、防堵式节流装置、自动疏水器（阀）以及水位报警、测量显示装置等，不断提高汽轮机进水的检测水平，确保汽轮机的安全运行。

第三节 汽轮机紧急跳闸保护

一、危急跳闸装置

汽轮机危急跳闸系统（Emergency Trip System，ETS）用来监视汽轮机的某些参数，当这些参数超过其运行限制值时，该系统就关闭全部汽轮机蒸汽进汽阀门，紧急停机。ETS与 TSI（汽轮机安全监视仪表系统）、DEH（数字电液调节系统）一起构成汽轮发电机组的监控系统。

系统应用了双通道概念，布置成"或—与"门的通道方式，这就允许系统运行时进行在线试验，并在试验过程中装置仍起保护作用，从而保证此系统的可靠性。

（一）工作原理

该系统是由下列各部分组成：一个跳闸控制柜，一个装有跳闸电磁阀和状态压力开关的危急跳闸控制块，三个装有试验电磁阀和压力开关组成的试验块，ETS 操作盘一块，ETS操作盘装在主控室的操作台上。

系统机柜中采用两套控制器并联运行，即定义为 A 机和 B 机，当 A 机故障时，使得奇数通道（通道1）跳闸；当 B 机故障时，使得偶数通道（通道2）跳闸。

操作盘上设有跳闸"首出"信号记忆灯，且每一组信号都可以给出"首出"记忆信号，即第一个到来的跳闸信号指示灯闪动亮,其他跳闸信号指示灯常亮,手动复位后,跳闸信号消失。并且每一组信号给出两路输出,一路信号到数据采集系统(DAS),另一路到光字牌。

1. 跳闸块工作原理

跳闸块安装在前箱的右侧,块上共有 6 个电磁阀,2 个超速保护控制(OPC)电磁阀是 110V DC,常闭电磁阀,正常运行中电磁阀处于失电状态;4 个自动停机电磁阀(AST)是 110V AC,常开阀。正常情况下,AST 电磁阀是常带电结构,110V AC 电压通过变压器将 220V AC 变成 110V AC。

跳闸块电磁阀连接如图 13-7 所示。p_1 点压力约为 130kg/cm^2。通过节流孔 J1、J2 使 p_2 点压力为 65kg/cm^2 左右。在做试验时,20-1/AST 和 20-3/AST 动作,使得 p_2 点压力升高至 130kg/cm^2;若 20-2/AST 和 20-4/AST 动作,则 p_2 点压力降为 0kg/cm^2。压力开关 K1、K2 设定值分别为 K1:90kg/cm^2,K2:40kg/cm^2。通道 1(20-1/AST,20-3/AST)动作试验时,K1 动作;通道 2(20-2/AST,20-4/AST)动作试验时,K2 动作;K1、K2 分别送出指示信号。

由于整个跳闸块采用"双通道"原理,当一个通道中的任一只电磁阀打开都将使该通道跳闸;但不能使汽轮机进汽阀关闭,只有当两个通道都跳闸时,才能使汽轮机进汽阀关闭,起到跳闸作用。因此,大大提高其可靠性,可有效地防止"误动"和"拒动"。

2. 试验块工作原理

该系统共有三个试验块,EH 液压油试验块,润滑油试验块和真空试验块。每个块的原理均相同。原理如下:每个试验块都被布置成双通道。J1、J2 为节流孔,F、F1、F2 为手动阀,S1、S2 为电磁阀,B1、B2 为压力表,K1、K2、K3、K4 为压力开关。

节流孔的作用是将两路隔离开,保证试验时互不干扰。试验可以手动就地试验,也可以在主控室通过试验按钮远方试验。用按钮试验时,电路上有闭锁,保证不会两路同时试验,一路试验时,另一路还有保护功能。用就地手动阀试验时,不能两路同时作,否则将会引起误跳机。手动试验时尤其要注意。

正常情况下,压力油通过节流孔送到压力开关和指示表,指示表将指示正常油压,一旦油压降低,两边的 4 个压力开关只要各有一个开关动作,将引起跳机(见图 13-8)。

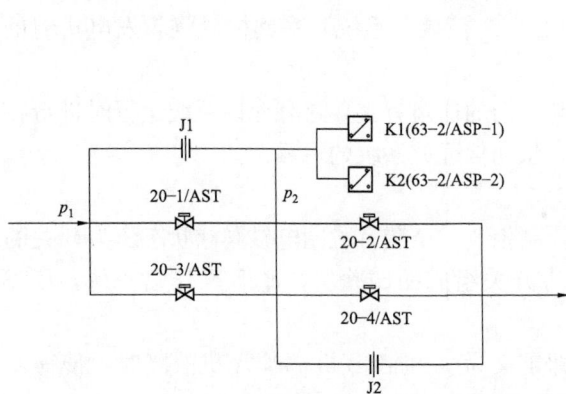

图 13-7　AST 电磁阀连

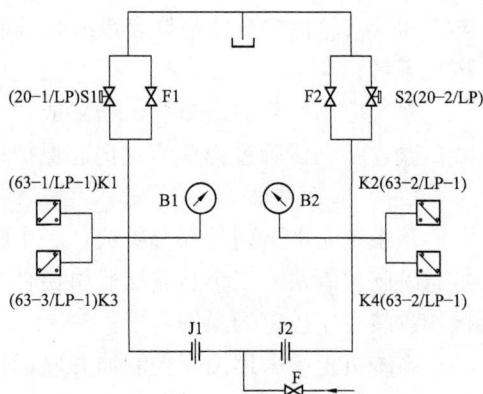

图 13-8　试验块原理图

电磁阀接成两"或—与"关系，即可防止误跳，又可防止拒跳。试验时，打开 F1 或 S1，则 B1 上指示将缓缓下降，达到设定值时 K1、K3 将动作；ETS 远方在线试验时，对应试验盘上指示灯亮，表示出相应跳闸控制阀上某一路在试验。由于跳闸阀布置成双通道，所以只试验一路不会产生跳闸信号，若此时被测参数真的达到停机值，则试验块上的压力开关将全部动作，两路信号通过"与"的作用，产生跳闸信号，通过跳闸控制块使机组停下来。所以说该试验块可以在线试验，并不影响机组的保护功能。试验块电磁阀的电源是 220V AC。试验完毕后，要注意表压是否恢复到正常值，否则禁止试验另一路。

3. ETS 控制柜

ETS 控制柜是系统的核心部分，用来完成系统的控制和监视。它由电气超速组件、逻辑组件、电源组件及端子排组成。机柜上部装有两块转速表，中间部分为两组 PC 机，下面装有一块模拟试验盘，并有 7 个电源指示灯，即对应有 7 个电源开关。7 个电源指示灯分别用于指示 A、B 侧 220V，A、B 侧 110V，A、B 侧 24V 和 24V（模拟试验盘的电源）。最下面还有 3 个预制电缆插座。

（1）操作盘。操作盘上设有跳闸指示灯、电源指示灯及手动跳闸按钮、试灯按钮、确认按钮和跳闸复位按钮，并设有液压油 EH 油压、润滑油压、真空三个信号的 A、B 通道试验按钮。在操作盘中间还有一个钥匙开关，设有三种运行工况，即超速抑制、运行、在线试验。当机组跳闸时，第一个引起跳机的信号相应的信号灯闪动，随后的跳机信号对应的指示灯常亮。当操作员需通过操作盘上的停机按钮紧急停机时，要与确认按钮同时按下。

在进行在线试验时，先将钥匙开关置于"在线试验"位置，按下相应的试验开关，通过试验块上的电磁阀引起相应的通道跳闸，相应通道的自动停机械保护（ASP）指示灯亮。在作机械超速试验时，钥匙开关置于"超速抑制"位置。在正常运行时钥匙开关应置于"运行"位置。在任何时候，按下试灯按钮时，操作盘上面两排指示灯全亮。

（2）模拟试验盘。试验盘通过航空插头与输入端子排连接，用以模拟输入信号，此信号盘与输入信号是一一对应的。

（3）逻辑组件。逻辑组件采用 PC 机完成逻辑控制。合上两路电源开关，两台可编顺序控制器同时工作，如一台 PC 机损坏，需要维修，可让另一台单机运行，并且故障那台机所对应的通道为跳闸状态。

（4）电气超速组件。测速信号来自装在盘车大齿轮的两个无源磁组发讯器，经两块转速表处理产生跳机节点信号，进入可编程控制器（PLC），使机组停运。

（二）危急跳闸装置保护项目

1. 电超速保护

当机组转速超过额定转速的 110％时，电超速保护动作迫使机组紧急停运，以防止超速飞车事故的发生。电超速保护由一个安装在盘车设备处的磁阻发送器和安装在遮断电器柜中的超速插件所组成。

随转子转动时，铁芯与磁盘的间隙便不断变化，每经过一齿，气隙磁阻变化一次，而磁路中的磁通量也随之变化，套在铁芯上的线圈就感应出一个交变电势的波形，此感应电势，就是测速头的输出信号。设齿盘的齿数为 z，汽轮机转子的转速为 n（r/min），则输出信号的频率为

$$f = \frac{nz}{60}$$

由于齿数 z 是固定的，f 与 n 为单值关系，因而很方便地将频率 f 代替为转换转速 n 信号。该信号经过整形、滤波等处理后，便可得到一个模拟转速信号。

图 13-9 的右边，一路经过由运算放大器组成的缓冲放大器，它把信号转换成转速的指示值，另一路与规定的超速脱扣电压进行比较，当转速低于脱扣转速时，说明被测转速的模拟电压低于脱扣电压，经比较后输出的电压为正值；当被测转速高于整定转速，经比较后输出电压为负值，使控制继电器的晶体管 V1 导通，继电器的线圈 OST 带电，通过超速遮断继电器逻辑系统，最终紧急停机。

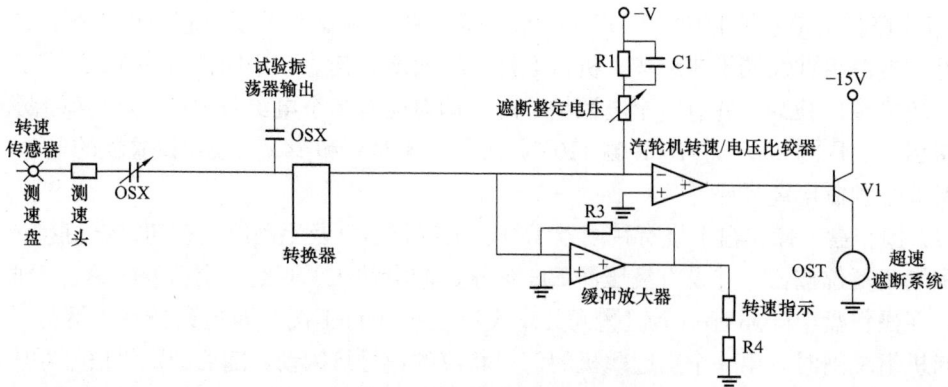

图 13-9　电超速遮断系统原理

2. 轴向位移保护

在运行中，汽轮机的轴向位移是受到严格限制的，当汽轮机转子的推力过大，产生超过允许值的位移时，会引起推力轴承磨损，严重时会使汽轮机的转动部分与静止部分产生摩擦，甚至会造成叶片断裂等重大事故。因此，汽轮机都设置轴向位移保护，当机组轴向位移达到＋1mm 或－1mm 时保护动作停机，以实现对机组的安全保护。

3. 润滑油压低保护

机组轴承油压过低，将引起供油量不足，容易造成轴颈与轴瓦之间的干摩擦，烧坏瓦块，引起机组强烈振动等。为此，汽轮机设置润滑油压低保护，当机组润滑油压降至 0.041MPa 时保护动作停机。

4. EH 油压低保护

EH 油是 DEH 系统中的控制和动力用油，用来控制所有主汽阀和调节汽阀，当油压过低时可能会导致机组调节系统失控而酿成事故。因此，本系统设置了低油压保护，当 EH 油压降低至 9.31MPa 时保护动作停机。

5. 真空低保护

一般来说，机组真空过低主要是由循环水系统、轴封系统、抽真空系统发生故障引起的。当机组真空过低时，会引起排气温度升高，低压缸安全门爆破甚至低压缸变形，机组振动增大，如果处理不当还会造成其他严重的设备损坏事故。为此，系统设置为凝汽器真空降低至－66kPa 时，低真空保护动作停机，以防因真空过低而造成设备损坏。

6. 外接遮断信号

遮断即跳闸，等同于英文"TRIP"，在汽轮机保护中经常用到。

（1）手动停机，操作员可通过手动停机按钮进行远方手动停机；

（2）DEH 失电，DEH 失去电源时保护动作停机；

（3）DEH 超速，机组转速达到额定转速的 110％时保护动作停机；

（4）锅炉 MFT 保护，MFT 动作汽轮机跳闸；

（5）发电机故障，发电机解列汽轮机跳闸；

（6）透平压比低，在发电机并列状态下，调节级压力与高压缸排汽压力之比低于 1.7 时，汽轮机跳闸。此保护用于防止汽轮机高压缸过热；

（7）高压缸排汽温度高，高压缸排汽温度高至 427℃时保护动作停机。

ETS 保护系统逻辑关系图如图 13-10 所示。

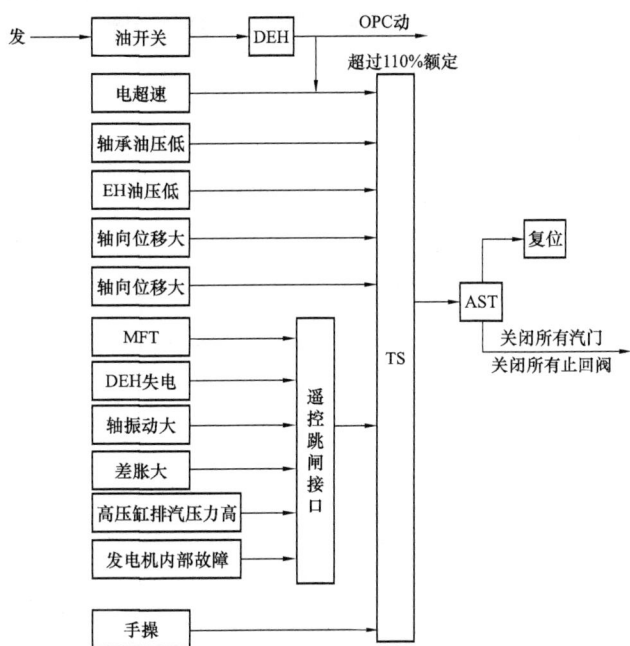

图 13-10　ETS保护系统逻辑关系

二、危急遮断保护

（一）机械超速保护

1. 机械超速危急遮断系统的工作原理

在 DEH 系统中，对转速的控制设有多重保护。机械超速遮断系统是一个独立的系统，与常规液压调节系统中的超速保护基本相同，在机组超速时通过机械动作而实现停机。

图 13-11 为机械超速危急遮断系统的工作原理图。它的传感器为飞锤式传感器，装于转子延伸轴的横向孔中，其重心与转子的几何中心偏置，通过压弹簧，将飞锤紧压在横向小孔中，利用弹簧约束力与飞锤离心力平衡的原理来设计动作转速。设飞锤的质量为 G，飞锤的重心与转子的几何中心距离为 a，飞锤出击距离为 x，离心力为 c，转子角速度 ω，重力加速度为 g，则飞锤的离心力与转子角速度的关系为

$$c = \frac{G}{g(a+x)\omega^2}$$

从式中看出，只要规定了动作转速 ω，则离心力便可以求出。然后，设计压弹簧，其约束力 p 的方向与离心力的方向相反，当 $c<p$ 时，飞锤不出击；当 $c \geqslant p$ 时，飞锤出击，通过碰钩使机械危急遮断机构动作并实行停机。

机械超速保护系统与电超速系统是两个独立的系统，其控制油源取自润滑油主油泵出口的高压油。当机组正常运行时，脱扣油母管中的油，自主油泵出口管经节流后分两路进入危急遮断油滑阀，其中一路经二级节流后，作用在危急遮断油滑阀并使之紧压在阀座上，把滑阀的泄油口关闭；另一路只经一级节流，引入超速保护试验滑阀，再进入危急遮断滑阀。由于危急遮断滑阀左侧的面积小于右侧的面积，所以油压的作用力把滑阀推向左侧，使蝶阀紧

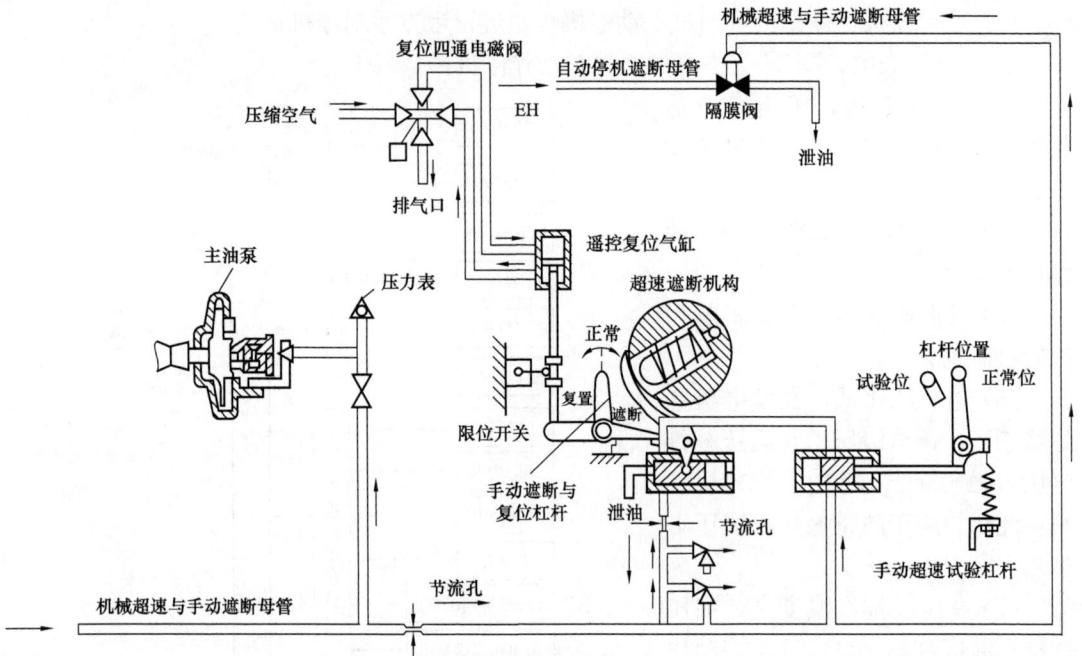

图 13-11　机械超速遮断原理图

压在阀座上，堵住了泄油孔，结果，脱扣油母管中的油压等于主油泵出口的油压，遮断系统处于待发状态。

飞锤动作转速，一般为额定转速的 108% ～ 111%。当机组正常运行时，飞锤因偏心所产生的离心力不足以克服弹簧反方向的约束力，飞锤不能出击。当机组超速时，随着转速的升高，离心力和约束力随之增加，当离心力大于约束力时，飞锤外移，偏心距加大，根据飞锤的设计特性，到达整定的转速后，离心力增加的速度超过约束力增加的速度，于是迅速克服约束力而使飞锤出击。出击的飞锤作用在脱扣碰钩上，使碰钩围绕其短轴旋转，带动危急遮断滑阀向右运动，蝶阀随之离开阀座并泄油，导致机械脱扣油母管中的油压降低，通过隔膜阀的作用，使汽轮机紧急停机。

当机械遮断系统动作，汽轮机停止进汽后，转速将逐渐下降，当降到离心力接近弹簧的约束力时，根据飞锤的设计特性，由于离心力的降低速度较约束力降低的速度快，弹簧的约束力使飞锤退回到出击前的原位，其对应的转速，称复位转速。考虑到重新并网的方便，一般复位转速稍高于额定转速。

由于脱扣碰钩转动时可使曲臂脱钩，曲臂受弹簧拉力的作用而向下转动，所以，当飞锤复位后，若要重新建立脱扣油压，运行人员必须手动复位，使曲臂转动并重新返回到挂钩位置，此时，危急遮断滑阀才能在油压的作用下向左移动，使蝶阀重新压在阀座上并建立脱扣油压，继续行使超速遮断保护功能。

2. 机械超速遮断机构

图 13-12 为机械超速遮断机构图。机械超速遮断部分的主要组成部件是：转轴、碰钩、遮断与复位连杆、手动遮断与复位杠杆、手动试验杠杆、蝶阀座、飞锤弹簧、飞锤、弹簧定位螺圈、定位销、蝶阀、危急遮断滑阀、滑阀套筒和节流孔塞等。其动作原理前面已经介

绍，整定时对主要工作间隙的要求是：正常位置时碰钩与飞锤的间隙为 1.6～2.4mm，遮断位置时碰钩与飞锤的间隙不小于 9.5mm，遮断碰钩与复位连杆 18 间应有 1.6mm 的搭接。除了自动超速遮断机构外，机组还配置有手动遮断与复位机构和手动试验机构，它们均装在机组的前轴承箱前面，属于就地操作机构。

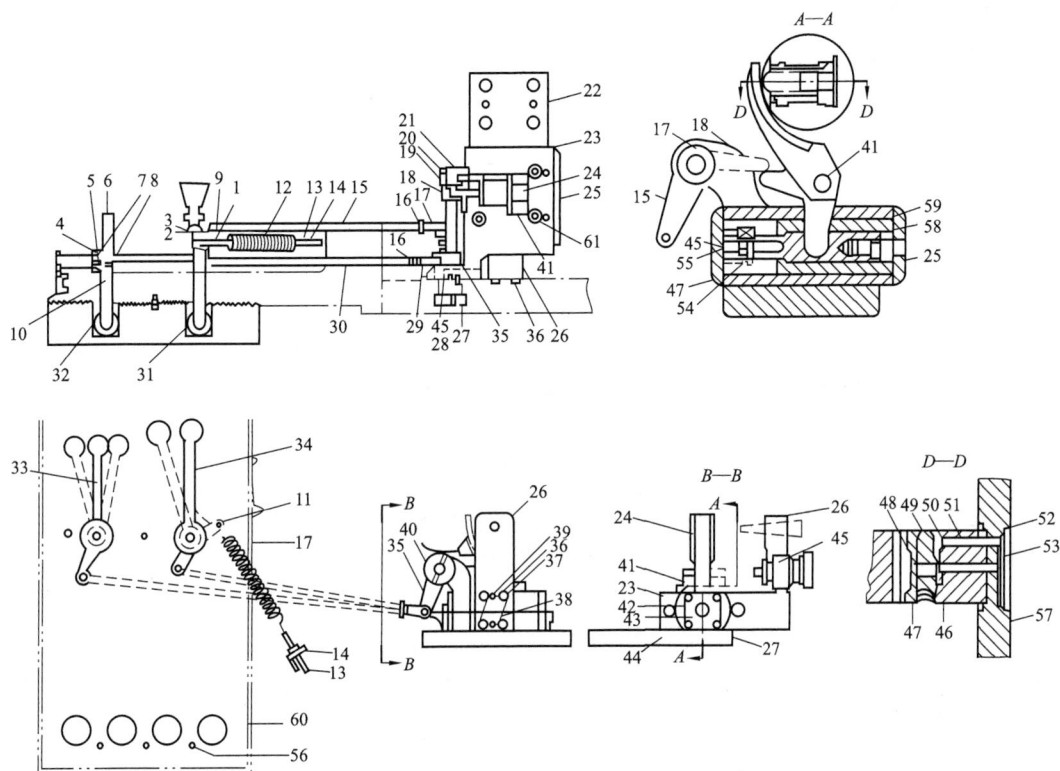

图 13-12　机械超速遮断机构

1、20、45—套筒；2—螺母（弹性制动）；3、17、29—杆端头；4—特殊螺钉；5—锥销；6—遮断轴；7—遮断轴连杆；8—垫片；9—右侧锁紧垫圈；10—试验轴连杆；11—弹簧连接杆；12—弹簧；13—弹簧固定与调整螺杆；14—弹簧调整锁紧螺母；15—试验连杆；16—左侧锁紧螺母；18—复位连杆；19—连杆销；21—转轴；22—安装板；23—安装组块；24—碰钩；25—盖板；26—端头；27—扭弹簧持环；28—扭弹簧；30—遮断与复位连杆；31—试验杠杆固定销 1；32—试验杠杆固定销 2；33—手动遮断与复位杠杆；34—手动试验杠杆；35—遮断杠杆连杆；36—端头固定螺栓；37—垫圈；38—制动钢丝；39、51、52—定位销；40—固定螺钉；41—复位轴；42—蝶阀座；43—阀座盖定位销；44—螺钉；46—组块固定螺钉；47—平衡组块；48—飞锤弹簧；49—飞锤；50—弹簧定位螺圈；53—锁环；54—蝶阀；55—螺柱；56—螺塞；57—盘；58—遮断滑阀；59—遮断滑阀套筒；60—杠杆防护罩；61—盖板固定螺钉

当超速遮断机构已经遮断机组，需要重新复位时，必须用手推动手动遮断与复位杠杆 33 至"复位"的位置，才能使其复位。但是，必须等待转子转速降低，并在飞锤恢复到正常位置以后，才能进行复位操作。

危急保安器注油阀的作用是在机组不升速的条件下试验危急保安器的动作可靠性。试验时，必须先将试验隔离手柄扳至"隔离"位，切断脱扣油管至危急遮断滑阀的主通道。在试验时危急遮断滑阀动作后，仅使经过二次节流的油泄去，由于泄油量极小，远远达不到隔膜阀的动作油压，所以能保证汽轮机的正常运行。设置二次节流油路到危急遮断滑阀去的作用是，使滑阀上下部油压的作用力平衡，以防止滑阀卡涩。

危急遮断滑阀也可通过自动复位装置，在集控室遥控操作复位。从图 13 - 12 看出，该装置是由四通电磁阀、遥控复位气缸、活塞连杆和复位——遮断杠杆等组成。在危急遮断滑阀复位前，四通电磁阀断电，关断进入气缸的压缩空气通道，遮断机构处于脱钩状态，为了使之复位，电磁阀经通电后打开，使气缸的一端输入压缩空气，另一端排大气，压缩空气推动连杆使之向下移动，经旋转杠杆使支点另一侧的碰钩挂钩，并关闭超速遮断滑阀，当快速限位开关动作时，说明气缸已达到其行程的终点，超速遮断滑阀已处于复位状态。随后，即可切断电磁阀的电源，压缩空气进入气缸的另一端，使活塞重新返回原位，"复位—遮断"手柄也回到正常位置，此后，只要危急遮断滑阀仍旧关闭，该手柄就一直保持在此位置不变，等待下一次的遥控复位指令。

（二）OPC 超速保护

机组 OPC 超速保护系统的作用，是在转速达到一定范围（$103\%n_0$）时迅速关闭高中压调节汽阀，这些措施对保证电网稳定，避免机组因停机而重新启动，节约时间减少损失，具有重要的意义。该保护是通过超速保护控制器来实现的，其功能包括两个方面：①负荷下跌预测功能；②机组超速控制功能。

1. 负荷下跌预测功能（LDA）

它是基于负荷大幅度下跌（如全甩负荷）、励磁电路断开、机械功率仍保持在 30% 额定功率以上或再热器压力出现低限故障情况下的一种保护措施，目的是为了避免机组超速过大，引起危急遮断系统动作。此时，由 LDA 置位并发出请求，关闭高压和中压缸调节汽阀，机组自动转入速度控制方式。当励磁断开一段时间后（1～10s），确信转速已小于 $103\%n_0$ 时 LDA 复位，OPC 电磁阀断电，EH 系统重新建立遮断总管油压，中压调节汽阀重新被打开，高压调节汽阀仍受 DEH 的控制，在转速达到额定转速后，再行重新并网，缩短机组重新启动的时间。

2. 机组超速控制功能

不论机组是转速控制还是负荷控制，只要转速超过 $103\%n_0$，而且信号可靠时，超速控制器的逻辑系统都要输出控制信号，快速关闭高压和中压调节汽阀。

（三）机械超速保护与 ETS 系统的联动原理

机械超速遮断系统，也可认为是更上一级的保护，即当 OPC 超速保护系统、电气超速遮断系统（ETS）均不起作用时，由机械超速遮断系统行使保护机组的任务。因此，它的动作转速，应整定得比电超速遮断的转速略高，一般为（$111\%\sim112\%$）n_0。

机械超速遮断系统使用的润滑油与 EH 系统的抗燃油互不相干，它与危急遮断安全油系统的唯一联系是隔膜阀。隔膜阀布置在前轴承箱的侧面，其作用是机械超速系统动作、隔膜阀上部油压下降时，泄去危急遮断油总管上的安全油，遮断汽轮机。当汽轮机正常运行时，润滑油系统的汽轮机油通入阀盖内隔膜阀的上部腔室中，其作用力大于弹簧约束力，使隔膜阀处于关闭位置，切断危急遮断油总管通向回油的通道，使调节系统能正常工作。当机械超速机构或手动超速试验杠杆分别动作或同时动作时，通过危急遮断滑阀泄油，可使隔膜阀上部的油压下降或消失，压弹簧打开隔膜阀，泄去危急遮断总管上的安全油，通过快速卸载阀快速关闭所有的进汽阀和抽汽阀，达到紧急停机的目的。

参　考　文　献

[1] 王志祥，黄伟. 热工保护与顺序控制. 2 版. 北京：中国电力出版社，2007.

[2] 张文溥. 程序控制与热工保护. 北京：水利电力出版社，1991.

[3] 白建云，杨晋萍. 程序控制系统. 北京：中国电力出版社，2006.

[4] 杨晋萍，白建云. 大型火电机组控制技术丛书. 安全监测保护系统. 北京：中国电力出版社，2006.

[5] 能源部西安热工研究所. 热工技术手册. 北京：水利电力出版社，1992.

[6] 岑可法. 锅炉燃烧试验研究方法及测量技术. 北京：水利电力出版社，1987.

[7] 日本电气学会著. 顺序控制. 2 版. 韩生廉，吴惠仙译. 上海：同济大学出版社，1998.

[8] 白建云. 大型火力发电厂顺序控制技术研究与应用. 热力发电. 2007，（36）3：72-74.